4年 実力アップ 計算練習ノート

特別(とくべつ)ふろく

計算力がぐんぐんのびる！

このふろくは
すべての教科書に対応した
全教科書版です。

年　　組	名前

「計算練習ノート」はとりはずして使用できます。

1 整数のかけ算 (1)

とく点
/100点

◆ 計算をしましょう。 1つ6〔54点〕

❶ 234×955　❷ 383×572　❸ 748×409

❹ 586×603　❺ 121×836　❻ 692×247

❼ 965×164　❽ 491×357　❾ 878×729

♥ 計算をしましょう。 1つ6〔36点〕

❿ 6700×70　⓫ 850×250　⓬ 990×450

⓭ 720×520　⓮ 190×300　⓯ 500×650

♠ 1本195mL入りのかんジュースが288本あります。ジュースは全部で何L何mLありますか。 1つ5〔10点〕

式

答え（　　　　）

2 整数のかけ算(2)

とく点　/100点

◆ 計算をしましょう。　1つ6〔54点〕

❶ 802×458　❷ 146×360　❸ 792×593

❹ 504×677　❺ 985×722　❻ 488×233

❼ 625×853　❽ 366×949　❾ 294×107

♥ 計算をしましょう。　1つ6〔36点〕

❿ 3200×50　⓫ 460×730　⓬ 460×680

⓭ 210×140　⓮ 5900×20　⓯ 9300×80

♠ 1500mL の水が入ったペットボトルが 240 本あります。水は全部で何L ありますか。　1つ5〔10点〕

式

答え（　　　）

3 １けたでわるわり算（1）

とく点　/100点

◆ 計算をしましょう。　1つ5〔30点〕

❶ 80÷4　❷ 140÷7　❸ 240÷8

❹ 900÷3　❺ 600÷6　❻ 150÷5

♥ 計算をしましょう。　1つ5〔30点〕

❼ 48÷2　❽ 76÷4　❾ 75÷5

❿ 84÷6　⓫ 72÷3　⓬ 91÷7

♠ 計算をしましょう。　1つ5〔30点〕

⓭ 79÷7　⓮ 58÷5　⓯ 65÷6

⓰ 86÷4　⓱ 31÷2　⓲ 46÷3

♣ 96cm のテープの長さは、8cm のテープの長さの何倍ですか。　1つ5〔10点〕

式

答え（　　　　）

4 1けたでわるわり算(2)

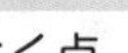

とく点
/100点

◆ 計算をしましょう。　1つ5〔30点〕

❶ 90÷3　❷ 360÷6　❸ 720÷9

❹ 800÷2　❺ 210÷7　❻ 320÷4

♥ 計算をしましょう。　1つ5〔30点〕

❼ 68÷4　❽ 90÷6　❾ 92÷4

❿ 84÷7　⓫ 56÷4　⓬ 90÷5

♠ 計算をしましょう。　1つ5〔30点〕

⓭ 67÷3　⓮ 78÷7　⓯ 53÷5

⓰ 61÷4　⓱ 82÷5　⓲ 47÷3

♣ 75ページの本を、1日に6ページずつ読みます。全部読み終わるには何日かかりますか。　1つ5〔10点〕

式

答え（　　　）

5 １けたでわるわり算（3）

とく点
/100点

◆ 計算をしましょう。　1つ6〔54点〕

❶ 462÷3　❷ 740÷5　❸ 847÷7

❹ 936÷9　❺ 654÷6　❻ 540÷5

❼ 224÷8　❽ 357÷7　❾ 132÷4

♥ 計算をしましょう。　1つ6〔36点〕

❿ 845÷6　⓫ 925÷4　⓬ 641÷2

⓭ 473÷9　⓮ 269÷3　⓯ 372÷8

♠ 赤いリボンの長さは、青いリボンの長さの４倍で、524cm です。青いリボンの長さは何cm ですか。　1つ5〔10点〕

式

答え（　　　　）

●勉強した日　　月　　日

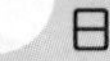

6 １けたでわるわり算(4)

とく点

/100点

◆ 計算をしましょう。 1つ6〔54点〕

❶ 912÷6　❷ 741÷3　❸ 504÷4

❹ 968÷8　❺ 756÷7　❻ 836÷4

❼ 189÷7　❽ 315÷9　❾ 546÷6

♥ 計算をしましょう。 1つ6〔36点〕

⑩ 767÷5　⑪ 970÷6　⑫ 914÷3

⑬ 612÷8　⑭ 244÷3　⑮ 509÷9

♠ 285cmのテープを8cmずつ切ります。8cmのテープは何本できますか。 1つ5〔10点〕

式

答え（　　　　）

7　2けたでわるわり算(1)

とく点　/100点

◆ 計算をしましょう。　1つ6〔36点〕

❶ 240÷30　❷ 360÷60　❸ 450÷50

❹ 170÷40　❺ 530÷70　❻ 620÷80

♥ 計算をしましょう。　1つ6〔54点〕

❼ 88÷22　❽ 75÷15　❾ 68÷17

❿ 91÷19　⓫ 78÷26　⓬ 84÷29

⓭ 63÷25　⓮ 92÷16　⓯ 72÷23

♠ 57本の輪(わ)ゴムがあります。18本ずつ束(たば)にしていくと、何束できて何本あまりますか。　1つ5〔10点〕

式

答え（　　　　）

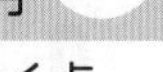

8 2けたでわるわり算(2)

とく点
/100点

◆ 計算をしましょう。 1つ6〔90点〕

❶ 91÷13　❷ 84÷14　❸ 93÷31

❹ 78÷26　❺ 80÷16　❻ 58÷17

❼ 83÷15　❽ 99÷24　❾ 76÷21

❿ 87÷36　⓫ 92÷32　⓬ 73÷22

⓭ 68÷12　⓮ 86÷78　⓯ 75÷43

♥ 89 本のえん筆を、34 本ずつふくろに分けます。全部のえん筆をふくろに入れるには、何ふくろいりますか。 1つ5〔10点〕

式

答え（　　　　）

9 2けたでわるわり算(3)

とく点　/100点

◆ 計算をしましょう。 1つ6〔90点〕

❶ 119÷17　❷ 488÷61　❸ 504÷72

❹ 634÷76　❺ 439÷59　❻ 353÷94

❼ 924÷84　❽ 378÷27　❾ 952÷56

❿ 748÷34　⓫ 630÷42　⓬ 286÷13

⓭ 877÷25　⓮ 975÷41　⓯ 888÷73

♥ 785mL の牛にゅうを、95mL ずつコップに入れます。全部の牛にゅうを入れるにはコップは何こいりますか。 1つ5〔10点〕

式

答え（　　　　）

10 2けたでわるわり算(4)

とく点
/100点

◆ 計算をしましょう。 1つ6〔90点〕

❶ 272÷68　❷ 891÷99　❸ 609÷87

❹ 441÷97　❺ 280÷53　❻ 927÷86

❼ 496÷16　❽ 936÷39　❾ 546÷42

❿ 648÷54　⓫ 874÷23　⓬ 780÷30

⓭ 783÷65　⓮ 889÷28　⓯ 532÷40

♥ 900 このあめを、75 まいのふくろに等分して入れると、1 ふくろ分は何こになりますか。 1つ5〔10点〕

式

答え（　　　）

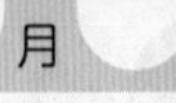

11 けた数の大きいわり算(1)

とく点　/100点

◆ 計算をしましょう。　1つ6〔54点〕

❶ 6750÷50　❷ 8228÷68　❸ 7476÷21

❹ 8456÷28　❺ 8908÷17　❻ 9943÷61

❼ 2774÷73　❽ 2256÷24　❾ 4332÷57

♥ 計算をしましょう。　1つ6〔36点〕

⓾ 7880÷32　⓫ 9750÷56　⓬ 5839÷43

⓭ 1680÷19　⓮ 4185÷44　⓯ 3200÷38

♠ 6700円で1こ76円のおかしは何こ買えますか。　1つ5〔10点〕

式

答え（　　　　）

12 けた数の大きいわり算(2)

とく点　/100点

◆ 計算をしましょう。　1つ6〔54点〕

❶ 638÷319　❷ 735÷598　❸ 936÷245

❹ 2616÷218　❺ 8216÷632　❻ 9638÷564

❼ 3825÷425　❽ 4600÷758　❾ 5328÷669

♥ 計算をしましょう。　1つ6〔36点〕

⑩ 4500÷900　⑪ 5400÷600　⑫ 6700÷400

⑬ 7200÷500　⑭ 39000÷800　⑮ 86000÷700

♠ 2900mL のジュースを 300mL ずつびんに入れます。全部のジュースを入れるには、びんは何本いりますか。　1つ5〔10点〕

式

答え（　　　）

13 式と計算(1)

とく点
/100点

◆ 計算をしましょう。 1つ6〔60点〕

❶ 120−(72−25)

❷ 85+(65−39)

❸ 7×8+4×2

❹ 7−(8−4)÷2

❺ 7−8÷4×2

❻ 7−(8−4÷2)

❼ 7×(8−4)÷2

❽ (7×8−4)×2

❾ 25×5−12×9

❿ 78÷3+84÷6

♥ くふうして計算しましょう。 1つ5〔30点〕

⓫ 59+63+27

⓬ 24+9.2+1.8

⓭ 54+48+46

⓮ 3.7+8+6.3

⓯ 20×37×5

⓰ 25×53×4

♠ 1本50円のえん筆が125本入っている箱を、8箱買いました。全部で、代金はいくらですか。 1つ5〔10点〕

式

答え（　　　　）

●勉強した日　月　日

14 式と計算(2)

とく点

/100点

◆ 計算をしましょう。 1つ5〔40点〕

❶ 75−(28+16)

❷ 90−(54−26)

❸ 2×7+16÷4

❹ 150÷(30÷6)

❺ 4×(3+9)÷6

❻ 3+(32+17)÷7

❼ 45−72÷(15−7)

❽ (14−20÷4)+4

♥ くふうして計算しましょう。 1つ6〔48点〕

❾ 38+24+6

❿ 4.6+8.7+5.4

⓫ 28×25×4

⓬ 5×23×20

⓭ 39×8×125

⓮ 96×5

⓯ 9×102

⓰ 999×8

♠ 色紙が280まいあります。1人に12まいずつ16人に配ると、残り(のこり)は何まいになりますか。 1つ6〔12点〕

式

答え(　　　　)

●勉強した日　月　日

15 小数のたし算とひき算(1)

とく点
/100点

◆ 計算をしましょう。　1つ5〔40点〕

① 1.92+2.03　② 0.79+2.1

③ 2.31+0.92　④ 2.33+1.48

⑤ 0.24+0.16　⑥ 1.69+2.83

⑦ 1.76+3.47　⑧ 1.82+1.18

♥ 計算をしましょう。　1つ5〔50点〕

⑨ 3.84−1.13　⑩ 1.75−0.3

⑪ 1.63−0.54　⑫ 1.49−0.79

⑬ 2.85−2.28　⑭ 2.7−1.93

⑮ 4.23−3.66　⑯ 1.27−0.98

⑰ 2.18−0.46　⑱ 3−1.52

♠ 1本のリボンを2つに切ったところ、2.25mと1.8mになりました。リボンははじめ何mありましたか。　1つ5〔10点〕

式

答え（　　　）

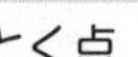

16 小数のたし算とひき算 (2)

とく点

/100点

◆ 計算をしましょう。　1つ5〔50点〕

❶ 0.62+0.25　❷ 2.56+4.43

❸ 0.8+2.11　❹ 3.83+1.1

❺ 0.15+0.76　❻ 2.71+0.98

❼ 3.29+4.31　❽ 1.27+4.85

❾ 5.34+1.46　❿ 2.07+3.93

♥ 計算をしましょう。　1つ5〔40点〕

⓫ 4.46−1.24　⓬ 0.62−0.2

⓭ 2.72−0.41　⓮ 3.26−1.16

⓯ 4.28−1.32　⓰ 5.4−2.35

⓱ 4.71−2.87　⓲ 1−0.83

♠ 3.4 L の水のうち、2.63 L を使いました。水は何 L 残(のこ)っていますか。

式　1つ5〔10点〕

答え（　　）

17 小数のたし算とひき算(3)

とく点　/100点

◆ 計算をしましょう。　1つ5〔40点〕

❶ 3.26＋5.48　❷ 0.57＋0.46

❸ 0.44＋6.58　❹ 7.56＋5.64

❺ 0.67＋0.73　❻ 3.72＋4.8

❼ 0.78＋6.3　❽ 10.44＋5.06

♥ 計算をしましょう。　1つ5〔50点〕

❾ 7.43−3.56　❿ 6.04−0.78

⓫ 16.36−4.7　⓬ 8.25−7.67

⓭ 1.8−0.48　⓮ 10.3−9.45

⓯ 31.7−0.76　⓰ 2.3−2.24

⓱ 9−5.36　⓲ 2−0.94

♠ 赤いリボンの長さは 2.3m、青いリボンの長さは 1.64m です。長さは何 m ちがいますか。　1つ5〔10点〕

式

答え（　　　）

18 がい数

とく点　/100点

◆ □にあてはまる数を書きましょう。 1つ4〔28点〕

❶ 34592 を百の位で四捨五入すると □ です。

❷ 43556 を四捨五入して、百の位までのがい数にすると □ です。

❸ 63449 を四捨五入して、上から 2 けたのがい数にすると □ です。

❹ 百の位で四捨五入して 51000 になる整数のはんいは、□ 以上 □ 以下です。

❺ 四捨五入して千の位までのがい数にしたとき 30000 になる整数のはんいは、□ 以上 □ 未満です。

♥ それぞれの数を四捨五入して千の位までのがい数にして、和や差を見積もりましょう。 1つ9〔36点〕

❻ 38755＋2983　　❼ 12674＋45891

❽ 69111－55482　　❾ 93445－76543

♠ それぞれの数を四捨五入して上から 1 けたのがい数にして、積や商を見積もりましょう。 1つ9〔36点〕

❿ 521×129　　⓫ 1815×3985

⓬ 3685÷76　　⓭ 93554÷283

19 面　積

とく点

/100点

◆ □にあてはまる数を書きましょう。　1つ6〔30点〕

❶ たてが16cm、横が22cmの長方形の面積(めんせき)は□cm^2です。

❷ たてが13m、横が17mの長方形の面積は□m^2です。

❸ たてが4km、横が8kmの長方形の面積は□km^2です。

❹ 1辺(ぺん)が40mの正方形の面積は□aです。

❺ たてが200m、横が150mの長方形の面積は□haです。

♥ □にあてはまる数を書きましょう。　1つ5〔10点〕

❻ 面積が576cm^2で、たての長さが18cmの長方形の横の長さは□cmです。

❼ 面積が100cm^2の正方形の1辺の長さは□cmです。

♠ □にあてはまる数を書きましょう。　1つ6〔60点〕

❽ 70000cm^2＝□m^2

❾ 33000m^2＝□a

❿ 900000m^2＝□ha

⓫ 19000000m^2＝□km^2

⓬ 48m^2＝□cm^2

⓭ 27a＝□m^2

⓮ 89a＝□cm^2

⓯ 53ha＝□m^2

⓰ 34km^2＝□m^2

⓱ 75000a＝□ha

●勉強した日　月　日

20 小数と整数のかけ算 (1)

とく点

/100点

◆ 計算をしましょう。 1つ5〔45点〕

❶ 1.2×3　❷ 6.2×4　❸ 0.5×9

❹ 0.6×5　❺ 4.4×8　❻ 3.7×7

❼ 2.83×2　❽ 0.19×6　❾ 5.75×4

♥ 計算をしましょう。 1つ5〔45点〕

❿ 3.9×38　⓫ 6.7×69　⓬ 7.3×27

⓭ 8.64×76　⓮ 4.25×52　⓯ 5.33×81

⓰ 4.83×93　⓱ 8.95×40　⓲ 6.78×20

♠ 53人に7.49mずつロープを配ります。ロープは何mいりますか。

式 1つ5〔10点〕

答え（　　　）

21 小数と整数のかけ算(2)

とく点
/100点

◆ 計算をしましょう。　1つ5〔45点〕

① 3.4×2　② 9.1×6　③ 0.9×7

④ 7.4×5　⑤ 5.6×4　⑥ 1.03×3

⑦ 4.71×9　⑧ 0.24×4　⑨ 2.65×8

♥ 計算をしましょう。　1つ5〔45点〕

⑩ 9.7×86　⑪ 8.4×48　⑫ 1.7×66

⑬ 6.03×54　⑭ 2.88×15　⑮ 7.05×22

⑯ 3.16×91　⑰ 5.72×43　⑱ 4.87×70

♠ 毎日 2.78km の散歩(さんぽ)をします。1 か月(30 日)では何km 歩くことになりますか。　1つ5〔10点〕

式

答え(　　　)

22 小数と整数のわり算(1)

とく点　/100点

◆ わりきれるまで計算しましょう。　1つ6〔54点〕

❶ 8.8÷4　❷ 9.8÷7　❸ 7.2÷8

❹ 22.2÷3　❺ 16.8÷4　❻ 34.8÷12

❼ 13.2÷22　❽ 19÷5　❾ 21÷24

♥ 商は一の位(くらい)まで求(もと)め、あまりもだしましょう。　1つ6〔18点〕

❿ 79.5÷3　⓫ 31.2÷7　⓬ 47.8÷21

♠ 商は四捨五入(ししゃごにゅう)して、$\frac{1}{10}$の位までのがい数で求めましょう。　1つ6〔18点〕

⓭ 29÷3　⓮ 47÷7　⓯ 90.9÷12

♣ 50.3mのロープを23人で等分すると、1人分はおよそ何mになりますか。答えは四捨五入して、$\frac{1}{10}$の位までのがい数で求めましょう。1つ5〔10点〕

式

答え（　　　）

23 小数と整数のわり算(2)

とく点　/100点

◆ わりきれるまで計算しましょう。　1つ6〔54点〕

❶ 4.24÷2　❷ 3.68÷4　❸ 0.84÷21

❹ 0.305÷5　❺ 8.32÷32　❻ 91÷28

❼ 26.22÷19　❽ 53.04÷26　❾ 2.96÷37

♥ 商は $\frac{1}{10}$ の位(くらい)まで求(もと)め、あまりもだしましょう。　1つ6〔18点〕

❿ 28.22÷3　⓫ 2.85÷9　⓬ 111.59÷27

♠ 商は四捨五入(ししゃごにゅう)して、上から2けたのがい数で求めましょう。　1つ6〔18点〕

⓭ 5.44÷21　⓮ 21.17÷17　⓯ 209÷23

♣ 320Lの水を、34この入れ物に等分すると、1こ分はおよそ何Lになりますか。答えは四捨五入して、上から2けたのがい数で求めましょう。

式　1つ5〔10点〕

答え（　　）

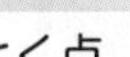

24 分数のたし算とひき算 (1)

とく点　/100点

◆ 計算をしましょう。　1つ5〔40点〕

❶ $\frac{2}{7}+\frac{4}{7}$

❷ $\frac{5}{9}+\frac{6}{9}$

❸ $\frac{3}{8}+\frac{5}{8}$

❹ $\frac{4}{3}+\frac{5}{3}$

❺ $\frac{8}{6}-\frac{7}{6}$

❻ $\frac{7}{5}-\frac{3}{5}$

❼ $\frac{9}{7}-\frac{2}{7}$

❽ $\frac{11}{4}-\frac{3}{4}$

♥ 計算をしましょう。　1つ6〔48点〕

❾ $\frac{3}{8}+2\frac{4}{8}$

❿ $1\frac{7}{9}+\frac{4}{9}$

⓫ $\frac{5}{7}+4\frac{2}{7}$

⓬ $1\frac{1}{5}+3\frac{3}{5}$

⓭ $3\frac{5}{6}-\frac{4}{6}$

⓮ $4\frac{1}{9}-\frac{5}{9}$

⓯ $6-3\frac{2}{5}$

⓰ $5\frac{3}{4}-2\frac{2}{4}$

♠ 油が $1\frac{3}{8}$L あります。そのうち $\frac{6}{8}$L を使いました。油は何L 残(のこ)っていますか。　1つ6〔12点〕

式

答え（　　　　）

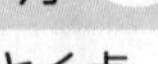
●勉強した日　月　日

25 分数のたし算とひき算(2)

とく点　/100点

◆ 計算をしましょう。　1つ5〔40点〕

❶ $\frac{3}{5}+\frac{2}{5}$

❷ $\frac{4}{6}+\frac{10}{6}$

❸ $\frac{13}{9}+\frac{4}{9}$

❹ $\frac{8}{3}+\frac{4}{3}$

❺ $\frac{11}{8}-\frac{3}{8}$

❻ $\frac{12}{7}-\frac{10}{7}$

❼ $\frac{9}{2}-\frac{5}{2}$

❽ $\frac{11}{4}-\frac{7}{4}$

♥ 計算をしましょう。　1つ6〔48点〕

❾ $3\frac{1}{4}+1\frac{1}{4}$

❿ $4\frac{5}{8}+\frac{5}{8}$

⓫ $\frac{4}{5}+2\frac{4}{5}$

⓬ $3\frac{4}{7}+2\frac{5}{7}$

⓭ $3\frac{5}{6}-1\frac{4}{6}$

⓮ $2\frac{1}{3}-\frac{2}{3}$

⓯ $7\frac{6}{8}-2\frac{7}{8}$

⓰ $4-1\frac{3}{9}$

♠ バケツに $2\frac{2}{6}$ L の水が入っています。さらに $1\frac{5}{6}$ L の水を入れると、バケツには全部で何 L の水が入っていることになりますか。　1つ6〔12点〕

式

答え（　　　）

26 分数のたし算とひき算 (3)

とく点
/100点

◆ 計算をしましょう。 1つ5〔40点〕

① $\frac{6}{9}+\frac{8}{9}$

② $\frac{9}{7}+\frac{3}{7}$

③ $\frac{11}{4}+\frac{10}{4}$

④ $\frac{7}{3}+\frac{8}{3}$

⑤ $\frac{8}{6}-\frac{3}{6}$

⑥ $\frac{9}{8}-\frac{6}{8}$

⑦ $\frac{17}{2}-\frac{5}{2}$

⑧ $\frac{14}{5}-\frac{7}{5}$

♥ 計算をしましょう。 1つ6〔48点〕

⑨ $2\frac{1}{3}+5\frac{1}{3}$

⑩ $2\frac{1}{2}+3\frac{1}{2}$

⑪ $5\frac{3}{5}+3\frac{4}{5}$

⑫ $1\frac{5}{8}+4\frac{4}{8}$

⑬ $4\frac{8}{9}-1\frac{4}{9}$

⑭ $3\frac{3}{6}-1\frac{5}{6}$

⑮ $2\frac{2}{7}-1\frac{3}{7}$

⑯ $6-2\frac{3}{4}$

♠ 家から駅まで $3\frac{7}{10}$km あります。いま、$1\frac{2}{10}$km 歩きました。残(のこ)りの道のりは何km ですか。 1つ6〔12点〕

式

答え (　　　　)

27 4年のまとめ(1)

とく点

/100点

◆ 計算をしましょう。わり算は商を整数で求め、わりきれないときはあまりもだしましょう。 1つ6〔90点〕

❶ 296×347　❷ 408×605　❸ 360×250

❹ 62÷3　❺ 270÷6　❻ 812÷4

❼ 704÷7　❽ 80÷16　❾ 92÷24

❿ 174÷29　⓫ 400÷48　⓬ 684÷19

⓭ 558÷186　⓮ 861÷17　⓯ 900÷109

♠ カードが560まいあります。35まいずつ束にしていくと、何束できますか。 1つ5〔10点〕

式

答え（　　　　）

28 4年のまとめ(2)

とく点
/100点

◆ 計算をしましょう。わり算は、わりきれるまでしましょう。 1つ6〔72点〕

❶ 2.54＋0.48　❷ 0.36＋0.64　❸ 3.6＋0.47

❹ 5.32－4.54　❺ 12.4－2.77　❻ 8－4.23

❼ 17.3×14　❽ 3.18×9　❾ 6.74×45

❿ 61.2÷18　⓫ 52÷16　⓬ 5.4÷24

♥ 計算をしましょう。 1つ4〔16点〕

⓭ $\frac{4}{5}+2\frac{3}{5}$　⓮ $3\frac{2}{9}+4\frac{5}{9}$

⓯ $3\frac{3}{7}-\frac{6}{7}$　⓰ $4-2\frac{3}{4}$

♠ 40.5mのロープがあります。このロープを切って7mのロープをつくるとき、7mのロープは何本できて何mあまりますか。 1つ6〔12点〕

式

答え（　　　　）

答え

1
❶ 223470　❷ 219076
❸ 305932　❹ 353358
❺ 101156　❻ 170924
❼ 158260　❽ 175287
❾ 640062　❿ 469000
⓫ 212500　⓬ 445500
⓭ 374400　⓮ 57000
⓯ 325000
式 195×288=56160
答え 56L160mL

2
❶ 367316　❷ 52560
❸ 469656　❹ 341208
❺ 711170　❻ 113704
❼ 533125　❽ 347334
❾ 31458　❿ 160000
⓫ 335800　⓬ 312800
⓭ 29400　⓮ 118000
⓯ 744000
式 1500×240=360000
答え 360L

3
❶ 20　❷ 20　❸ 30　❹ 300
❺ 100　❻ 30　❼ 24　❽ 19
❾ 15　❿ 14　⓫ 24　⓬ 13
⓭ 11あまり2　⓮ 11あまり3
⓯ 10あまり5　⓰ 21あまり2
⓱ 15あまり1　⓲ 15あまり1
式 96÷8=12　答え 12倍

4
❶ 30　❷ 60　❸ 80　❹ 400
❺ 30　❻ 80　❼ 17　❽ 15
❾ 23　❿ 12　⓫ 14　⓬ 18
⓭ 22あまり1　⓮ 11あまり1
⓯ 10あまり3　⓰ 15あまり1
⓱ 16あまり2　⓲ 15あまり2
式 75÷6=12あまり3　12+1=13
答え 13日

5
❶ 154　❷ 148　❸ 121
❹ 104　❺ 109　❻ 108
❼ 28　❽ 51　❾ 33
❿ 140あまり5　⓫ 231あまり1
⓬ 320あまり1　⓭ 52あまり5
⓮ 89あまり2　⓯ 46あまり4
式 524÷4=131　答え 131cm

6
❶ 152　❷ 247　❸ 126
❹ 121　❺ 108　❻ 209
❼ 27　❽ 35　❾ 91
❿ 153あまり2　⓫ 161あまり4
⓬ 304あまり2　⓭ 76あまり4
⓮ 81あまり1　⓯ 56あまり5
式 285÷8=35あまり5　答え 35本

7
❶ 8　❷ 6　❸ 9
❹ 4あまり10　❺ 7あまり40
❻ 7あまり60　❼ 4　❽ 5
❾ 4　❿ 4あまり15　⓫ 3
⓬ 2あまり26　⓭ 2あまり13
⓮ 5あまり12　⓯ 3あまり3
式 57÷18=3あまり3
答え 3束(たば)できて3本あまる。

8
❶ 7　❷ 6　❸ 3　❹ 3　❺ 5
❻ 3あまり7　❼ 5あまり8
❽ 4あまり3　❾ 3あまり13
❿ 2あまり15　⓫ 2あまり28
⓬ 3あまり7　⓭ 5あまり8
⓮ 1あまり8　⓯ 1あまり32
式 89÷34=2あまり21
2+1=3　答え 3ふくろ

9
❶ 7　❷ 8　❸ 7
❹ 8あまり26　❺ 7あまり26
❻ 3あまり71　❼ 11　❽ 14
❾ 17　❿ 22　⓫ 15
⓬ 22　⓭ 35あまり2
⓮ 23あまり32　⓯ 12あまり12
式 785÷95=8あまり25
8+1=9　答え 9こ

10 ❶ 4 ❷ 9 ❸ 7
❹ 4あまり53 ❺ 5あまり15
❻ 10あまり67 ❼ 31 ❽ 24
❾ 13 ❿ 12 ⓫ 38
⓬ 26 ⓭ 12あまり3
⓮ 31あまり21 ⓯ 13あまり12
式 900÷75=12 答え 12こ

11 ❶ 135 ❷ 121 ❸ 356
❹ 302 ❺ 524 ❻ 163
❼ 38 ❽ 94 ❾ 76
❿ 246あまり8 ⓫ 174あまり6
⓬ 135あまり34 ⓭ 88あまり8
⓮ 95あまり5 ⓯ 84あまり8
式 6700÷76=88あまり12
答え 88こ

12 ❶ 2 ❷ 1あまり137
❸ 3あまり201 ❹ 12
❺ 13 ❻ 17あまり50
❼ 9 ❽ 6あまり52
❾ 7あまり645 ❿ 5 ⓫ 9
⓬ 16あまり300 ⓭ 14あまり200
⓮ 48あまり600 ⓯ 122あまり600
式 2900÷300=9あまり200
9+1=10 答え 10本

13 ❶ 73 ❷ 111 ❸ 64 ❹ 5
❺ 3 ❻ 1 ❼ 14 ❽ 104
❾ 17 ❿ 40 ⓫ 149
⓬ 35 ⓭ 148 ⓮ 18
⓯ 3700 ⓰ 5300
式 50×125×8=50000
答え 50000円

14 ❶ 31 ❷ 62 ❸ 18 ❹ 30
❺ 8 ❻ 10 ❼ 36 ❽ 13
❾ 68 ❿ 18.7 ⓫ 2800
⓬ 2300 ⓭ 39000 ⓮ 480
⓯ 918 ⓰ 7992
式 280−12×16=88 答え 88まい

15 ❶ 3.95 ❷ 2.89 ❸ 3.23
❹ 3.81 ❺ 0.4 ❻ 4.52
❼ 5.23 ❽ 3 ❾ 2.71
❿ 1.45 ⓫ 1.09 ⓬ 0.7
⓭ 0.57 ⓮ 0.77 ⓯ 0.57
⓰ 0.29 ⓱ 1.72 ⓲ 1.48
式 2.25+1.8=4.05 答え 4.05m

16 ❶ 0.87 ❷ 6.99 ❸ 2.91
❹ 4.93 ❺ 0.91 ❻ 3.69
❼ 7.6 ❽ 6.12 ❾ 6.8
❿ 6 ⓫ 3.22 ⓬ 0.42
⓭ 2.31 ⓮ 2.1 ⓯ 2.96
⓰ 3.05 ⓱ 1.84 ⓲ 0.17
式 3.4−2.63=0.77 答え 0.77L

17 ❶ 8.74 ❷ 1.03 ❸ 7.02
❹ 13.2 ❺ 1.4 ❻ 8.52
❼ 7.08 ❽ 15.5 ❾ 3.87
❿ 5.26 ⓫ 11.66 ⓬ 0.58
⓭ 1.32 ⓮ 0.85 ⓯ 30.94
⓰ 0.06 ⓱ 3.64 ⓲ 1.06
式 2.3−1.64=0.66 答え 0.66m

18 ❶ 35000 ❷ 43600 ❸ 63000
❹ 50500、51499
❺ 29500、30500 ❻ 42000
❼ 59000 ❽ 14000 ❾ 16000
❿ 50000 ⓫ 8000000
⓬ 50 ⓭ 300

19 ❶ 352 ❷ 221 ❸ 32 ❹ 16
❺ 3 ❻ 32 ❼ 10 ❽ 7
❾ 330 ❿ 90 ⓫ 19
⓬ 480000 ⓭ 2700
⓮ 89000000 ⓯ 530000
⓰ 34000000 ⓱ 750

20 ❶ 3.6 ❷ 24.8 ❸ 4.5
❹ 3 ❺ 35.2 ❻ 25.9
❼ 5.66 ❽ 1.14 ❾ 23
❿ 148.2 ⓫ 462.3 ⓬ 197.1
⓭ 656.64 ⓮ 221 ⓯ 431.73
⓰ 449.19 ⓱ 358 ⓲ 135.6
式 7.49×53=396.97 答え 396.97 m

21 ❶ 6.8 ❷ 54.6 ❸ 6.3
❹ 37 ❺ 22.4 ❻ 3.09
❼ 42.39 ❽ 0.96 ❾ 21.2
❿ 834.2 ⓫ 403.2 ⓬ 112.2
⓭ 325.62 ⓮ 43.2 ⓯ 155.1
⓰ 287.56 ⓱ 245.96 ⓲ 340.9
式 2.78×30=83.4 答え 83.4 km

22 ❶ 2.2 ❷ 1.4 ❸ 0.9 ❹ 7.4
❺ 4.2 ❻ 2.9 ❼ 0.6 ❽ 3.8
❾ 0.875 ❿ 26 あまり 1.5
⓫ 4 あまり 3.2 ⓬ 2 あまり 5.8
⓭ 9.7 ⓮ 6.7 ⓯ 7.6
式 50.3÷23=2.18…(2) 答え 約(やく) 2.2 m

23 ❶ 2.12 ❷ 0.92 ❸ 0.04
❹ 0.061 ❺ 0.26 ❻ 3.25
❼ 1.38 ❽ 2.04 ❾ 0.08
❿ 9.4 あまり 0.02 ⓫ 0.3 あまり 0.15
⓬ 4.1 あまり 0.89
⓭ 0.26 ⓮ 1.2 ⓯ 9.1
式 320÷34=9.41… 答え 約 9.4 L

24 ❶ $\frac{6}{7}$ ❷ $\frac{11}{9}\left(1\frac{2}{9}\right)$ ❸ 1
❹ 3 ❺ $\frac{1}{6}$ ❻ $\frac{4}{5}$ ❼ 1
❽ 2 ❾ $2\frac{7}{8}\left(\frac{23}{8}\right)$ ❿ $2\frac{2}{9}\left(\frac{20}{9}\right)$
⓫ 5 ⓬ $4\frac{4}{5}\left(\frac{24}{5}\right)$ ⓭ $3\frac{1}{6}\left(\frac{19}{6}\right)$
⓮ $3\frac{5}{9}\left(\frac{32}{9}\right)$ ⓯ $2\frac{3}{5}\left(\frac{13}{5}\right)$ ⓰ $3\frac{1}{4}\left(\frac{13}{4}\right)$
式 $1\frac{3}{8}-\frac{6}{8}=\frac{5}{8}$ 答え $\frac{5}{8}$ L

25 ❶ 1 ❷ $\frac{14}{6}\left(2\frac{2}{6}\right)$ ❸ $\frac{17}{9}\left(1\frac{8}{9}\right)$
❹ 4 ❺ 1 ❻ $\frac{2}{7}$ ❼ 2
❽ 1 ❾ $4\frac{2}{4}\left(\frac{18}{4}\right)$ ❿ $5\frac{2}{8}\left(\frac{42}{8}\right)$
⓫ $3\frac{3}{5}\left(\frac{18}{5}\right)$ ⓬ $6\frac{2}{7}\left(\frac{44}{7}\right)$ ⓭ $2\frac{1}{6}\left(\frac{13}{6}\right)$
⓮ $1\frac{2}{3}\left(\frac{5}{3}\right)$ ⓯ $4\frac{7}{8}\left(\frac{39}{8}\right)$ ⓰ $2\frac{6}{9}\left(\frac{24}{9}\right)$
式 $2\frac{2}{6}+1\frac{5}{6}=4\frac{1}{6}\left(\frac{25}{6}\right)$
答え $4\frac{1}{6}$ L $\left(\frac{25}{6}\text{ L}\right)$

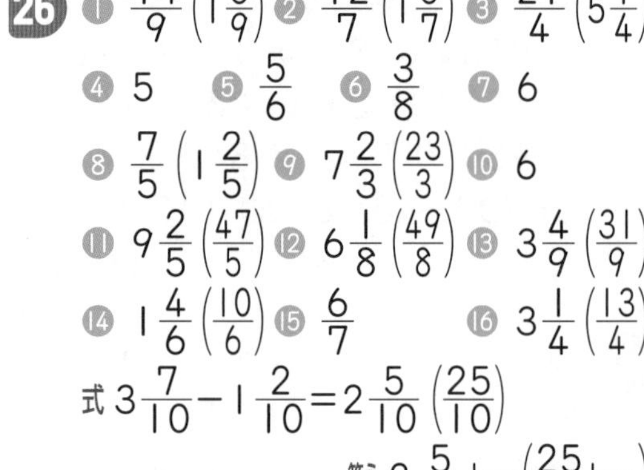

26 ❶ $\frac{14}{9}\left(1\frac{5}{9}\right)$ ❷ $\frac{12}{7}\left(1\frac{5}{7}\right)$ ❸ $\frac{21}{4}\left(5\frac{1}{4}\right)$
❹ 5 ❺ $\frac{5}{6}$ ❻ $\frac{3}{8}$ ❼ 6
❽ $\frac{7}{5}\left(1\frac{2}{5}\right)$ ❾ $7\frac{2}{3}\left(\frac{23}{3}\right)$ ❿ 6
⓫ $9\frac{2}{5}\left(\frac{47}{5}\right)$ ⓬ $6\frac{1}{8}\left(\frac{49}{8}\right)$ ⓭ $3\frac{4}{9}\left(\frac{31}{9}\right)$
⓮ $1\frac{4}{6}\left(\frac{10}{6}\right)$ ⓯ $\frac{6}{7}$ ⓰ $3\frac{1}{4}\left(\frac{13}{4}\right)$
式 $3\frac{7}{10}-1\frac{2}{10}=2\frac{5}{10}\left(\frac{25}{10}\right)$
答え $2\frac{5}{10}$ km $\left(\frac{25}{10}\text{ km}\right)$

27 ❶ 102712 ❷ 246840
❸ 90000 ❹ 20 あまり 2
❺ 45 ❻ 203 ❼ 100 あまり 4
❽ 5 ❾ 3 あまり 20 ❿ 6
⓫ 8 あまり 16 ⓬ 36 ⓭ 3
⓮ 50 あまり 11 ⓯ 8 あまり 28
式 560÷35=16 答え 16 束(たば)

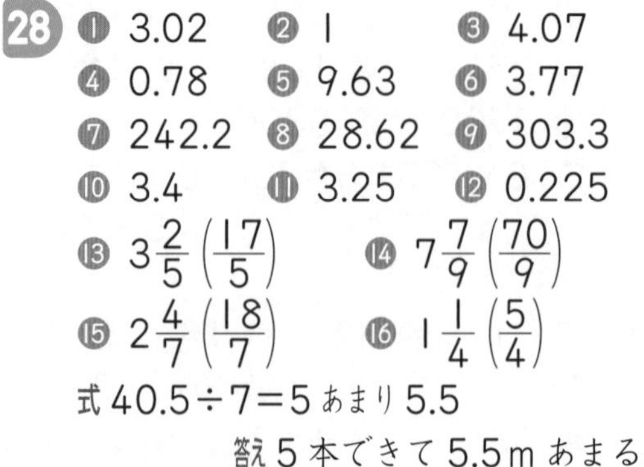

28 ❶ 3.02 ❷ 1 ❸ 4.07
❹ 0.78 ❺ 9.63 ❻ 3.77
❼ 242.2 ❽ 28.62 ❾ 303.3
❿ 3.4 ⓫ 3.25 ⓬ 0.225
⓭ $3\frac{2}{5}\left(\frac{17}{5}\right)$ ⓮ $7\frac{7}{9}\left(\frac{70}{9}\right)$
⓯ $2\frac{4}{7}\left(\frac{18}{7}\right)$ ⓰ $1\frac{1}{4}\left(\frac{5}{4}\right)$
式 40.5÷7=5 あまり 5.5
答え 5 本できて 5.5 m あまる。

「小学教科書ワーク・数と計算」で、さらに練習しよう！

面積

正方形の面積＝1辺×1辺

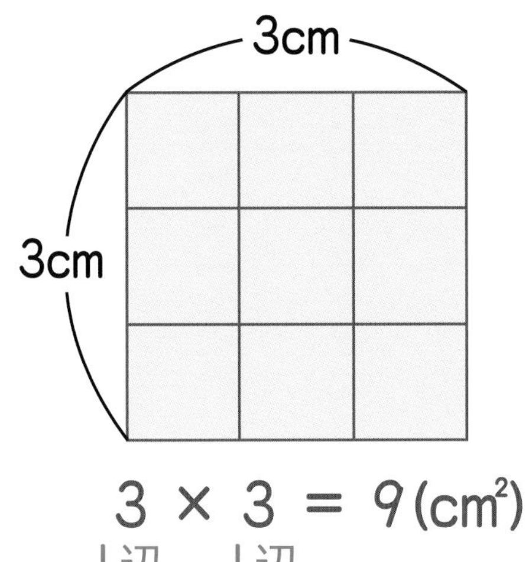

$3 \times 3 = 9(cm^2)$

1辺　1辺

長方形の面積＝たて×横

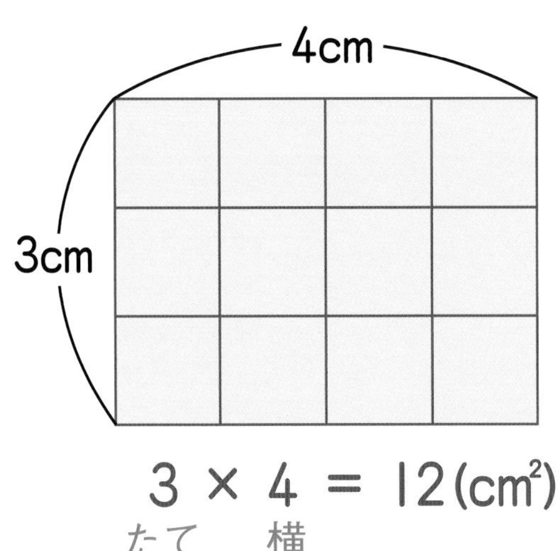

$3 \times 4 = 12(cm^2)$

たて　横

面積の単位

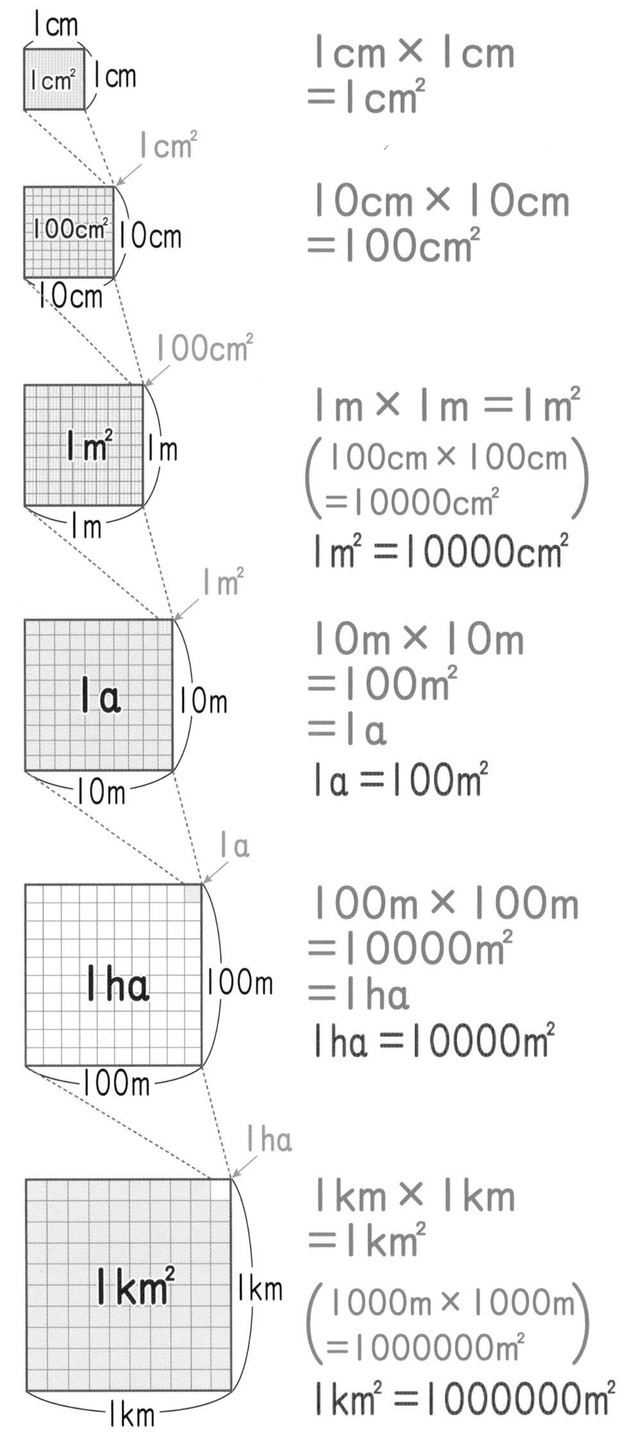

$1cm \times 1cm$
$= 1cm^2$

$10cm \times 10cm$
$= 100cm^2$

$1m \times 1m = 1m^2$
$\left(\begin{array}{l} 100cm \times 100cm \\ = 10000cm^2 \end{array}\right)$
$1m^2 = 10000cm^2$

$10m \times 10m$
$= 100m^2$
$= 1a$
$1a = 100m^2$

$100m \times 100m$
$= 10000m^2$
$= 1ha$
$1ha = 10000m^2$

$1km \times 1km$
$= 1km^2$
$\left(\begin{array}{l} 1000m \times 1000m \\ = 1000000m^2 \end{array}\right)$
$1km^2 = 1000000m^2$

計算のきまり

きまり①　まとめてかけても、ばらばらにかけても答えは同じ。

(■＋●)×▲＝■×▲＋●×▲　(■－●)×▲＝■×▲－●×▲

102×25
＝(100＋2)×25
＝100×25＋2×25
＝2500＋50
＝2550

99×8
＝(100－1)×8
＝100×8－1×8
＝800－8
＝792

きまり②　たし算・かけ算は、入れかえても答えは同じ。

■＋●＝●＋■　■×●＝●×■

3＋4＝7
4＋3＝7

3×4＝12
4×3＝12

4－3✖3－4
4÷3✖3÷4

⇦ ひき算・わり算は入れかえられない。

たし算とかけ算だけができるんだ。

きまり③　たし算・かけ算は、計算のじゅんじょをかえても答えは同じ。

(■＋●)＋▲＝■＋(●＋▲)　(■×●)×▲＝■×(●×▲)

(48＋94)＋6＝48＋(94＋6)
＝48＋100
＝148

(7×25)×4＝7×(25×4)
＝7×100
＝700

(7－3)－2✖7－(3－2)
(16÷4)÷2✖16÷(4÷2)

⇦ ひき算・わり算は入れかえられない。

計算のじゅんじょ

ふつうは、左から順(じゅん)に計算する

( )のある式では、( )の中をひとまとまりとみて、先に計算する。

$4+(3+2)=4+5$
$=9$

$9-(6-2)=9-4$
$=5$

式の中のかけ算やわり算は、たし算やひき算より先に計算する。

$2+3\times4=2+12$
$=14$

$12-6\div2=12-3$
$=9$

1 ( )の中のかけ算やわり算　2 ( )の中のたし算やひき算
3 かけ算やわり算の計算　4 たし算やひき算の計算

$4\times(9-2\times3)=4\times(9-6)$
$=4\times3$
$=12$

$3+(8\div2+5)=3+(4+5)$
$=3+9$
$=12$

教科書ワーク

分数の大きさ

0 — $\frac{1}{2}$ — 1

0 — $\frac{1}{3}$, $\frac{2}{3}$ — 1

0 — $\frac{1}{4}$, $\frac{2}{4}$, $\frac{3}{4}$ — 1

0 — $\frac{1}{5}$, $\frac{2}{5}$, $\frac{3}{5}$, $\frac{4}{5}$ — 1

0 — $\frac{1}{6}$, $\frac{2}{6}$, $\frac{3}{6}$, $\frac{4}{6}$, $\frac{5}{6}$ — 1

0 — $\frac{1}{7}$, $\frac{2}{7}$, $\frac{3}{7}$, $\frac{4}{7}$, $\frac{5}{7}$, $\frac{6}{7}$ — 1

0 — $\frac{1}{8}$, $\frac{2}{8}$, $\frac{3}{8}$, $\frac{4}{8}$, $\frac{5}{8}$, $\frac{6}{8}$, $\frac{7}{8}$ — 1

0 — $\frac{1}{9}$, $\frac{2}{9}$, $\frac{3}{9}$, $\frac{4}{9}$, $\frac{5}{9}$, $\frac{6}{9}$, $\frac{7}{9}$, $\frac{8}{9}$ — 1

0 — $\frac{1}{10}$, $\frac{2}{10}$, $\frac{3}{10}$, $\frac{4}{10}$, $\frac{5}{10}$, $\frac{6}{10}$, $\frac{7}{10}$, $\frac{8}{10}$, $\frac{9}{10}$ — 1

$\frac{1}{2}=\frac{2}{4}=\frac{3}{6}=\frac{4}{8}=\frac{5}{10}$　$\frac{1}{3}=\frac{2}{6}=\frac{3}{9}$　$\frac{2}{3}=\frac{4}{6}=\frac{6}{9}$

$\frac{1}{4}=\frac{2}{8}$　$\frac{3}{4}=\frac{6}{8}$　$\frac{1}{5}=\frac{2}{10}$　$\frac{2}{5}=\frac{4}{10}$　$\frac{3}{5}=\frac{6}{10}$　$\frac{4}{5}=\frac{8}{10}$

分子が同じ分数は、分母が大きいほど小さい！

$\frac{1}{2}>\frac{1}{3}>\frac{1}{4}>\frac{1}{5}>\frac{1}{6}>\frac{1}{7}>\frac{1}{8}>\frac{1}{9}>\frac{1}{10}$

啓林館版
算数4年

コードを読みとって、下の番号の動画を見てみよう。

勉強した日　月　日

1 大きな数の位［その1］

きほんのワーク

学習の目標
一億をこえる数のよみ方やかき方を知り、しくみを理かいしよう。

おわったらシールをはろう

教科書 上 10～17ページ　答え 1ページ

きほん1 一億をこえる数のよみ方がわかりますか。

☆126533406 のよみ方をかきましょう。

右から順に4けたごとに区切るとよみやすくなるね。

とき方　千万の位の1つ上の位を 一億（いちおく） の位といい、100000000（0が8こ）とかきます。

よむときは、それぞれの位の数字と千、百、十を組み合わせてよみ、さらに、4けたごとに「万」、「億」を入れてよみます。

÷10 ÷10 ÷10 ÷10

千億の位	百億の位	十億の位	一億の位	千万の位	百万の位	十万の位	一万の位	千の位	百の位	十の位	一の位
			1	2	6	5	3	3	4	0	6

10倍 10倍 10倍 10倍

問題の数の、1は□億の位の数、2は□万の位の数です。　答え □

1 次の数のよみ方をかきましょう。

教科書 11ページ 1　12ページ 2

❶ 431815176　（　　　）

❷ 826543007000　（　　　）

きほん2 千億をこえる数のよみ方がわかりますか。

☆7530840000000 のよみ方をかきましょう。

とき方　千億 の位の1つ上の位を 一兆（いっちょう） の位といいます。

一兆は千億の10倍で、1000000000000（0が12こ）とかきます。問題の数は、

一兆を□こ、一億を□こあわせた数です。

÷10 ÷10 ÷10 ÷10

千	百	十	一	千	百	十	一	千	百	十	一	千	百	十	一
			兆				億				万				
		7	5	3	0	8	4	0	0	0	0	0	0	0	0

10倍 10倍 10倍 10倍

答え □

大きな数を、「123,456,789,000」のように3けたごとに「,」で区切って表すことがあるよ。

2 次の数のよみ方をかきましょう。　教科書 13ページ 1 14ページ 2

❶ 64130005200000 (　　　　)

❷ 154238000000000 (　　　　)

3 数字でかきましょう。　教科書 14ページ 3 15ページ 4 5 6

❶ 十二兆三千三十九億 (　　　　)

❷ Ｉ兆を５こ、Ｉ億を２こ、Ｉ万を４こあわせた数 (　　　　)

❸ 1000億を32こ集めた数 (　　　　)

きほん3　大きな数のしくみがわかりますか。

☆4600億について、次の数を答えましょう。

❶ 10倍した数　❷ 100倍した数

❸ 10でわった数　❹ 100でわった数

一	千	百	十	一	千	百	十	一	千	百	十	一
兆				億				万				
	4	6	0	0	0	0	0	0	0	0	0	0

10倍する　100倍する　10倍する

10でわる　100でわる　10でわる

答え ❶ □兆□億　❷ □兆

❸ □億　❹ □億

とき方 どんな数でも、各(かく)位の数字は、10倍するごとに位がＩつずつ上がり、10でわるごとに位がＩつずつ下がります。

たいせつ
数は、10倍すると位がＩつずつ上がるので、終わりに0がＩつつきます。同じように、10でわると位がＩつずつ下がるので、終わりに0のある数は、その0がＩつとれます。

4 次の数を10倍、100倍した数は何ですか。また、10や100でわった数は何ですか。　教科書 16ページ 1 17ページ 2

❶ 60億

10倍した数 (　　　　)

100倍した数 (　　　　)

10でわった数 (　　　　)

100でわった数 (　　　　)

❷ 2兆

10倍した数 (　　　　)

100倍した数 (　　　　)

10でわった数 (　　　　)

100でわった数 (　　　　)

ポイント 億や兆などの大きな数でも、右から４けたごとに区切ると、よんだりかいたりしやすくなります。また、位がＩつ上がるごとに10倍になるしくみを理かいしましょう。

勉強した日　月　日

◆1 大きな数の位 [その2]
◆2 大きな数の計算

きほんのワーク

学習の目標
大きな数のつくり方を知り、大きな数の計算ができるようになろう。

おわったらシールをはろう

教科書 上 18～20ページ　答え 1ページ

きほん1 数字をならべて、整数をつくれますか。

☆0から9までの10この数字をすべて使って、12けたの整数をつくります。いちばん大きい整数といちばん小さい整数を答えましょう。

とき方　いちばん上の位(くらい)の数字が大きいほど大きい整数になるので、いちばん大きい整数をつくるときは、いちばん大きい数の□をいちばん上の位に、いちばん小さい整数をつくるときは、0の次に小さい数の□をいちばん上の位にします。

いちばん上の位に0がくると、12けたの整数にならないね。

答え　いちばん大きい整数 □　いちばん小さい整数 □

たいせつ
どんな大きさの整数でも
0、1、2、3、4、5、6、7、8、9
の10この数字でかき表すことができます。

1 0から9までの10この数字をすべて使って、11けたの整数をつくります。いちばん大きい整数を答えましょう。

教科書 18ページ 3 4

(　　　)

きほん2 くふうして、大きな数の計算ができますか。

☆くふうして、次の計算をしましょう。
❶ 27億(おく)＋68億　❷ 72兆(ちょう)－49兆

とき方　億や兆をもとにして、数の計算をすることができます。

❶ 27億＋68億
27＋68＝95 だから…
＝□億

❷ 72兆－49兆
72－49＝23 だから…
＝□兆

答え ❶ □億　❷ □兆

たし算やひき算の答え
たし算の答えを和(わ)、ひき算の答えを差(さ)といいます。

2 くふうして、次の計算をしましょう。

❶ 48兆＋34兆　❷ 123億－54億

教科書 19ページ 1

兆よりも大きな数の位は、「京(けい)、垓(がい)、秭(じょ)、穣(じょう)、溝(こう)、澗(かん)、正(せい)、載(さい)、極(ごく)、恒河沙(ごうがしゃ)、阿僧祇(あそうぎ)、那由他(なゆた)、不可思議(ふかしぎ)、無量大数(むりょうたいすう)」と続(つづ)くよ。

きほん3 計算のくふうができますか。

☆29 × 34 ＝ 986 を使って、2900 × 3400 の答えを求めましょう。

とき方 2900 は 29 の 100 倍、3400 は 34 の 100 倍なので、答えは 986 の 10000 倍になります。

29 ×34 ＝986
↓100 倍 ↓100 倍 ↓10000 倍
2900×3400＝［　　］

100×100＝10000 だから、10000 倍になるね。

答え［　　］

3 47 × 18 ＝ 846 を使って、次の答えを求めましょう。 教科書 19ページ 2 3

❶ 470×1800　　❷ 4700×1800

❸ 47 万×18 万　　❹ 47 万×18 億

きほん4 大きな数のかけ算の筆算ができますか。

☆319 × 254 の計算を筆算でしましょう。

とき方 2 けたの数をかけるときの筆算と同じようにします。筆算の①の行には、319×4 の計算の答えをかきます。②の行は、319×［　］の計算の答えを左に 1 けたずらしてかきます。③の行は、319×2 の計算の答えを左に［　］けたずらしてかきます。

		3	1	9
	×	2	5	4
①→ ㋐	1	2	7	6
②→				
③→				㋑

たいせつ かけ算の答えを積（せき）といいます。

答え［　　］

㋐の 12 は 300 × 4 を計算しているよ。㋑は 319 × 50 の計算だね。

4 次の計算をしましょう。 教科書 20ページ 1 2 3

❶
```
    2 1 6
  × 4 4 5
```

❷
```
      9 7
  × 3 6 4
```

❸
```
    5 3 8
  × 1 0 6
```

❸では、0 のかけ算は省（はぶ）けるよ。

ポイント 10×100 で 1000、100×100 で 10000 になることなどを使って、大きな数のかけ算をくふうして計算できるようになりましょう。

勉強した日 月 日

練習のワーク1

教科書 上 10～22ページ　答え 2ページ

できた数 /12問中

おわったらシールをはろう

1 大きな数のよみ方　次の数のよみ方をかきましょう。

❶ 206850908000

(　　　　　)

❷ 7020995004700

(　　　　　)

2 大きな数の見方　□にあてはまる数をかきましょう。

❶ 2000億(おく)の10倍の数は、□です。

❷ 28兆(ちょう)600億を10でわった数は、□です。

❸ 100億を360こ集めた数は、□です。

❹ 1兆は10億の□倍です。

❺ 1230000000は、1000000を□こ集めた数です。

3 大きな数　0から9までの10この数字をすべて使って、11けたの整数をつくります。いちばん小さい整数を答えましょう。

(　　　　　)

4 大きな数のかけ算　次の計算をしましょう。

❶ 724×153　❷ 206×804

❸ 6300×720　❹ 450×9000

てびき

1 大きな数のよみ方
右から4けたごとに区切って、それぞれの位(くらい)をみつけると、よみやすくなります。

2 大きな数の見方
たいせつ
整数は、位が1つ上がるごとに、10倍になっています。

÷10	÷10	÷10	÷10	
十兆の位	一兆の位	千億の位	百億の位	十億の位
×10	×10	×10	×10	

3 大きな数
ちゅうい
いちばん上の位を0からはじめることはできません。

4 大きな数のかけ算
たいせつ
かける数のとちゅうに0があるときは、筆算では0のかけ算はかかずに省(はぶ)くことができます。
終わりに0のあるかけ算では、0を省いたかけ算をもとに計算できます。

できるナビ
数が大きくなっても筆算のしかたは同じです。
正しく計算ができるように位をそろえてかきましょう。

練習のワーク②

教科書 ㊤ 10～22ページ　答え 2ページ

できた数　/14問中

おわったらシールをはろう

1 大きな数の見方 数字でかきましょう。

❶ 千九十億八十六万　(　　)

❷ 三兆五百二十億三百万　(　　)

❸ 1000億を24こ集めた数　(　　)

❹ 1兆を6こ、1億を7こ、100万を8こあわせた数　(　　)

2 数直線 下の数直線で、㋐、㋑、㋒、㋓にあたる数をかきましょう。

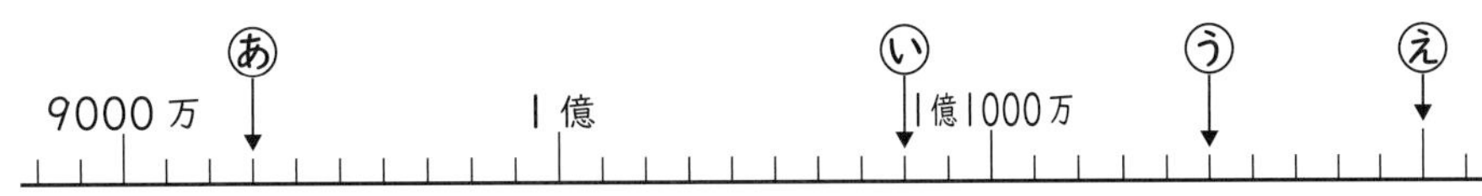

㋐ (　　)　㋑ (　　)

㋒ (　　)　㋓ (　　)

3 大きな数の位のしくみ 次の数は何ですか。

❶ 570億を100倍した数　(　　)

❷ 90兆を100でわった数　(　　)

4 計算のくふう 16×82＝1312を使って、答えを求(もと)めましょう。

❶ 1600×8200　❷ 16万×820

❸ 16万×82万　❹ 16億×820000

2 いちばん小さい1目もりは、1000万を10等分した1こ分なので、100万を表しています。

㋐ 9000万より、小さい目もり3こ分(300万)大きい数です。

㋑ 1億1000万より、小さい目もり2こ分(200万)小さい数と考えることもできます。

㋒ 1億1000万より、小さい目もり5こ分(500万)大きい数です。

㋓ ㋒より、小さい目もり5こ分(500万)大きい数です。

3 どんな数でも、各(かく)位の数字は、100倍すると位が2つ上がるので、終わりに0が2つつきます。100でわると位が2つ下がるので、終わりの0が2つとれます。

4 1312の何倍になるのか考えます。

❶ 100×100=10000だから、10000倍になります。

❸ 1万×1万=1億だから、1億倍になります。

できるナビ　10倍、100倍するときや10や100でわるときの位のしくみをきちんと理かいして、大きな数の計算ができるようになりましょう。

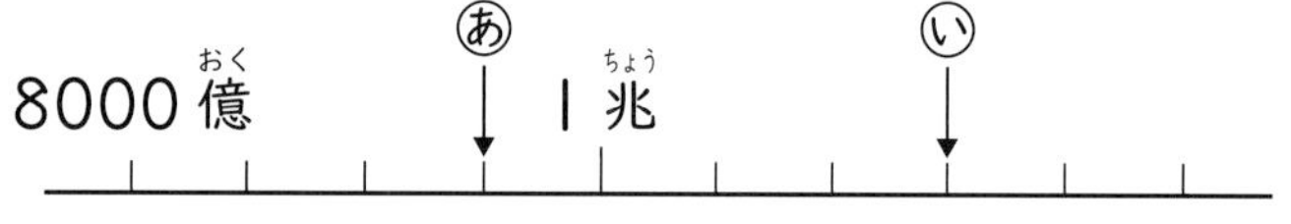

1 下の数直線を見て、答えましょう。 1つ7〔21点〕

8000億(おく)　㋐　1兆(ちょう)　㋑

❶ この数直線のいちばん小さい1目もりが表している数はいくつですか。（　　　）

❷ ㋐にあたる数はいくつですか。（　　　）

❸ ㋑にあたる数はいくつですか。（　　　）

2 次の問題に答えましょう。 1つ7〔21点〕

❶ 1億は、10万の何倍ですか。（　　　）

❷ 100億は、100万の何倍ですか。（　　　）

❸ 10兆は、1億の何倍ですか。（　　　）

3 よく出る 数字でかきましょう。 1つ6〔30点〕

❶ 二千五億七千五十万（　　　）

❷ 1億を8こ、100万を4こあわせた数（　　　）

❸ 1兆を2こ、1億を5こ、1万を8こあわせた数（　　　）

❹ 1兆を108こ集めた数（　　　）

❺ 3409億4千万を100倍した数（　　　）

4 次の計算をしましょう。 1つ7〔28点〕

❶ 67万＋18万

❷ 67億＋18億

❸ 67兆＋18兆

チャレンジ！ ❹ 6億7000万＋1億8000万

チェック
□大きな数について、いろいろな見方ができたかな？
□くふうして、大きな数の計算ができたかな？

勉強した日　月　日

まとめのテスト②

教科書 ㊤10〜22ページ　答え 3ページ

とく点　/100点

おわったらシールをはろう

1 数字でかきましょう。　1つ10〔20点〕

❶ 2億より1大きい数　(　　　)

❷ 1兆より1小さい数　(　　　)

2 次の数の大小をくらべ、□に不等号を入れて式にかきましょう。　1つ5〔20点〕

❶ 9574億 □ 138兆　　❷ 15兆 □ 16億

❸ 15940380000 □ 15904380000

❹ 91287600 □ 902876000

3 よく出る 次の計算をしましょう。　1つ5〔30点〕

❶ 35兆×10　　❷ 9200億×100

❸ 8400万×100　　❹ 1兆5000億÷10

❺ 604億÷100　　❻ 27億300万÷100

チャレンジ!

4 0から9までの10この数字をすべて使って、10けたの整数をつくります。3番目に小さい整数を答えましょう。　〔10点〕

(　　　)

5 次の計算をしましょう。　1つ5〔20点〕

❶ 372×476　　❷ 597×812　　❸ 209×708　　❹ 63×915

ふろくの「計算練習ノート」2〜3ページをやろう!

チェック
□数字を使って、大きな整数がつくれたかな？
□大きな数の筆算ができたかな？

勉強した日　月　日

❶ 変わり方を表すグラフ ❷ 折れ線グラフのかき方 ❸ 2つのグラフをくらべて

きほんのワーク

学習の目標
変わり方のようすを、見やすくわかりやすく表せるようになろう。

おわったらシールをはろう

教科書 ㊤23〜34ページ　答え 3ページ

きほん1 折れ線グラフのよみ方がわかりますか。

☆右のグラフを見て、答えましょう。

❶ 午前11時の気温は何度ですか。

❷ 気温の上がり方がいちばん大きいのは、何時から何時までの間ですか。

❸ 気温がいちばん高いのは、何時でそれは何度ですか。

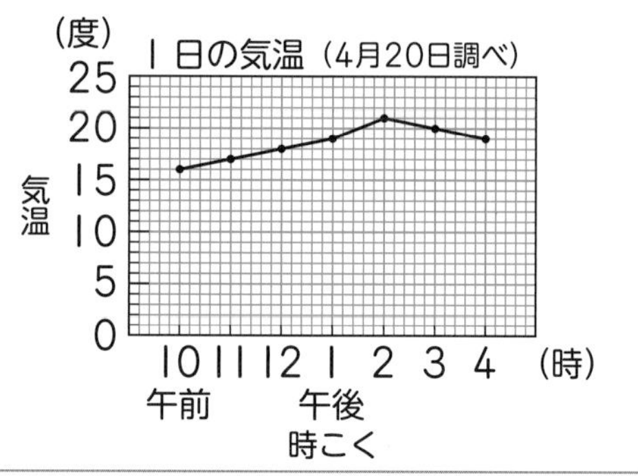

とき方　上のようなグラフを折れ線（おれせん）グラフといいます。折れ線グラフでは、線のかたむきで変（か）わり方がわかります。

❶ 午前11時の気温は、11時のところの点を横に見て［　］度です。

❷ 線のかたむきがいちばん急なところは、午後［　］時から午後［　］時までの間です。

❸ いちばん高いところにある点を、たてに見て午後［　］時、横に見て［　］度です。

答え ❶［　］度

❷ 午後［　］時から午後［　］時までの間

❸ 午後［　］時　［　］度

たいせつ 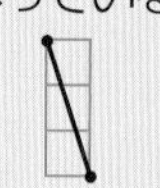

折れ線グラフでは、線のかたむきで、変わり方がわかります。
また、線のかたむきが急なところほど、変わり方も大きいことを表しています。

ふえている　変わらない　へっている

1 右のグラフを見て、答えましょう。

教科書 24〜26ページ

❶ 午前8時の気温は何度ですか。（　　）

❷ 気温がいちばん高いのは、何時でそれは何度ですか。（　　、　　）

❸ 午後2時から午後4時までの間と、午後4時から午後6時までの間では、気温の下がり方はどちらが大きいですか。（　　）

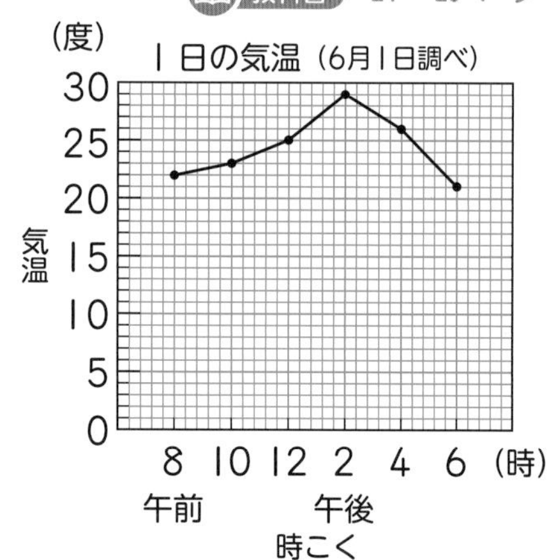

2つのものの変わるようすをくらべるときは、1つのグラフ用紙に2つの折れ線グラフをいっしょにかくとくらべやすいよ。

きほん 2　折れ線グラフのかき方がわかりますか。

☆下の表は、ある町で調べた１年間の月別(べつ)の気温です。これを折れ線グラフにかきましょう。

１年間の気温　(2020年)

月	1	2	3	4	5	6	7	8	9	10	11	12
気温(度)	2	3	6	10	16	22	26	24	20	14	8	4

(度)　１年間の気温　(2020年)

気温　30　20　10　0

1　2　3　4　5　6　7　8　9　10　11　12　(月)

月

とき方 折れ線グラフは次のようにかきます。

1 表題をかく。

2 横のじくに月をとり、目もりをつけて、単位(たんい)をかく。

3 たてのじくに気温をとり、１年間でいちばん高い［　　］がかけるように目もりをつけて、単位をかく。

4 それぞれの月の気温を表す点をうち、点を順(じゅん)に［　　］でつなぐ。

答え 左の問題に記入

2 下の表は、たけるさんが調べた午前８時から午後５時までの気温です。

１日の気温　(6月4日調べ)

時こく（時）	午前 8	9	10	11	12	午後 1	2	3	4	5
気　温（度）	13	14	15	16	18	21	21	20	18	16

これを、折れ線グラフにかきましょう。

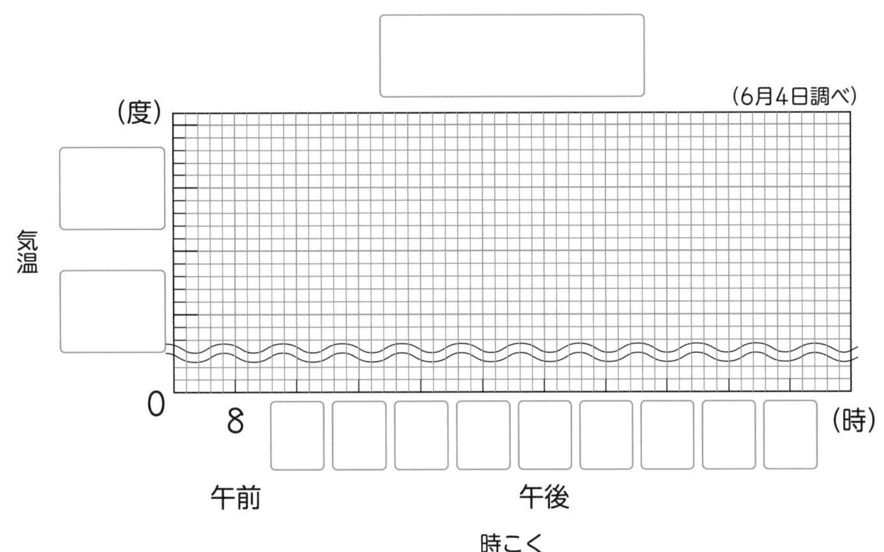

折れ線グラフでは、左のグラフのように、〰の印(しるし)を使って、目もりの一部分を省(はぶ)けます。ここでは、10度より小さい目もりを省いているんだね。

ポイント 身のまわりにある、ともなって変わる２つの数量(すうりょう)をみつけて、折れ線グラフに表したり、グラフから変わり方のとくちょうをよみとれるようにしましょう。

勉強した日 月 日

練習のワーク

教科書 ㊤23〜35ページ　答え 4ページ

できた数 /8問中

おわったらシールをはろう

1 折れ線グラフ

折れ線グラフに表すとよいものはどれですか。記号で答えましょう。

㋐ 毎月1日にはかった自分の体重
㋑ 好きな本の種類を調べた結果
㋒ 1時間ごとに調べた教室の温度の変わり方
㋓ 同じ時こくに調べたいろいろな場所の気温
㋔ 4年生のクラスごとの虫歯のある人の数

（　　　　）

2 2つのグラフをくらべて

右のグラフは、ある都市の月別の気温とこう水量を表したものです。折れ線グラフが月別の気温を、ぼうグラフが月別のこう水量を表しています。

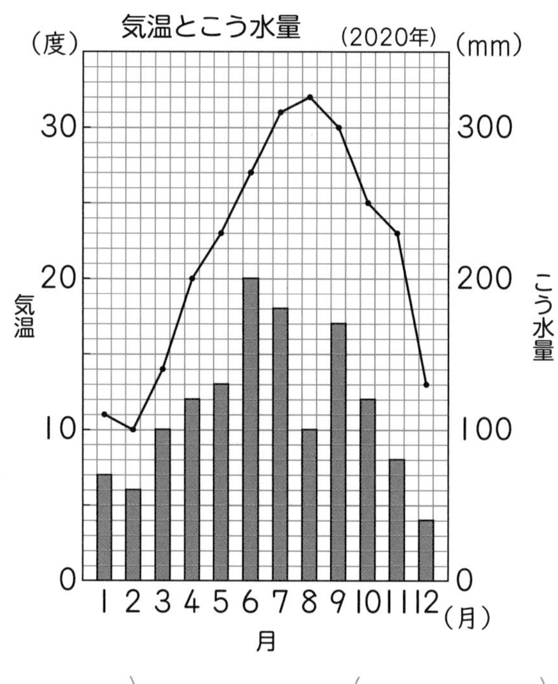

❶ 気温がいちばん高かったのは何月ですか。また、それは、何度ですか。

月（　　　　）　気温（　　　　）

❷ こう水量がいちばん少なかったのは何月ですか。また、それは、何mmですか。

月（　　　　）　こう水量（　　　　）

❸ 4月は、気温が何度で、こう水量が何mmですか。

気温（　　　　）　こう水量（　　　　）

❹ こう水量がふえ続けているのは、何月から何月の間ですか。

（　　　　）

1 折れ線グラフ
変わり方のようすを表すときには、折れ線グラフを使います。

さんこう
記録を整理するには、折れ線グラフのほかに、ぼうグラフの利用や表の活用も考えられます。

2 2つのグラフをくらべて
ぼうグラフと折れ線グラフを重ねて表すと、2つの関係がわかりやすくなります。

折れ線グラフに表すと、気温の変わり方がはっきりとわかるよ。

できるナビ 折れ線グラフは、線のかたむきで変わり方のようすがわかります。線がかたむいていないところは、変わらないことを表しています。

時間 20分　とく点 /100点　おわったらシールをはろう

1 よく出る　下の表は、4月から11月までのハムスターの体重の変わり方を調べたものです。これを、折れ線グラフにかきましょう。〔25点〕

ハムスターの体重

月	4	5	6	7	8	9	10	11
体重（g）	6	9	11	14	13	15	16	16

（g）　体重　0　4　5　6　7　8　9　10　11（月）　月

2 右の表と折れ線グラフは、ある日の気温の変わり方を調べたものです。1つ25〔50点〕

1日の気温　（6月9日調べ）

時こく	午前 4	6	8	10	12	午後 2	4	6	8
気温（度）	16	16	18			24	22	19	18

❶ 表のあいているところに数字をかきましょう。

❷ グラフの続きをかきましょう。

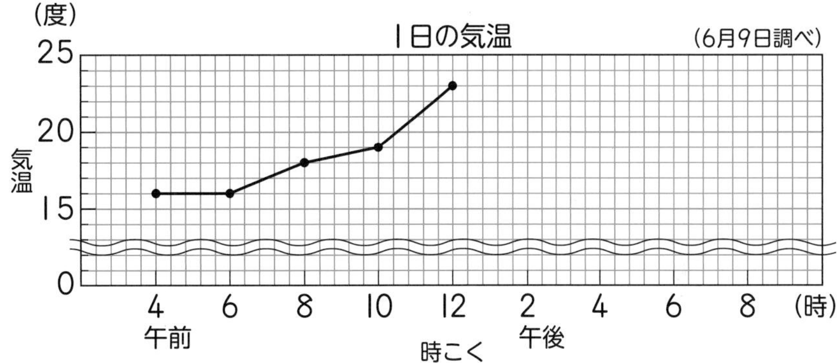

3 右のⓐとⓘの折れ線グラフは、ある本屋さんで売れた理科事典（じてん）と絵本の数を、それぞれ月別に表したものです。2つのグラフをくらべたとき、次のことがらは正しいですか、正しくないですか。

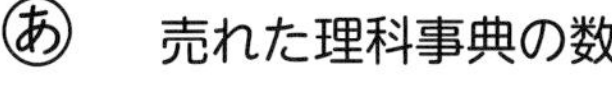

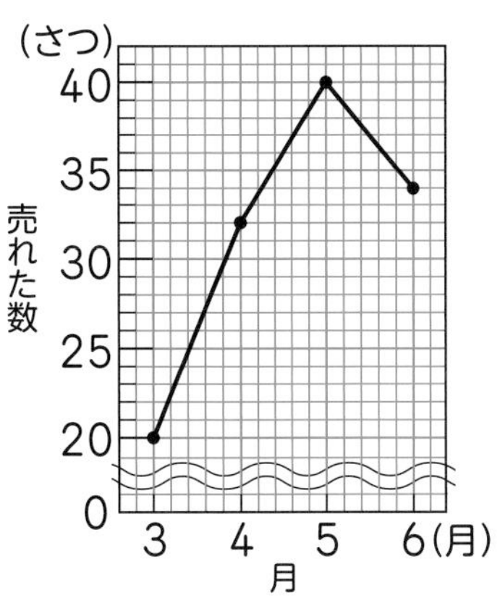

ⓘ　売れた絵本の数

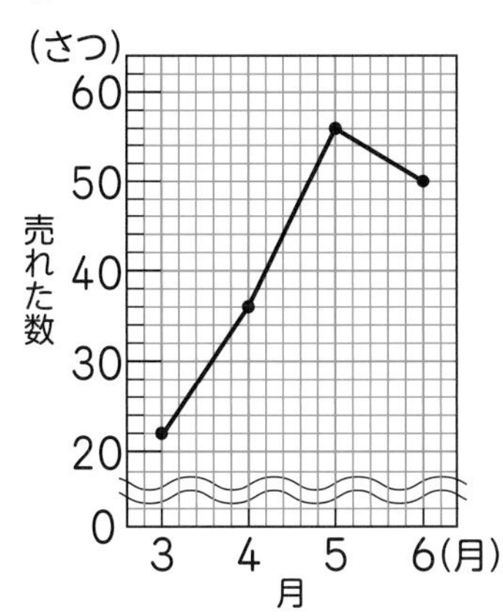

3月から4月までの間に、
売れた数をくらべると、理科事典のほうが絵本よりも、ふえ方が大きい。〔25点〕

（　　　　　）

チェック✓
□折れ線グラフをよんだりかいたりできたかな？
□2つのことがらを表すグラフのよみとり方がわかったかな？

勉強した日　月　日

❶ (2けた)÷(｜けた)の筆算 [その1]

きほんのワーク

学習の目標
｜けたでわるわり算のしかたを考え、筆算のしかたを身につけよう。

おわったらシールをはろう

教科書 (上) 36〜39ページ　答え 4ページ

きほん1 (2 けた)÷(｜ けた)の計算ができますか。

☆折り紙が 78 まいあります。6 人で同じ数ずつ分けると、｜ 人分は何まいになりますか。

とき方　｜ 人分の数を求めるので、わり算で計算し、式は 78÷□ です。
10 の束と残りの 8 まいに分けて計算します。

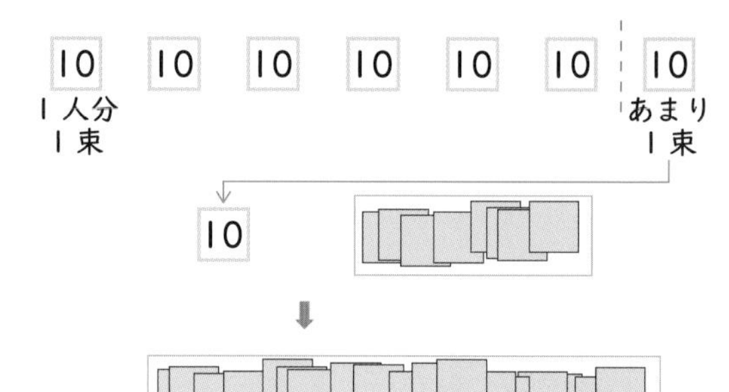

① 10 の束 7 つを 6 人で分けると、
7÷6＝｜ あまり ｜
｜ 人分は□束で、□束あまる。

② あまった ｜ 束と 8 まいをあわせた 18 まいを 6 人で分けると、
18÷6＝3 より、｜ 人分は□まい。

｜ 人分の折り紙は、①の ｜ 束と②の 3 まいをあわせて、□まい。

答え □まい

わり算の答え
78÷6＝13の13のようなわり算の答えを商といいます。

1 おはじきが 96 こあります。8 人で同じ数ずつ分けると、｜ 人分は何こになりますか。 教科書 37ページ 1

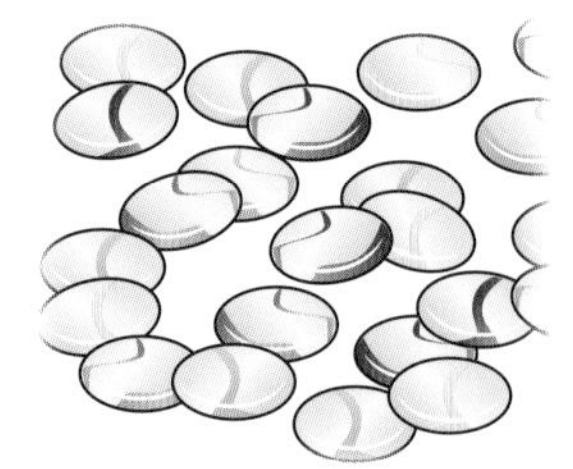

式

答え (　　　　)

2 次の計算をしましょう。 教科書 37ページ 1

❶ 52÷4

❷ 72÷6

❸ 90÷2

❹ 75÷3

さんすうはかせ
たし算の答えは「和」、ひき算の答えは「差」、かけ算の答えは「積」、わり算の答えは「商」というよ。和・差・積・商のことばも覚えておこう。

きほん2 (2けた)÷(1けた)の筆算のしかたがわかりますか。

☆76このあめを2人で同じ数ずつ分けると、1人分は何こになりますか。

とき方 同じ数ずつに分けるので、わり算で計算し、式は［　］÷［　］です。

わり算の筆算は、）￣を使って表し、大きい位(くらい)から順(じゅん)に計算します。

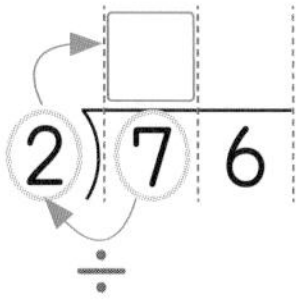

7÷2で、
3をたてて

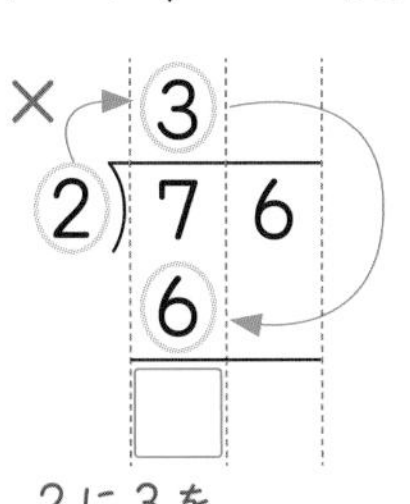

2に3を
かけて6
7から6を
ひいて1

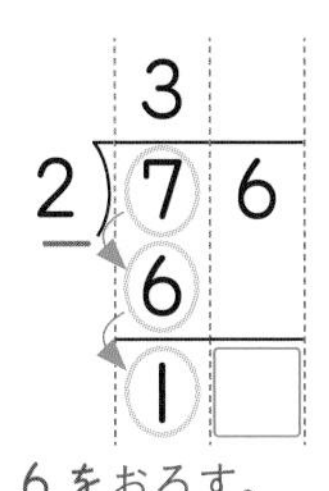

6をおろす。

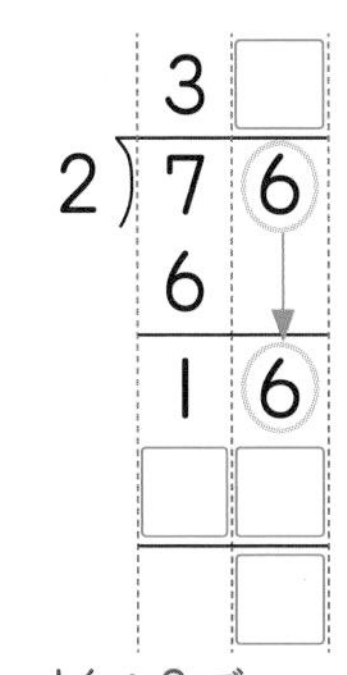

16÷2で、
8をたてて
2に8をかけて16
16から16をひいて0

おろすものがなくなると、終わりだね。

3をたてて

二三が6
ひいて1

6をおろして16

8をたてて二八16、ひいて0

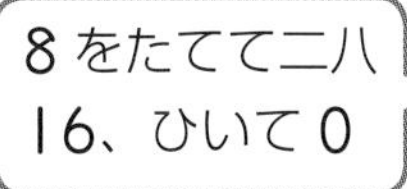

さんこう

76を60と16に分けて考えて、60÷2=30、16÷2=8より、30+8=38と求めることもできます。

答え［　］こ

3 次の計算をしましょう。

教科書 38ページ1 39ページ2

❶

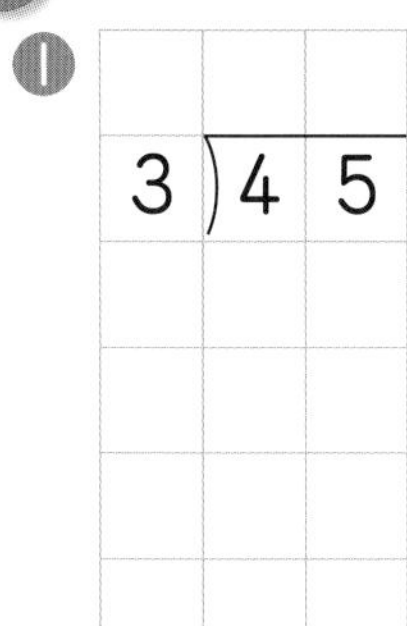

3）45

❷

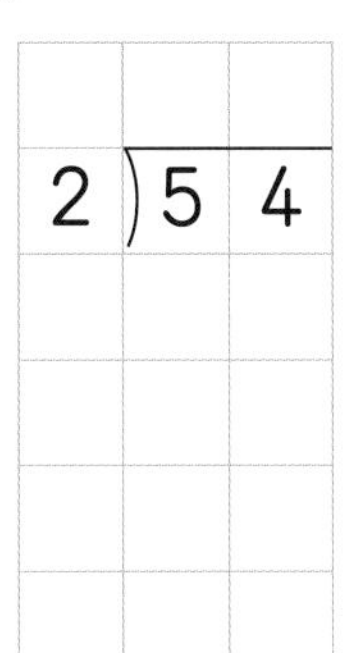

2）54

❸

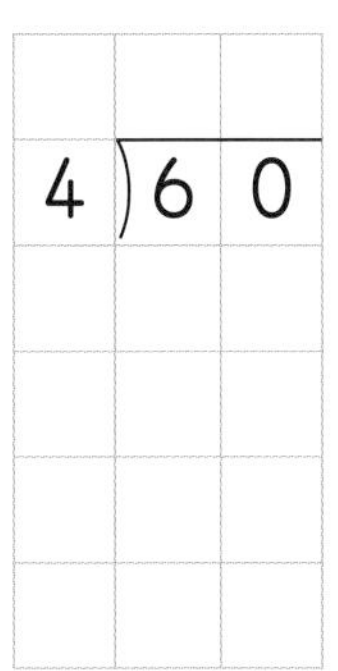

4）60

❹

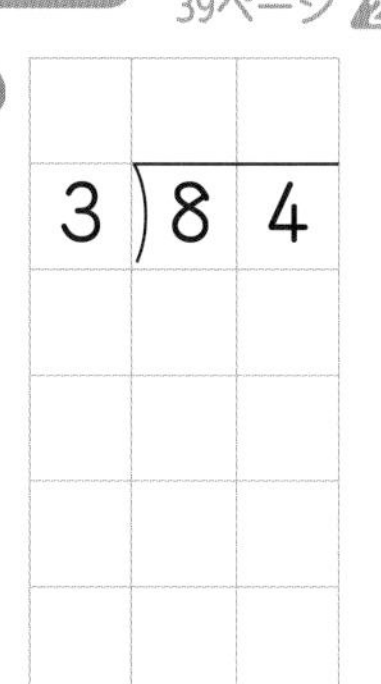

3）84

❺

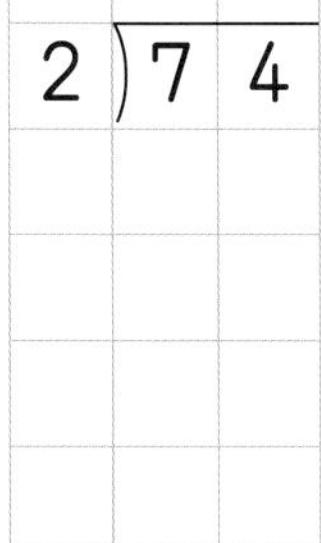

2）74

❻

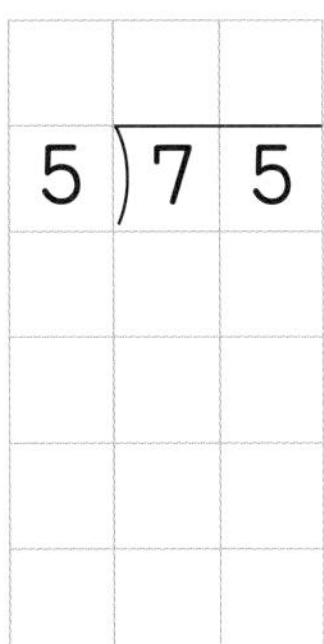

5）75

❼

2）92

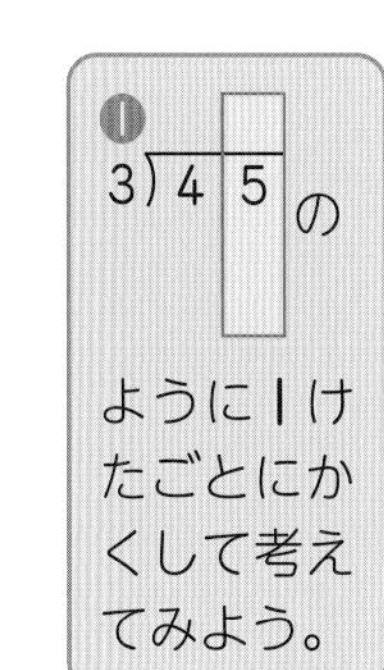

ように1けたごとにかくして考えてみよう。

ポイント 筆算は、「たてる、かける、ひく、おろす」の順に計算します。筆算を声に出してしてみるとよいでしょう。

勉強した日 月 日

❶ (2けた)÷(１けた)の筆算 [その2]
❷ (3けた)÷(１けた)の筆算 [その1]

きほんのワーク

学習の目標　あまりのあるわり算やいろいろな筆算のしかたを身につけよう。

おわったらシールをはろう

教科書 ㊤ 40～42ページ　答え 5ページ

きほん1 あまりのあるわり算を筆算でできますか。

☆95cm のはり金を 4cm ずつに切ると、4cm のはり金が何本できて、何cm あまりますか。

とき方　式は、□÷□です。わる数より小さい数がでてきたら、その数をあまりとします。

9÷4 で、2 をたてて

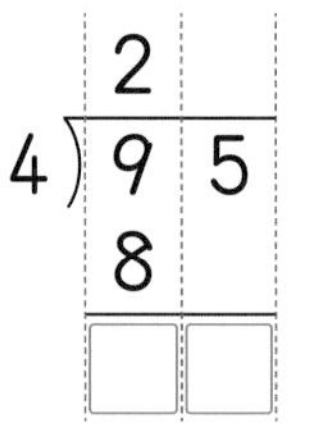

4 に 2 をかけて 8
9 から 8 をひいて 1
5 をおろす。

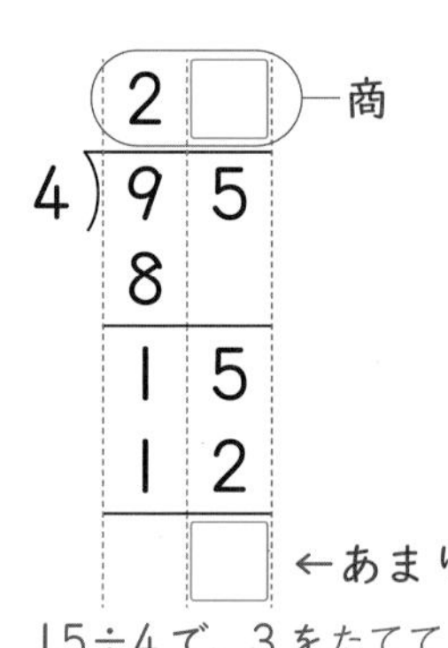

15÷4 で、3 をたてて
4 に 3 をかけて 12
15 から 12 をひいて 3

答えのたしかめ
95÷4 ＝ 23 あまり 3
4 × 23 ＋ 3 ＝95
わる数 × 商 ＋ あまり ＝ わられる数

95÷4＝□ あまり □

答え □本できて、□cm あまる。

1 次の計算をして、答えのたしかめもしましょう。

教科書 40ページ 3 4 5

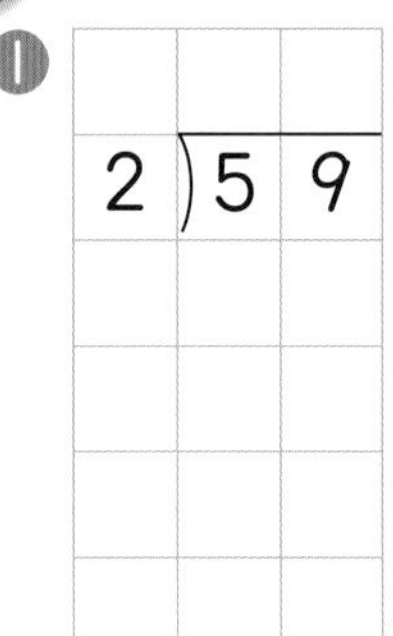

❶ 2)59

❷ 5)92

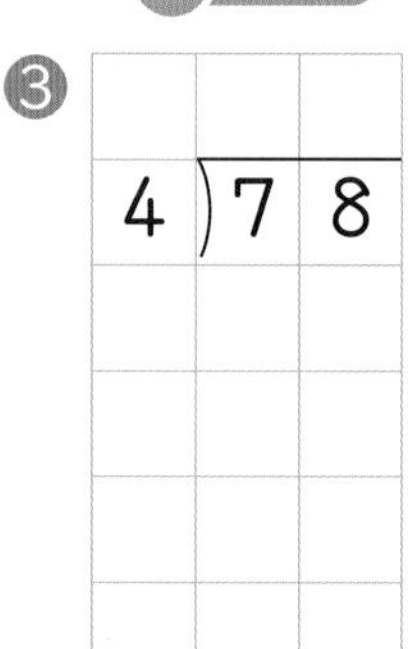

❸ 4)78

たしかめ（　　　）　たしかめ（　　　）　たしかめ（　　　）

さんすうはかせ　かけ算やわり算の筆算で「0」がでてくると、かき方がくふうできることが多いよ。また、答えのところでのかきわすれには注意しよう。

きほん2 ひいて0になるわり算の筆算のしかたがわかりますか。

☆69÷3を筆算でしましょう。

とき方 ひいて0になるとき、0をかかないことがあります。

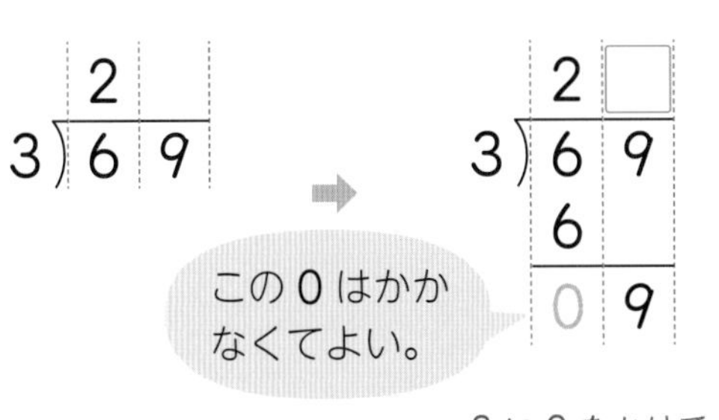

3に2をかけて6
6から6をひいて0
9をおろす。

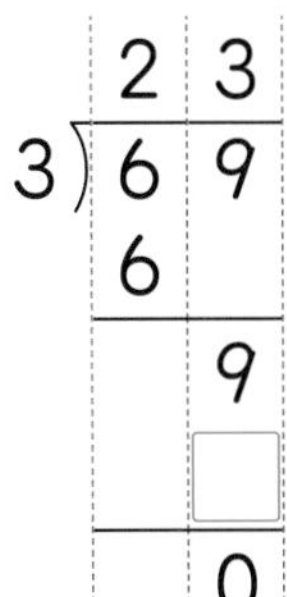

答えのたしかめ
3×23=69

答え

2 次の計算を筆算でしましょう。 教科書 41ページ 6 7

❶ 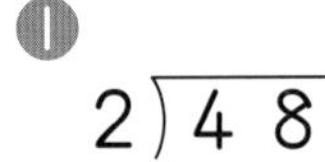
2)48

❷ 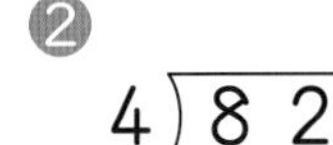
4)82

❸ 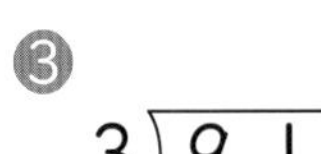
3)91

きほん3 (3けた)÷(1けた)の筆算のしかたがわかりますか。

☆743÷5を筆算でしましょう。

とき方 わられる数が3けたのときも、大きい位(くらい)から順(じゅん)に計算します。

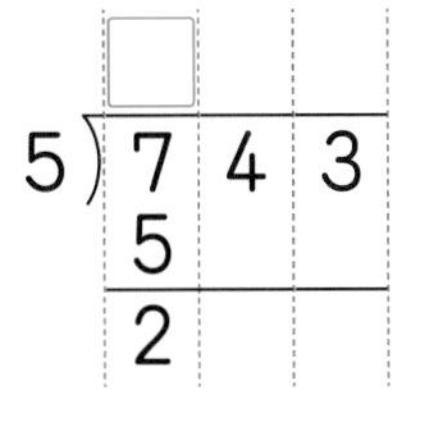

7÷5で、
1をたてて
5に1をかけて5
7から5をひいて2

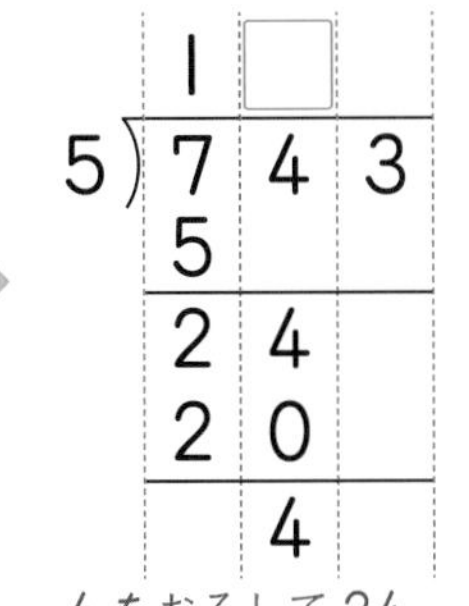

4をおろして24
24÷5で、4をたてて
5に4をかけて20
24から20をひいて4

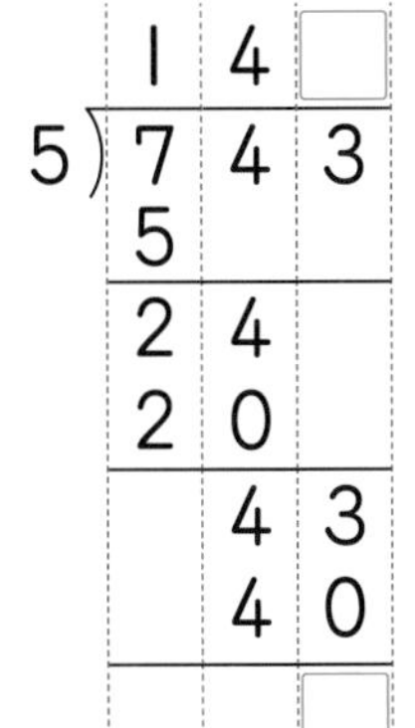

位ごとに、
たてる→かける
→ひく→おろす
の順に計算すれば
いいんだね。

答え

3 次の計算を筆算でしましょう。 教科書 42ページ 1 2

❶
5)785

❷ 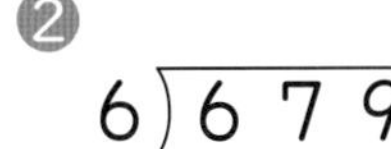
6)679

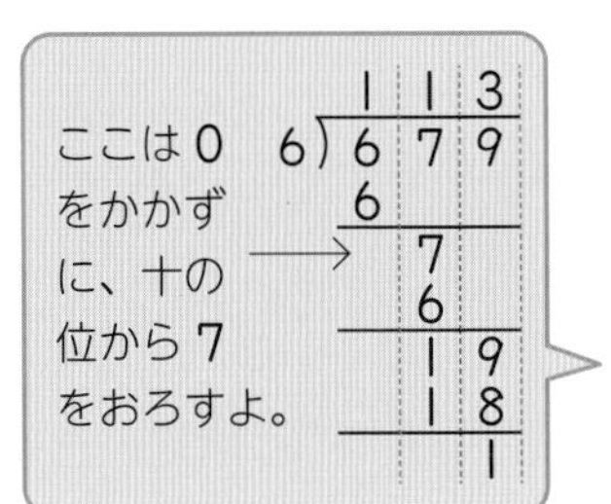

❸ 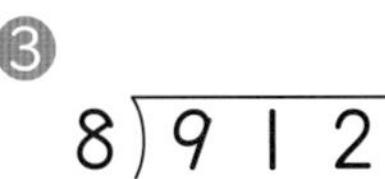
8)912

ポイント わり算の筆算は大きい位から順に九九を使って、たてる→かける→ひく→おろすのくり返しで計算します。けたはたてにそろえてかくことが大切です。

勉強した日　月　日

② (3けた)÷(｜けた)の筆算 [その2]
③ 暗算
きほんのワーク

学習の目標
商のたつ位に気をつけて、筆算ができるようになろう。

おわったらシールをはろう

教科書 ㊤43〜45ページ　答え 5ページ

きほん1 商のとちゅうに0がたつ筆算のしかたがわかりますか。

☆429÷4 の計算を筆算でしましょう。

とき方 商のとちゅうに0がたったときは、となりの数をおろして、わり算を続けます。

```
    □            1 □           1 0 □
4)4 2 9   →  4)4 2 9   →  4)4 2 9
              4              4
                2              2
                □              0
                               2 9
                               2 8
                                 □
```

2は4でわれないから十の位に0をたてる。

この部分の計算は、かかずに省くことができる。

答え □

1 次の計算を筆算でしましょう。

教科書 43ページ 4 6

❶ 927÷3　❷ 856÷8　❸ 640÷6　❹ 417÷2

きほん2 はじめの位に商がたたないわり算の筆算ができますか。

☆348÷5 の計算を筆算でしましょう。

とき方 わられる数のいちばん左の位の数が、わる数より小さいときは、次の位まで考えて計算をはじめます。

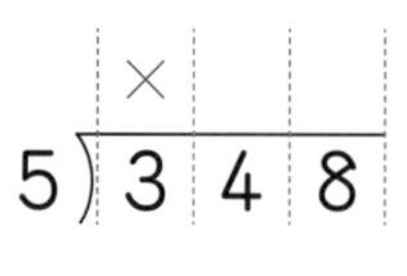

```
  ×               □
5)3 4 8   →  5)3 4 8
                3 0
                  4
```

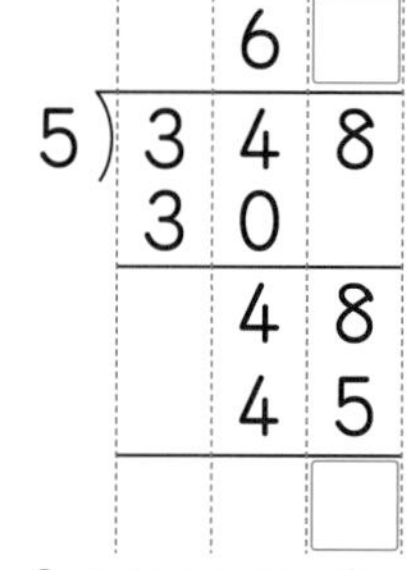

```
    6 □
5)3 4 8
  3 0
    4 8
    4 5
      □
```

3は5でわれないから、百の位に商はたたない。

34÷5で、6をたてて
5に6をかけて30
34から30をひいて4

8をおろして48
48÷5で9をたてて、5に9をかけて45
48から45をひいて3

ちゅうい はじめの位に商がたたないとき、0はかきません。

答え □

｜つの数をもとにして、くらべるもう｜つの数が何倍かを考えるときや、｜とみた数を求めるときにも「わり算」を使うよ。

2 次の計算を筆算でしましょう。　教科書 43ページ 4 5 6 7

❶ $2\overline{)134}$　❷ $4\overline{)310}$　❸ $7\overline{)378}$

❹ $3\overline{)102}$　❺ $6\overline{)542}$　❻ $9\overline{)453}$

3 7本で574円のえん筆を買いました。１本のねだんはいくらですか。

式

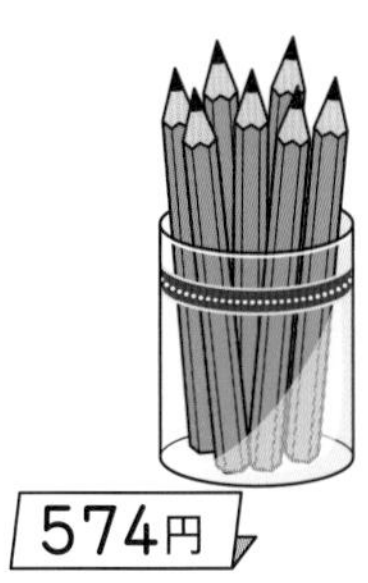

574円

答え（　　　　　）

きほん3　(2けた)÷(1けた)の計算を暗算でできますか。

☆54このクッキーを、3人で同じ数ずつ分けます。１人分は何こになりますか。答えは暗算で求めましょう。

とき方 同じ数ずつに分けるので、わり算で計算します。ここでは、54÷3の暗算のしかたを考えます。54を30と24に分けて考えます。

10のまとまりにすると、
30÷3で、□

残り（のこ）の24は、
24÷3で、□

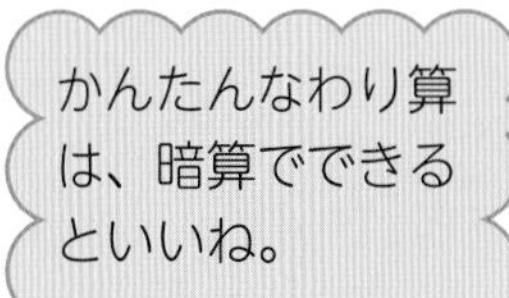

だから、あわせて□です。

□こ

4 暗算でしましょう。

❶ 39÷3　❷ 99÷9　❸ 98÷2　❹ 34÷2

ポイント かんたんなわり算の暗算ができるのは、実さいの生活で役立ちます。「わり算しやすい数に分けて、それぞれをわり算し、そのあとあわせる」のがポイントです。

勉強した日　月　日

練習のワーク①

教科書 ㊤36〜47ページ　答え 5ページ

できた数　/8問中

おわったらシールをはろう

1 わり算の筆算　次の計算をしましょう。

❶ 5)79　❷ 3)51　❸ 2)61

❹ 7)932　❺ 4)820　❻ 6)248

2 (2けた)÷(1けた)の計算　83 cm のリボンを 5 cm ずつに切ると、5 cm のリボンが何本できて、何 cm あまりますか。

式

答え（　　　）

3 (3けた)÷(1けた)の計算　4年生144人が遠足に行きます。同じ人数ずつ3台のバスに乗るとき、1台に乗るのは何人ですか。

式

答え（　　　）

てびき

1 わり算の筆算
何の位(くらい)から商がたつかに注意しながら、わり算をしましょう。また、答えのたしかめもしておきましょう。

2 どんな問題のときにわり算を使うのか、考えながらといていきましょう。わり算の計算は筆算でしましょう。

3 3けたの数をわるときも筆算のしかたは同じです。
たてる→かける→ひく→おろす
の順(じゅん)で計算すれば、もっと大きな数のわり算もできます。

できるナビ　あまりのあるわり算のたしかめをするとき、あまりがわる数よりも大きくなっていないか注意しましょう。

練習のワーク②

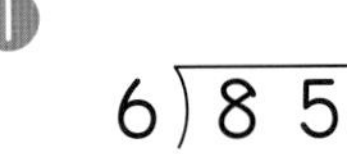
教科書 ㊤36〜47ページ　答え 6ページ

できた数　/12問中

おわったら シールを はろう

1 わり算の筆算　次の計算をして、答えのたしかめもしましょう。

❶ 6)85

たしかめ（　　　　）

❷ 5)94

たしかめ（　　　　）

❸ 4)418

たしかめ（　　　　）

❹ 6)305

たしかめ（　　　　）

2 暗算　暗算でしましょう。

❶ 38÷2　❷ 96÷3　❸ 78÷2

3 (3けた)÷(1けた)の計算　おかしが186こあります。1箱に7こずつ入れると、何箱できて、何こあまりますか。

式

答え（　　　　）

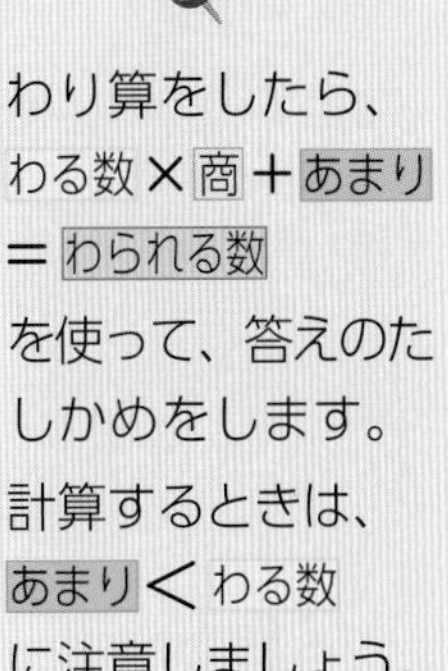

1 わり算の筆算

わり算をしたら、
わる数×商＋あまり＝わられる数
を使って、答えのたしかめをします。
計算するときは、
あまり＜わる数
に注意しましょう。

2 暗算
わられる数を2つに分けて考えます。
❶ 38を20と18に分けて考えると、
20÷2＝10
18÷2＝9
これをあわせます。

3 計算は筆算でします。たしかめもしておきましょう。

文章題では、答えのかき方に注意しよう。

できるナビ　わり算の筆算をするときは、きちんとけたをたてにそろえてかいて、答えがたつ位をまちがえないようにしましょう。

1 よく出る 次の計算を筆算でしましょう。 1つ8〔32点〕

❶ 66÷3　　❷ 739÷5

❸ 602÷3　　❹ 685÷7

2 よく出る 875÷4 の計算をして、答えのたしかめもしましょう。 1つ7〔14点〕

答え（　　　　）

たしかめ（　　　　）

3 90 このおはじきを、6人で同じ数ずつ分けると、1人分は何こになりますか。

式 1つ9〔18点〕

答え（　　　　）

4 153 cm のはり金を 9 cm ずつに切ると、9 cm のはり金は何本つくれますか。 1つ9〔18点〕

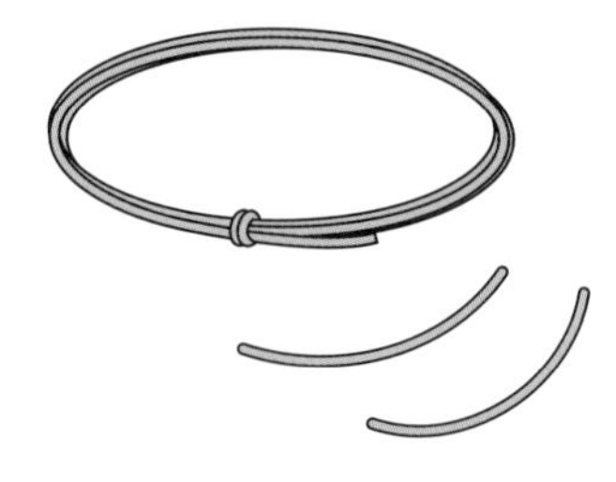

式

答え（　　　　）

5 4年生は 215 人います。5人ずつ長いすにすわっていくと、全員がすわるには、長いすは何きゃくいりますか。 1つ9〔18点〕

式

答え（　　　　）

□わり算の筆算ができたかな？
□わり算の答えを求めてから、答えのたしかめができたかな？

時間20分　とく点 /100点　おわったらシールをはろう

1 右のわり算で、商が2けたになるのは、□にどんな数をあてはめたときですか。あてはまる数をすべて答えましょう。〔12点〕

4)□27

（　　　　）

2 よく出る 次の計算をしましょう。　1つ8〔48点〕

❶ 5)59

❷ 8)95

❸ 3)777

❹ 6)657

❺ 7)406

❻ 9)827

3 74本の花を6本ずつ束（たば）にしていくと、何束できて、何本あまりますか。　1つ10〔20点〕

式

答え（　　　　）

4 ふみやさんは、132ページの本を1日に5ページずつよみます。よみ終わるのに何日かかりますか。　1つ10〔20点〕

式

答え（　　　　）

ふろくの「計算練習ノート」4～7ページをやろう！

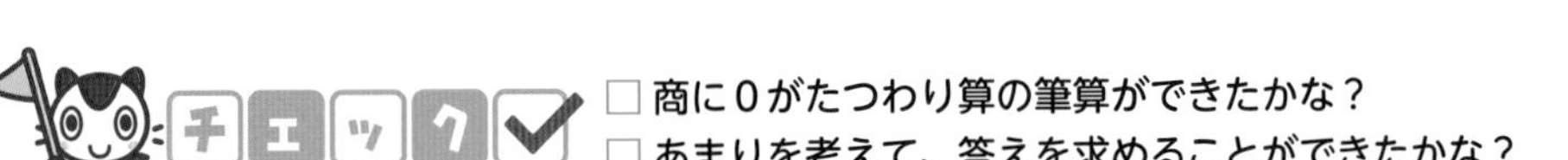

□商に0がたつわり算の筆算ができたかな？
□あまりを考えて、答えを求めることができたかな？

勉強した日　　月　　日

学習の目標
いろいろな角の大きさを知り、分度器を使ったはかり方を覚えよう。

おわったらシールをはろう

① 角の大きさのはかり方［その1］

きほんのワーク

教科書 ㊤49～55ページ　答え 7ページ

きほん1 いろいろな大きさの角がわかりますか。

☆下の㋐から㋕の角のうち、直角はどれですか。

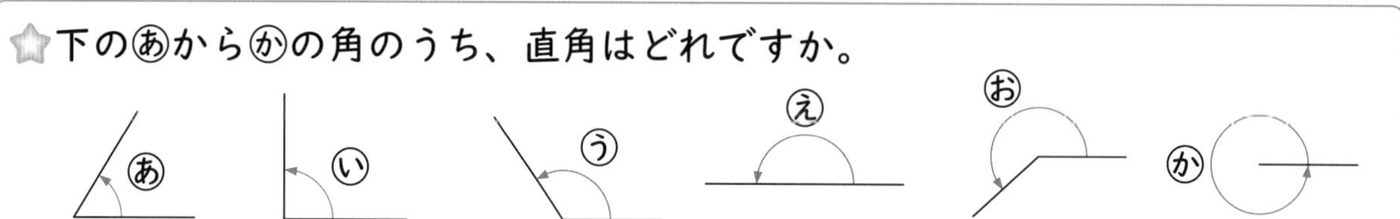

とき方　1つの頂点(ちょうてん)から出ている2つの辺(へん)がつくる形を［角］といい、角の大きさは、角をつくる2つの辺の開きぐあいできまります。㋑の角の大きさが直角で、㋓の角のように、半回転すると直角の2こ分、㋕の角のように、1回転すると直角の［　］こ分の角になります。

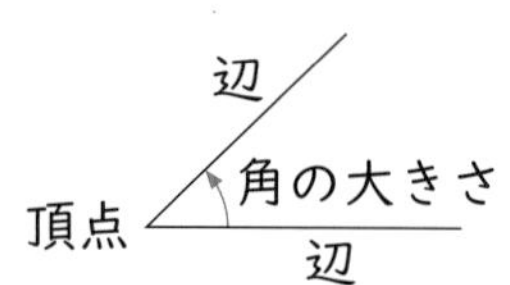

答え［　］の角

1 右の図で、直角より小さい角はどれですか。

教科書 50～51ページ

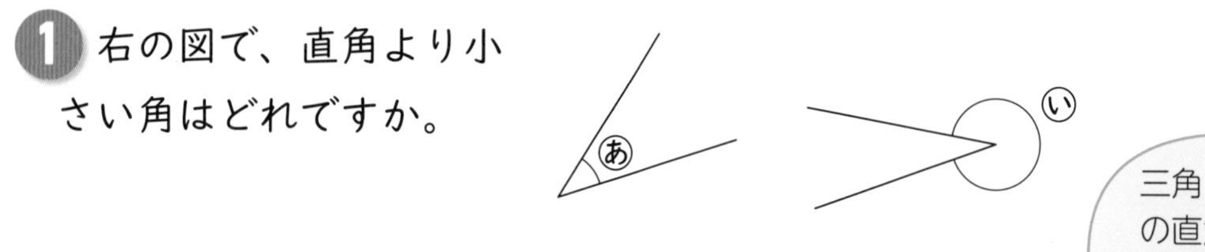

（　　　　　）

2 右の角の大きさは、直角の何こ分ですか。

教科書 50～51ページ

（　　　　　）

3 次の角を、大きい順(じゅん)に記号で答えましょう。

教科書 50～51ページ

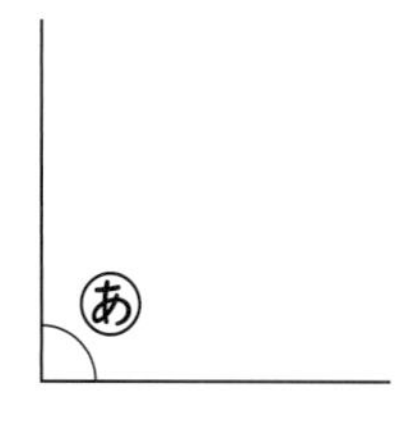

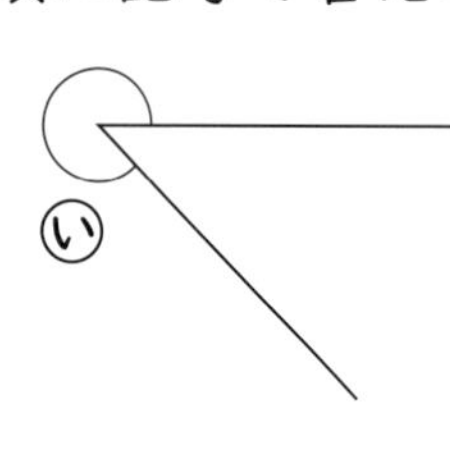

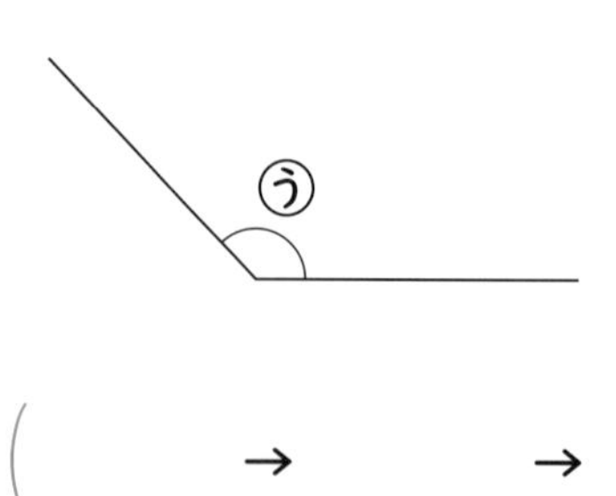

（　　→　　→　　→　　）

さんすうはかせ　直角よりも小さい角を「鋭角(えいかく)」といい、直角よりも大きく180°より小さい角を「鈍角(どんかく)」というよ。

きほん2 角の大きさのはかり方がわかりますか。

☆下のあの角の大きさをはかりましょう。

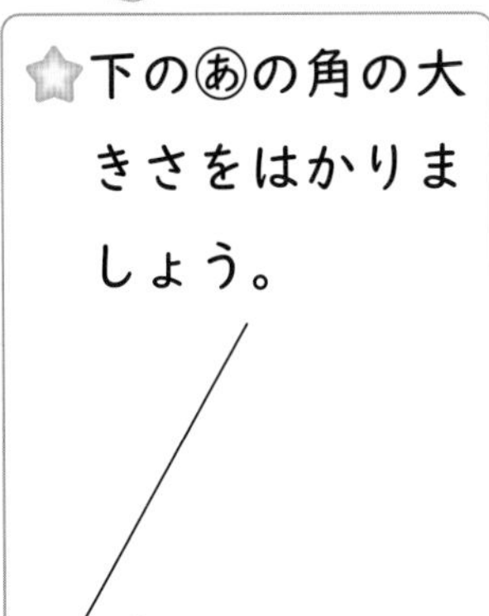

とき方 角の大きさをはかるには、分度器（ぶんどき）を使います。

1 分度器の中心を角の頂点アにあわせる。

2 0°の線を辺アイにあわせる。

3 辺アウの上にある目もりをよむ。（辺の長さが短いときは、辺をのばしてからはかる。）

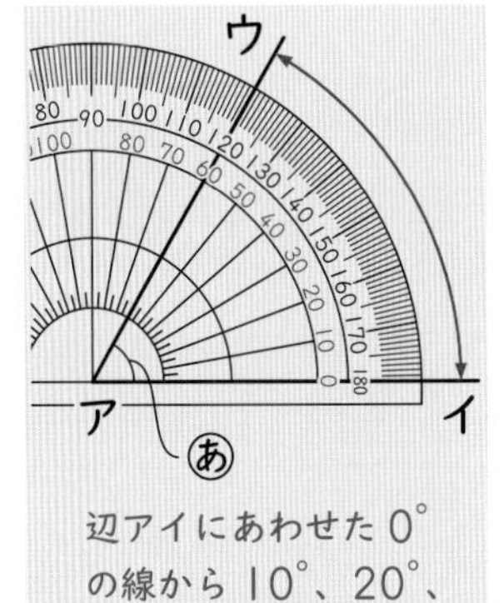

辺アイにあわせた0°の線から10°、20°、…と内側（うちがわ）の目もりをよんでいきます。

°

たいせつ

度(°)は、角の大きさの単位（たんい）で、**直角＝90°**です。角の大きさのことを**角度**ともいいます。

4 次の角の大きさをはかりましょう。

1

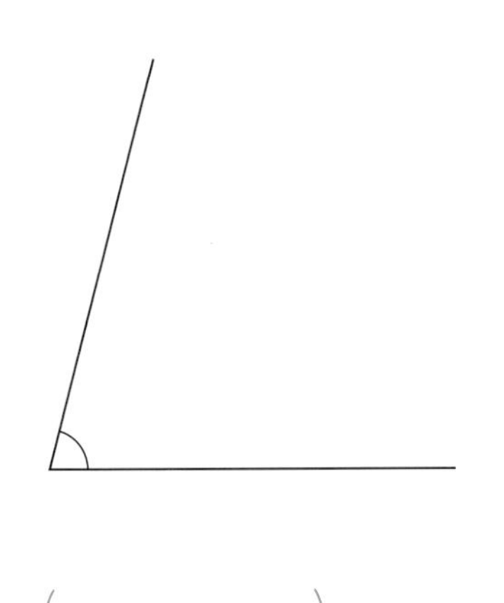

2

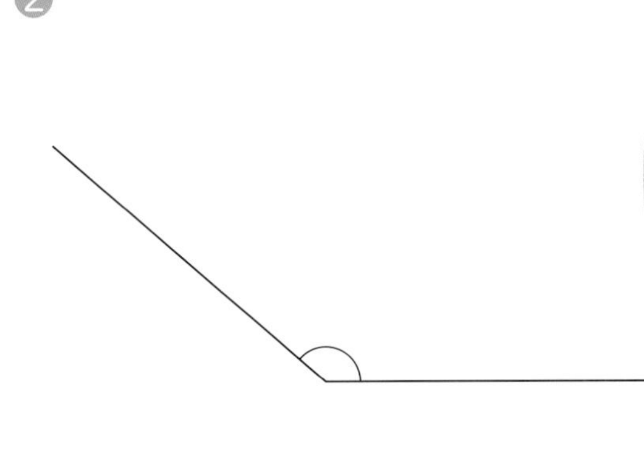

分度器の内側と外側のどちらの目もりをよんでいるのかに、注意しよう。

（　　　）　（　　　）

5 次の角の大きさをはかりましょう。

1　2　3

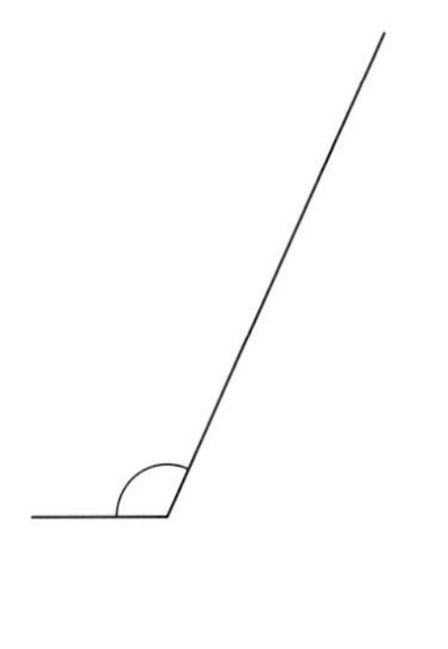

（　　　）　（　　　）　（　　　）

ポイント 分度器を使って、角度をはかります。辺の長さが短いときは、辺をのばしてはかったり、角の向きにあわせた目もりをよんだり、できるようにしよう。

勉強した日 月 日

① 角の大きさのはかり方 [その2]
② 角のかき方

きほんのワーク

学習の目標・ 角の大きさを計算で求めたり、角をかいたりできるようにしよう。

おわったら シールを はろう

教科書 ㊤ 56～61ページ　答え 7ページ

きほん1 角の大きさの計算ができますか。

☆ 1組の三角じょうぎを使ってつくった㋐、㋑の角の大きさは何度ですか。

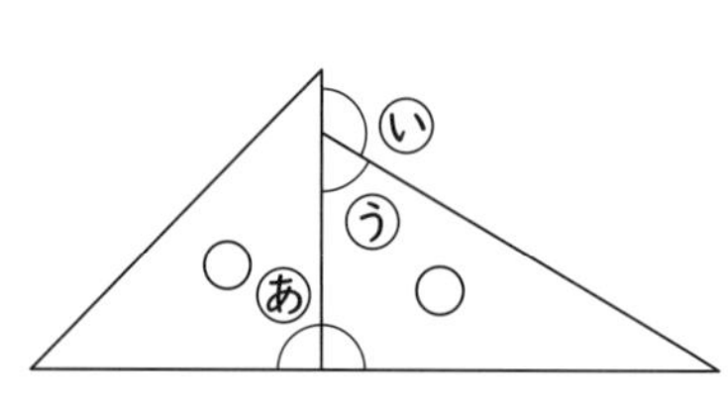

とき方 三角じょうぎの角の大きさは、次のようになっています。分度器(ぶんどき)ではかってたしかめてみましょう。㋐の角の大きさは90°の2こ分、㋑の角の大きさは180°から㋒の角の大きさをひいて求(もと)めます。

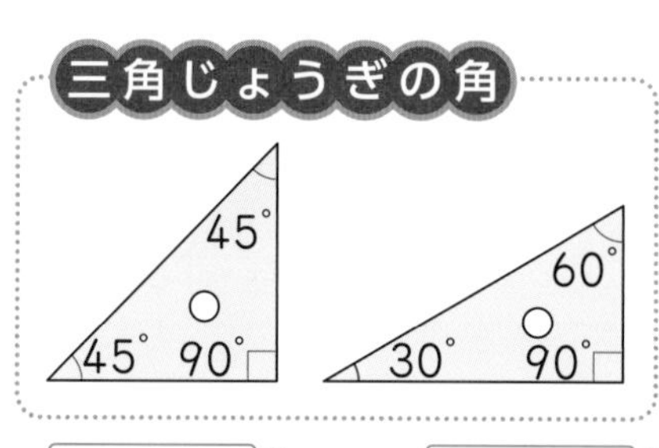

答え ㋐ □° ㋑ □°

1 1組の三角じょうぎを使ってつくった㋐、㋑の角の大きさは何度ですか。

教科書 56ページ 1 57ページ 3

㋐(　　　) ㋑(　　　)

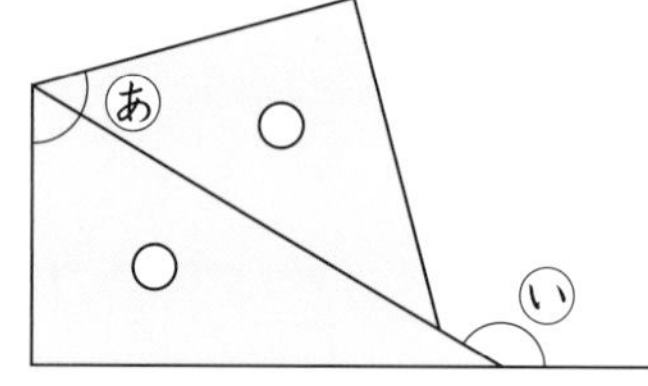

きほん2 180°をこえる角の大きさのはかり方がわかりますか。

☆ 次の㋐の角の大きさは何度ですか。

㋐

とき方 180°をこえる角の大きさをはかるには、右の図の㋑や㋒の角の大きさをはかってから、計算で求めます。

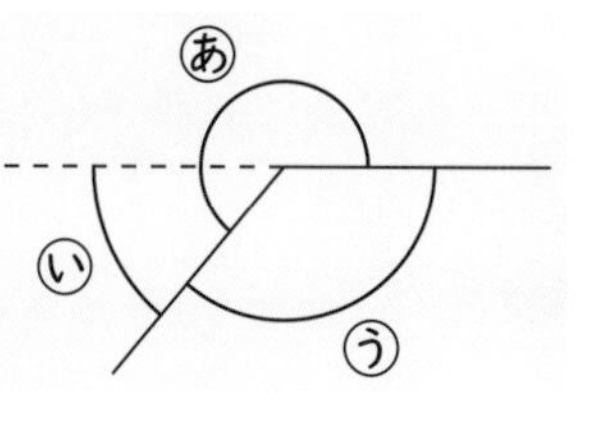

《1》180°より何度大きいかを分度器ではかります。㋑の角の大きさは□°だから、㋐の角の大きさは、180°＋㋑で求めます。

《2》360°より何度小さいかを分度器ではかります。㋒の角の大きさは□°だから、㋐の角の大きさは、360°－㋒で求めます。

答え □°

さんすうはかせ　1度よりも小さい角を表すときは、1度の60分の1の角「1分（′）」を使うよ。さらに、1分の60分の1の角が「1秒（″）」だよ。

2 次の角の大きさをはかりましょう。　　教科書 58ページ 1 59ページ 2

❶　（　　）　❷　（　　）　❸　（　　）

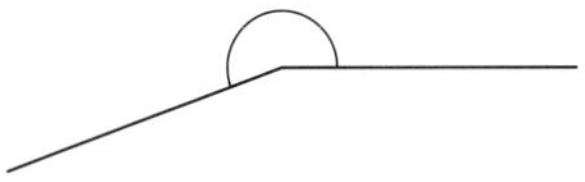

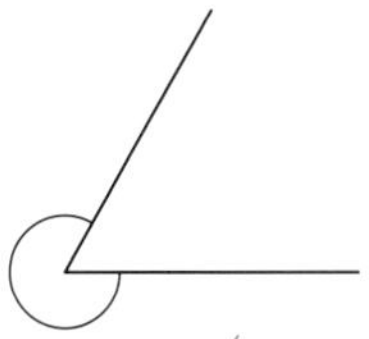

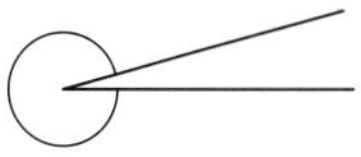

きほん3　角のかき方がわかりますか。

☆45°の大きさの角をかきましょう。

とき方　分度器を使って、角をかきます。

1　辺(へん)アイをかく。

2　分度器の中心を点アに、0°の線を辺アイにあわせる。

3　45°の目もりのところに点ウをうつ。

4　点アと点ウを通る直線をかく。

答え

ア　イ

3 次の大きさの角をかきましょう。　　教科書 60ページ 1 2 3

❶ 40°　❷ 95°　❸ 210°

きほん4　三角形がかけますか。

☆下のような三角形をかきましょう。

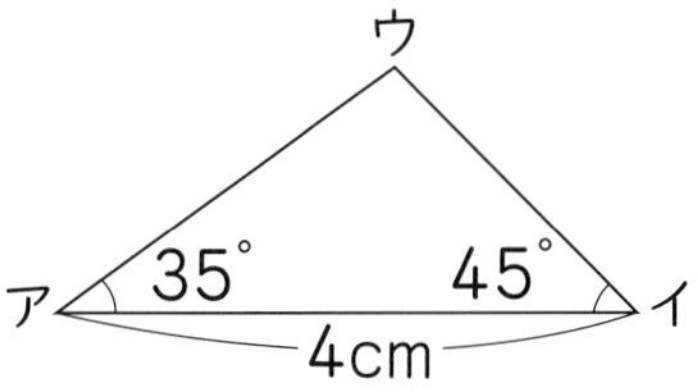

ウ
ア　35°　45°　イ
4cm

とき方　次のようにして、三角形をかきます。

1　じょうぎで長さ4cmの辺アイをかく。

2　点アを頂点(ちょうてん)として、35°の角をかく。

3　点イを頂点として、45°の角をかく。

4　交わった点を頂点ウとする。

答え

じょうぎを使って辺をかいて、
分度器を使って角をはかればいいね。

4 正三角形の1つの角の大きさは60°です。これを利用(りよう)して、1辺(ぺん)の長さが3cmの正三角形をノートにかきましょう。　　教科書 61ページ 1 2

半回転の角の大きさは直角の2こ分で180°、1回転の角の大きさは直角の4こ分で360°です。

勉強した日 月 日

練習のワーク

教科書 上 49～62、140ページ　答え 7ページ

できた数 /11問中

1 角の大きさ □にあてはまる数をかきましょう。

❶ 直角の大きさは □° です。

❷ 半回転の角の大きさは □° で、直角の □ こ分です。

❸ 1回転の角の大きさは □° で、直角の □ こ分です。

2 角の大きさ 次のあ、い、うの角の大きさは何度ですか。

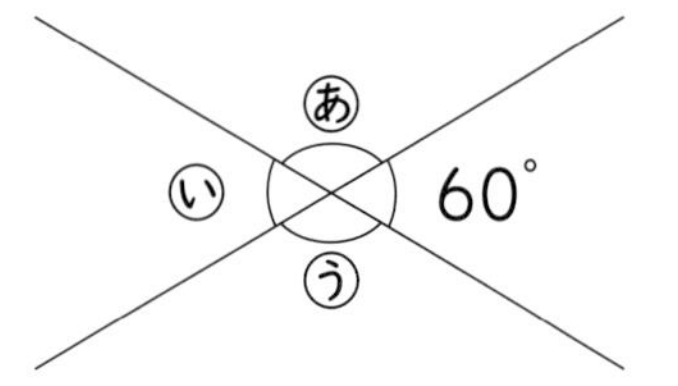

あ（　　　）
い（　　　）
う（　　　）

3 はりのまわる角の大きさ 時計の長いはりは、1時間で360°まわって1回転します。時計の長いはりが、次の時間にまわる角の大きさは何度ですか。

❶ 20分

（　　　）

❷ 45分

（　　　）

4 三角形のかき方 下のような三角形をかきましょう。

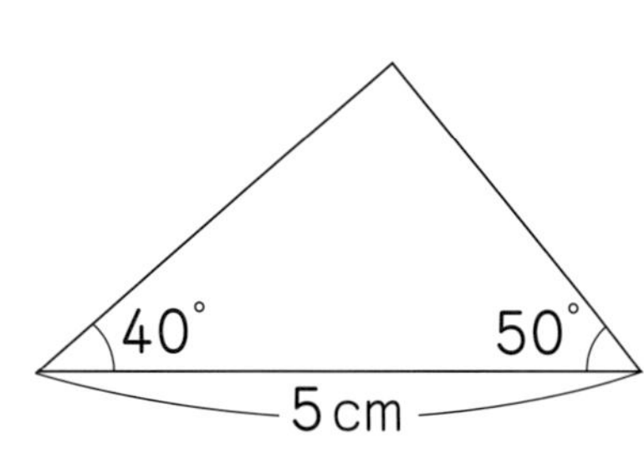

てびき

2 向かいあう角
角の大きさを求めるときは、分度器ではからなくても、計算で求めることもできます。

あの角…一直線の角の大きさは180°だから、180°−60°で求められます。
同じように、うの角も180°−60°で求められます。
いの角…180°からあの角かうの角の大きさをひいて求められます。

このように、計算で角の大きさを求めてみると、向かいあう角の大きさ（あとう、いと60°）は等しくなっていることがわかります。

3 はりのまわる角の大きさ
時計の長いはりは5分で30°、15分で90°、30分で180°まわります。

4 三角形のかき方
1 長さ5cmの辺をかく。
2 両はしの点を頂点として角をかく。

できるナビ 角の大きさも、たしたりひいたりできるので、計算で求めることができます。

1 よく出る 次の角の大きさをはかりましょう。 1つ8〔24点〕

❶ ❷ ❸

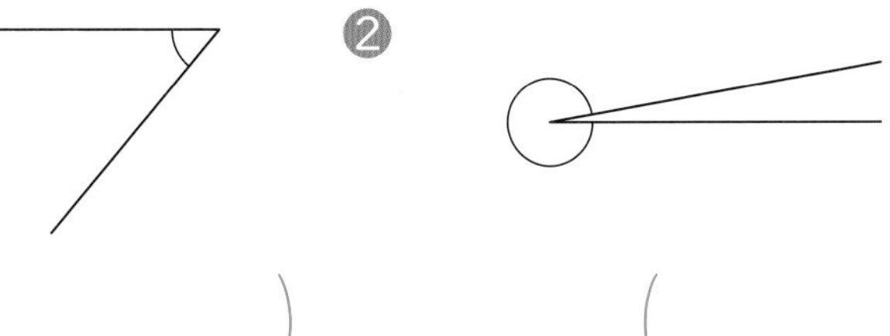

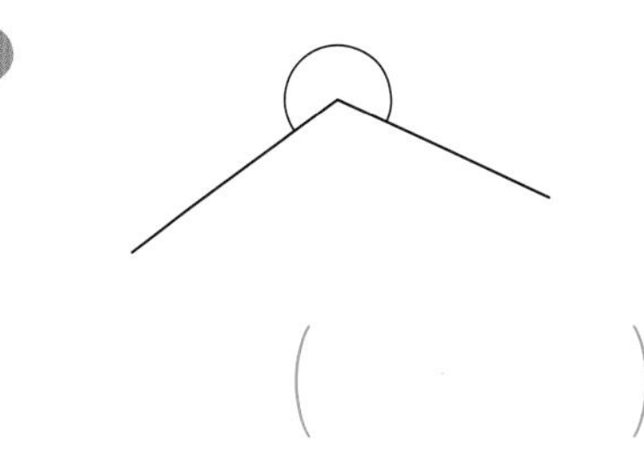

(　　　) (　　　) (　　　)

2 次の大きさの角をかきましょう。 1つ8〔16点〕

❶ 160° ❷ 270°

3 1組の三角じょうぎを使ってつくった㋐、㋑の角の大きさは何度ですか。

1つ8〔16点〕

(　　　) (　　　)

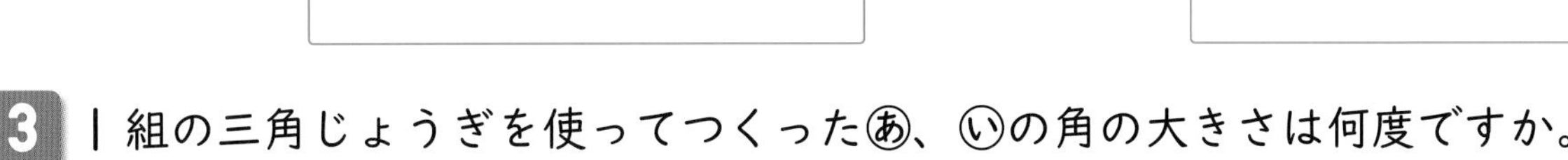

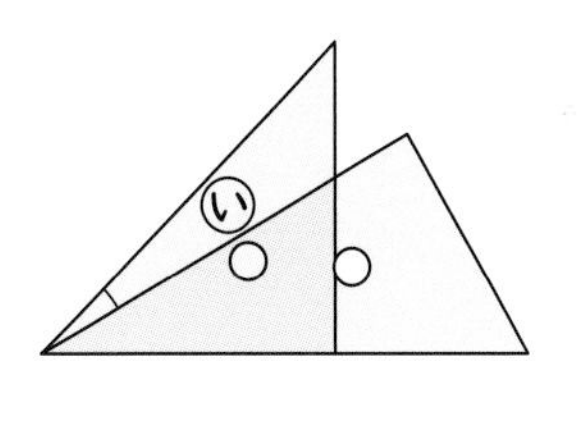

4 次の計算をしましょう。 1つ6〔36点〕

❶ $90°+30°$　❷ $50°+60°$　❸ $45°+75°$

❹ $80°-40°$　❺ $110°-20°$　❻ $125°-55°$

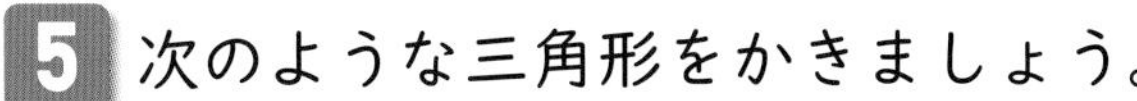

5 次のような三角形をかきましょう。 〔8点〕

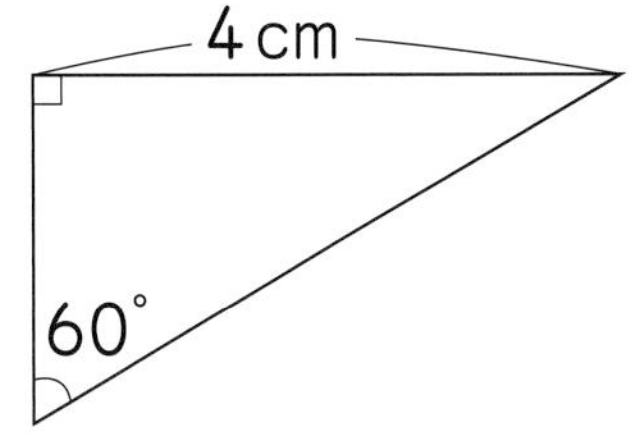

チェック
□角の大きさをはかったり、角をかいたりできたかな？
□角のかき方を使って、三角形をかくことができたかな？

勉強した日　月　日

1 垂直と平行
2 垂直や平行な直線のかき方［その1］

きほんのワーク

学習の目標・垂直と平行の区別をし、垂直な直線や平行な直線のかき方を覚えよう。

おわったらシールをはろう

教科書 上 63～69ページ　答え 8ページ

きほん1 垂直とはどのようなことか、わかりますか。

☆下の図で、直線あに垂直(すいちょく)な直線はどれですか。

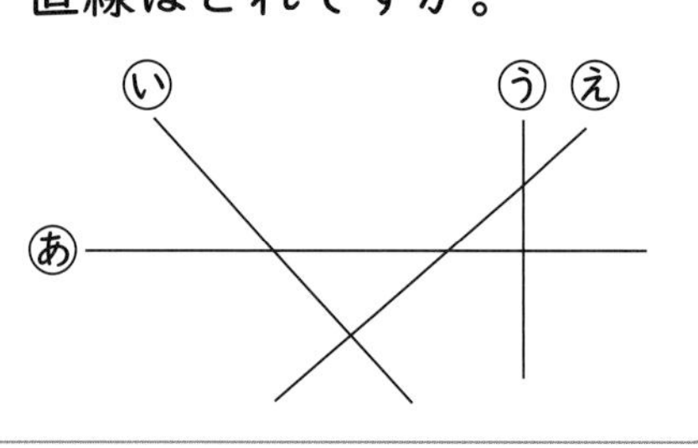

とき方　2本の直線が交わってできる角が直角のとき、この2本の直線は［垂直］であるといいます。三角じょうぎの直角のところをあてて、調べられます。

答え　直線［　］

たいせつ　2本の直線が交わっていなくても、直線をのばすと、交わって直角ができるときも、「垂直」であるといいます。

1　直線あに垂直な直線を、三角じょうぎを使ってすべてみつけましょう。　教科書 65ページ 2

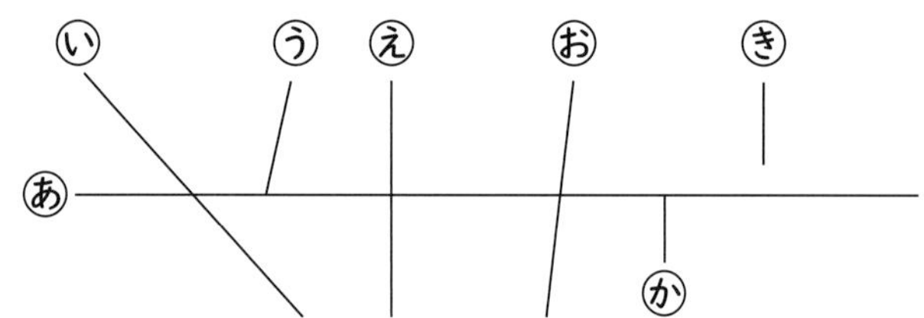

（　　　　　）

きほん2 平行とはどのようなことか、わかりますか。

☆下の図で、平行になる直線はどれとどれですか。

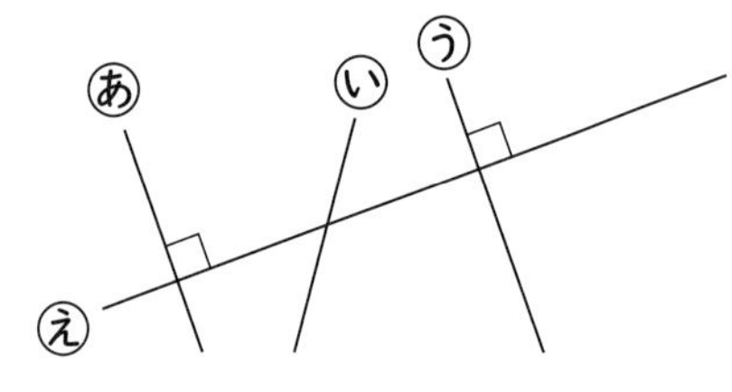

とき方　1本の直線に垂直な2本の直線は［平行］であるといいます。直線えに直線［　］と直線［　］は垂直なので、この2本の直線は［　］です。

答え　直線［　］と直線［　］

∟は直角を表す印(しるし)だね。

たいせつ　平行な2本の直線は、どこまでのばしても交わりません。また、平行な2本の直線のはばは、どこをはかっても等しくなっています。

2　1の図で、直線えに平行な直線をすべてみつけましょう。　教科書 66ページ 1

（　　　　　）

さんすうはかせ　直線に、はばがあるとすると、2本の直線が交わるときに四角形ができてしまい、こまるね。それで、直線は、はばがないものとして、長さだけを考えるんだ。

きほん3 垂直な直線がかけますか。

☆点Aを通って、直線あに垂直な直線をかきましょう。

・A

あ

とき方 1 直線あに三角じょうぎ①をあわせ、三角じょうぎ②を①にぴったりあわせて、直角をつくる。

2 三角じょうぎ②を点Aにあうように動かし、直線をかく。

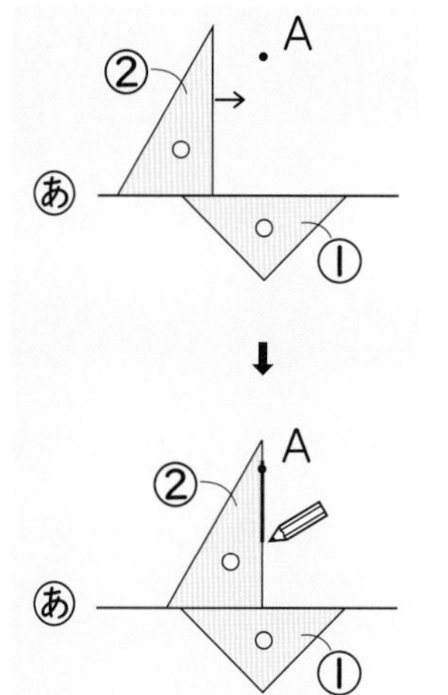

三角じょうぎの直角のところを使って、垂直な直線をかくことができるんだね。

答え 左の図に記入

3 点Aを通って、直線あに垂直な直線をかきましょう。

教科書 68ページ 1 2

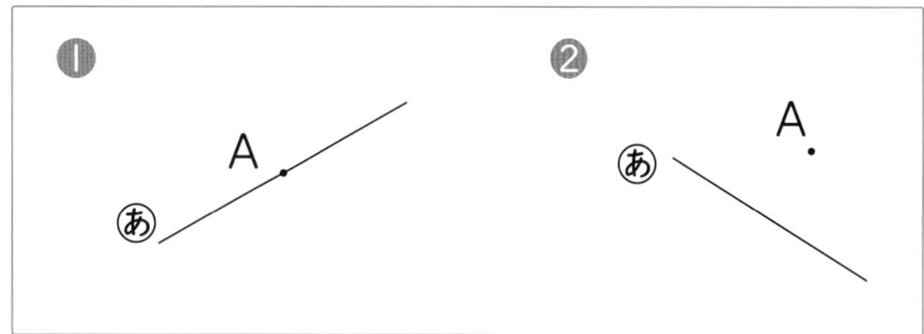

きほん4 平行な直線がかけますか。

☆点Aを通って、直線あに平行な直線をかきましょう。

A

あ

とき方 1 直線あに三角じょうぎ②をあわせ、三角じょうぎ①を②にぴったりあわせて、直角をつくる。

2 三角じょうぎ②を点Aにあうように動かし、直線をかく。

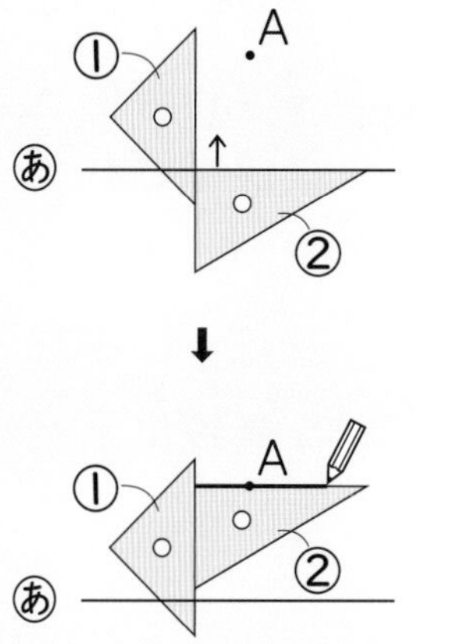

答え 上の図に記入

4 点Aを通って、直線あに平行な直線をかきましょう。

教科書 68ページ 1 2

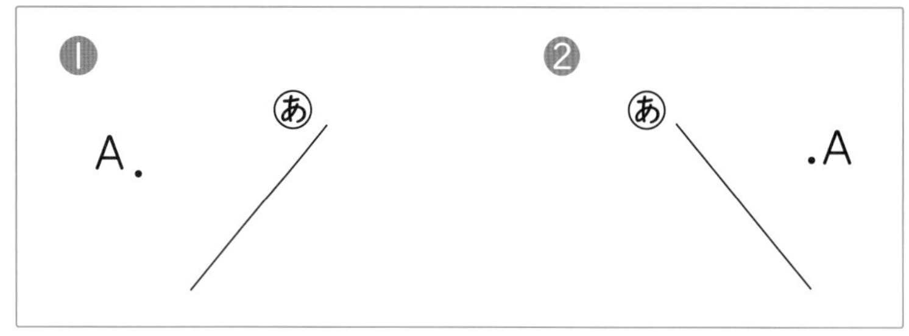

ポイント 垂直や平行な直線のかき方はいくつかありますが、三角じょうぎを使ったかき方を覚えましょう。

勉強した日 月 日

2 垂直や平行な直線のかき方 [その2]
3 四角形 [その1]

きほんのワーク

学習の目標・
平行な直線の性質やいろいろな四角形のとくちょうを覚えよう。

おわったらシールをはろう

教科書 上 70〜75ページ 答え 8ページ

きほん1 長方形のかき方がわかりますか。

☆たて 2 cm、横 3 cm の長方形をかきましょう。

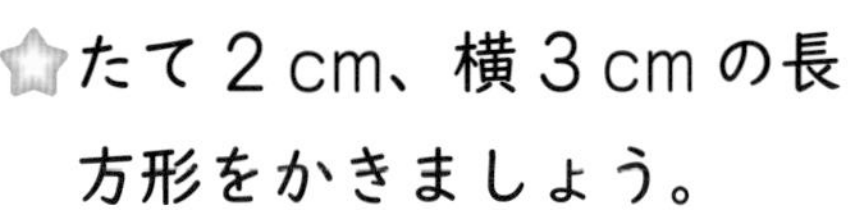
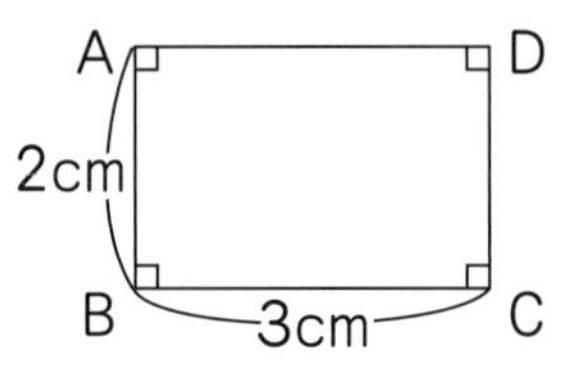

辺BCに平行な直線は辺ABに垂直だよ。Aの角は直角なので、Dの角も直角になるよ。

とき方

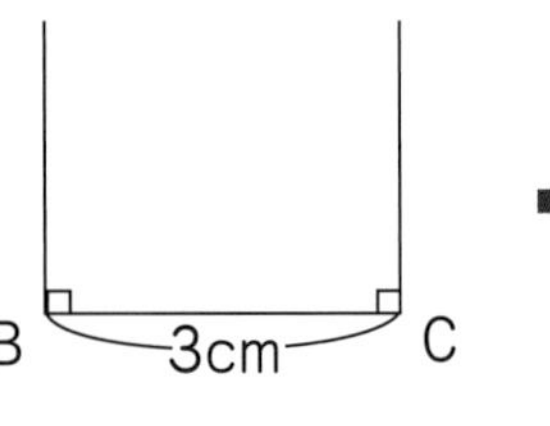

辺BCをかいて、その両はしに垂直な直線をかく。

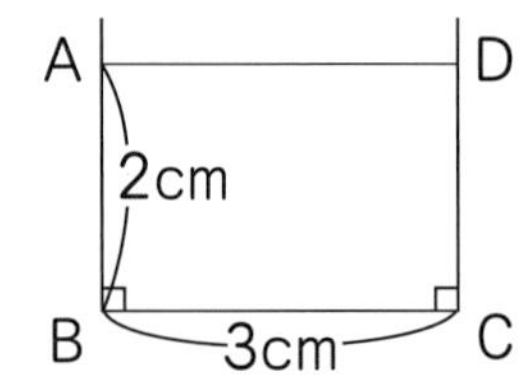

頂点Bから2cmをはかって、頂点Aをきめ、Aから辺BCに平行な直線ADをかく。

答え

1 1辺の長さが 4 cm の正方形を、ノートにかきましょう。 教科書 70ページ 2

きほん2 方がん紙で、垂直な直線や平行な直線をみつけられますか。

☆右の図で、直線あに垂直な直線はどれですか。また、直線いに平行な直線はどれですか。

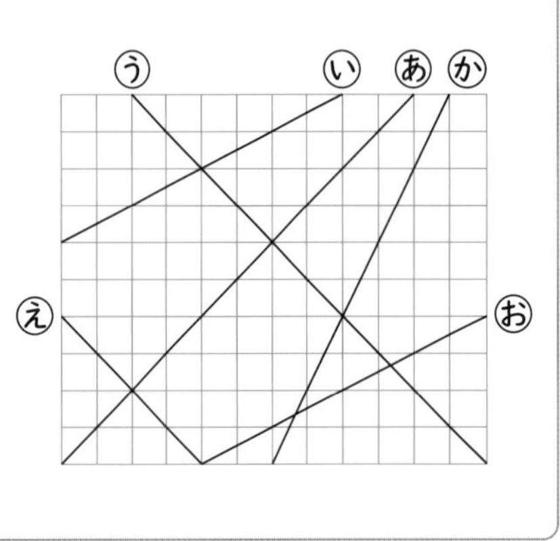

とき方 方がん紙を使うと、垂直な直線や平行な直線をかんたんにみつけたり、かいたりすることができます。直線あと垂直なのは、直線[ ]と直線[ ]で、直線いに平行なのは、直線[ ]です。

答え 垂直…直線[ ]と直線[ ]　平行…直線[ ]

2 右の図で、点Aを通って、直線あに垂直な直線と平行な直線をかきましょう。 教科書 71ページ 2

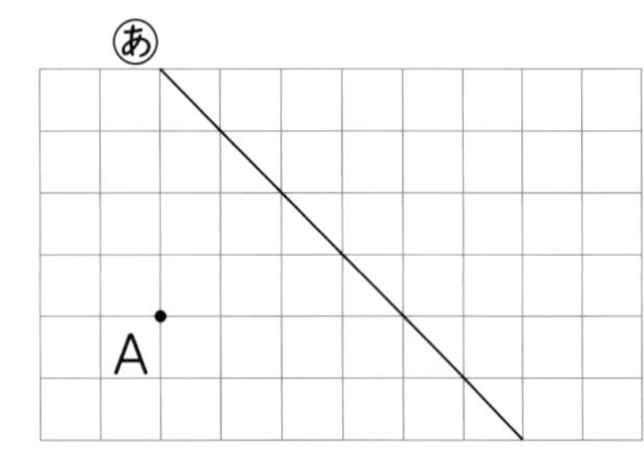

向かいあう2組の辺が平行な四角形には、平行四辺形、ひし形、長方形、正方形があって、にたとくちょうを持っているよ。

きほん3 台形や平行四辺形のとくちょうがわかりますか。

☆下の四角形の中から、台形と平行四辺形を選(えら)びましょう。

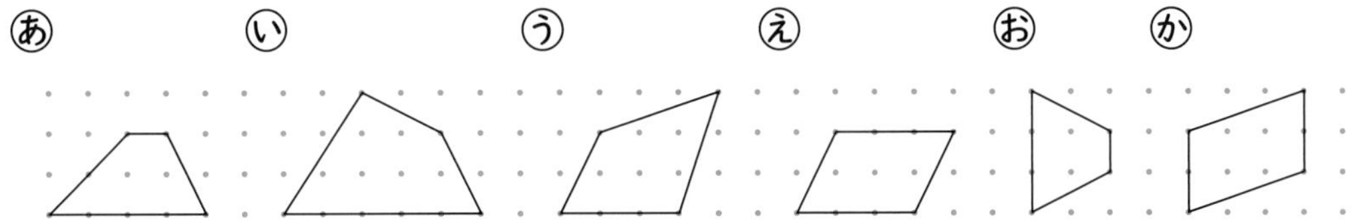

あ　い　う　え　お　か

とき方 向かいあう１組の辺が平行な四角形を 台形 といいます。また、向かいあう２組の辺がどちらも平行になっている四角形を 平行四辺形 といいます。１組の三角じょうぎがあれば、平行な辺をたしかめられます。

たいせつ 平行な辺が１組あるときは「台形」で、２組あるときは「平行四辺形」になります。また、平行四辺形は、向かいあう２組の辺の長さが等しく、向かいあう角の大きさも等しくなっています。

答え 台形…[　　]と[　　]　平行四辺形…[　　]と[　　]

3 右の図のように、平行四辺形の紙を点線あで切ります。 教科書 73ページ

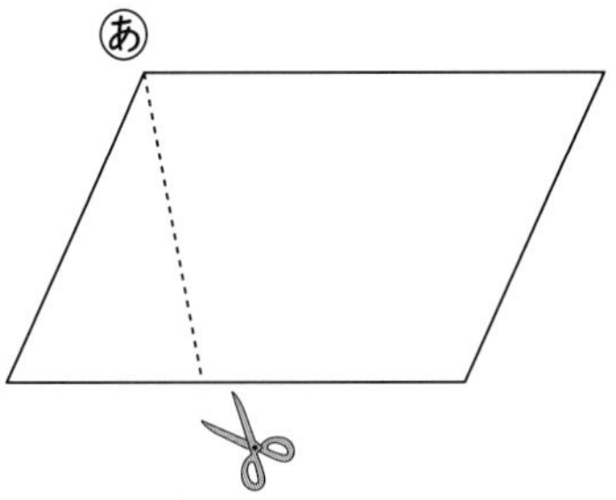

あ

❶ どんな四角形ができますか。

(　　　　)

❷ できた四角形には、平行な辺の組は何組ありますか。

(　　　　)

4 右の平行四辺形で、辺AD、辺CDの長さは何cmですか。また、角A、角Dの大きさは何度ですか。 教科書 74ページ 5

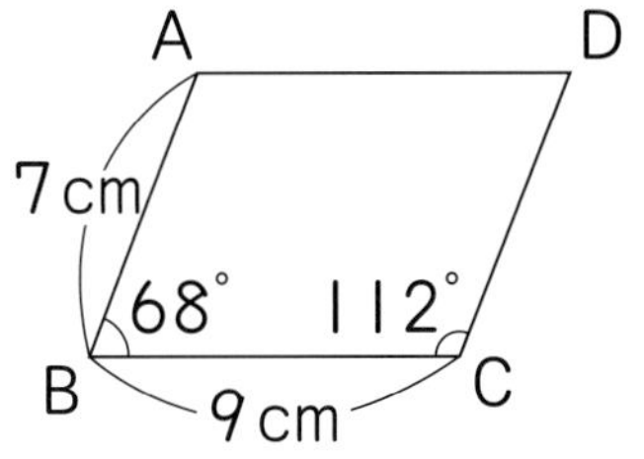

A　D　7cm　68°　112°　B　9cm　C

辺AD(　　　　)　辺CD(　　　　)

角A(　　　　)　角D(　　　　)

5 下の図のような平行四辺形を[　　]の中にかきましょう。 教科書 75ページ 6 7

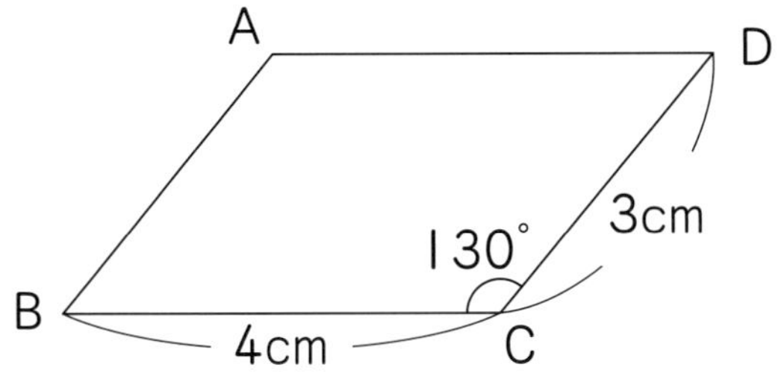

A　D　3cm　130°　B　4cm　C

ポイント 平行四辺形をかくときは、向かいあう辺は平行で長さが等しいことと、向かいあう角の大きさも等しいことに気をつけます。

勉強した日　月　日

3 四角形 [その2]

きほんのワーク

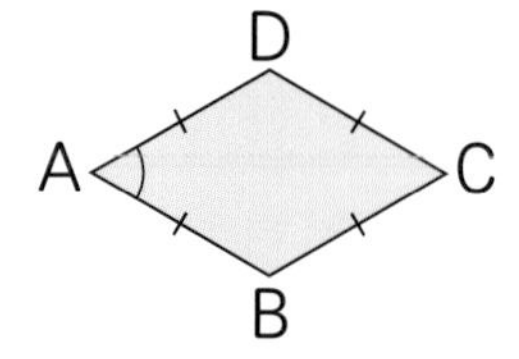

おわったら シールを はろう

きほん 1 ひし形のとくちょうがわかりますか。

☆右の図形はひし形です。

❶ 辺AD に平行な辺はどれですか。

❷ 角 A と大きさの等しい角はどれですか。

とき方 辺の長さがすべて等しい四角形を［ひし形］といいます。ひし形の向かいあう［　］は平行に、また、向かいあう［　］の大きさは等しくなっています。

ひし形のとくちょう
・向かいあう辺は平行。
・向かいあう角の大きさは等しい。

同じ印〳〵は、辺の長さが等しいことを表しているよ。

答え ❶ 辺［　］　❷ 角［　］

1 右のひし形で、辺AB、辺CD、辺AD の長さは何 cm ですか。また、角A、角B の大きさは何度ですか。

教科書 76ページ 1

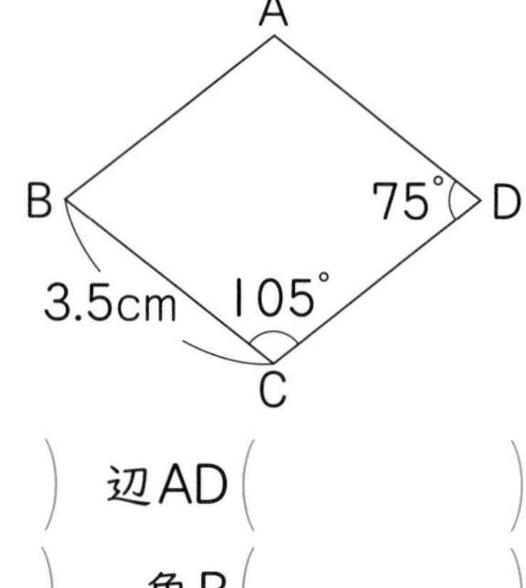

辺AB（　　）　辺CD（　　）　辺AD（　　）

角A（　　）　角B（　　）

2 コンパスを使って、点A、B をそれぞれ中心とする半径が 3 cm の円を 2 つかいて、A、B を頂点とするひし形をかきましょう。

教科書 76ページ 2

ひし形は、4 つの辺の長さがすべて等しいから、コンパスを使ってかけるね。

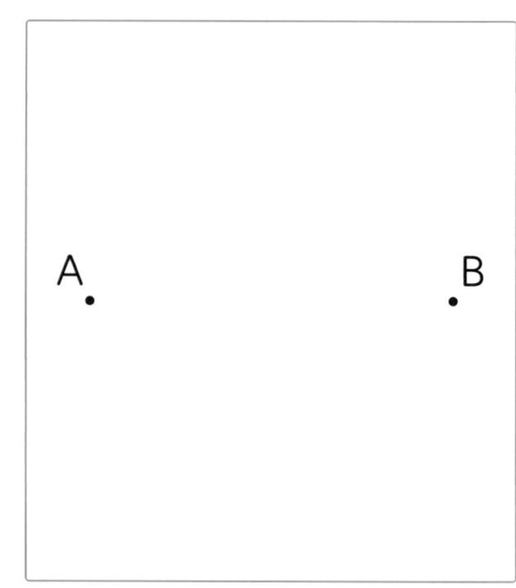

さんすうはかせ ひし形の名前はヒシの実の形からきているんだよ。ヒシの実を図かんで見てみよう。

きほん 2 対角線の交わり方がわかりますか。

☆下の図のように交わった 2 本の直線が対角線になる四角形は、何という名前の四角形ですか。

❶ 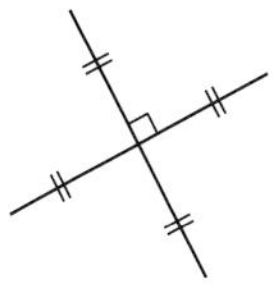 ❷ 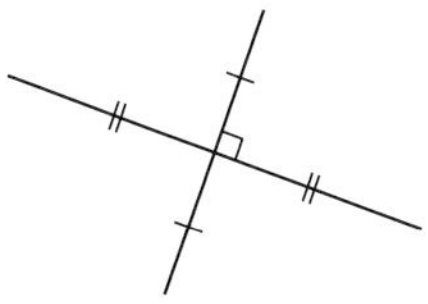 ❸

とき方 四角形の向かいあう頂点を結(むす)んだ直線を［対角線］といい、四角形の種類(しゅるい)によって、長さが等しい、垂直(すいちょく)に交わるなどのとくちょうがあります。

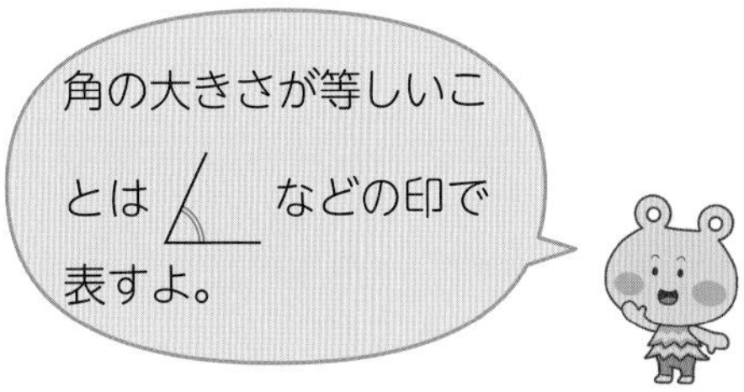

角の大きさが等しいことは ∠ などの印で表すよ。

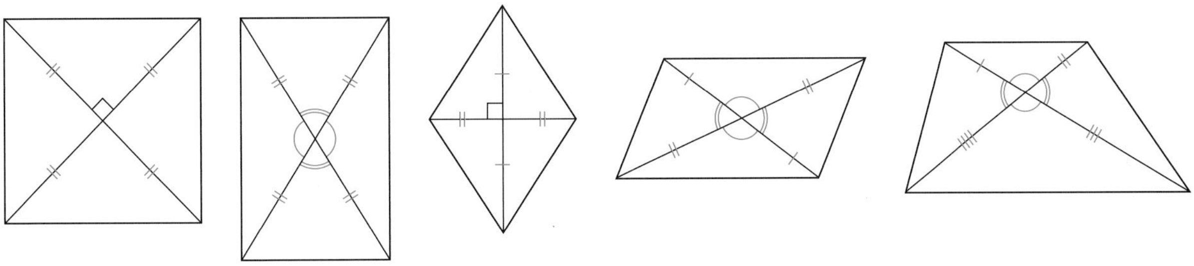

答え ❶（　　　）　❷（　　　）　❸（　　　）

3 正しいものには○を、まちがっているものには×をつけましょう。

教科書 77ページ 1 2

❶（　　　）ひし形の 2 本の対角線は、それぞれのまん中の点で垂直に交わる。

❷（　　　）長方形も正方形も、対角線が垂直に交わる。

❸（　　　）長方形は、2 本の対角線の長さが等しい四角形である。

❹（　　　）平行四辺形では、対角線が交わった点から 4 つの頂点までの長さがすべて等しい。

4 右の長方形について答えましょう。

教科書 78ページ 5

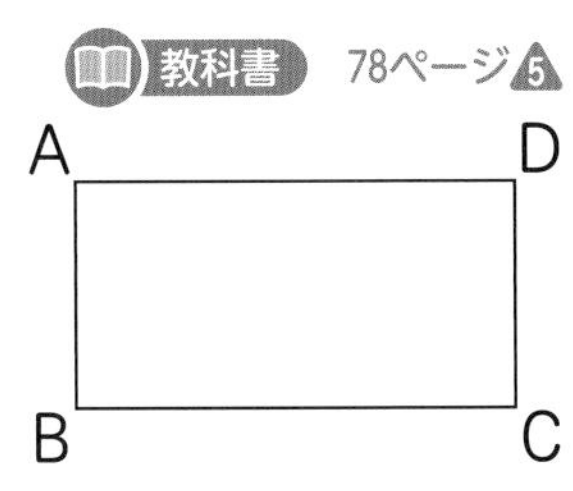

❶ 1 本の対角線で切ると、どんな三角形ができますか。

（　　　　　）

❷ ❶のとき、できた三角形の辺 AB と、辺 DC が重なるようにならべると、どんな四角形ができますか。

ポイント いろいろな四角形の辺・角・対角線について、表などにまとめておくと、とくちょうがはっきりして覚(おぼ)えやすくなります。

勉強した日　月　日

練習のワーク①

教科書 上 63～83ページ　答え 10ページ

できた数　/9問中

おわったらシールをはろう

1 垂直・平行　□にあてはまる数やことばをかきましょう。

❶ 2本の直線が交わってできる角の大きさが□°のとき、この2本の直線は垂直（すいちょく）であるといいます。

❷ 右の図で、直線㋐を点線のようにのばすと、直線㋑と交わってできる角が直角でした。このとき、直線㋐と直線㋑は□であるといいます。

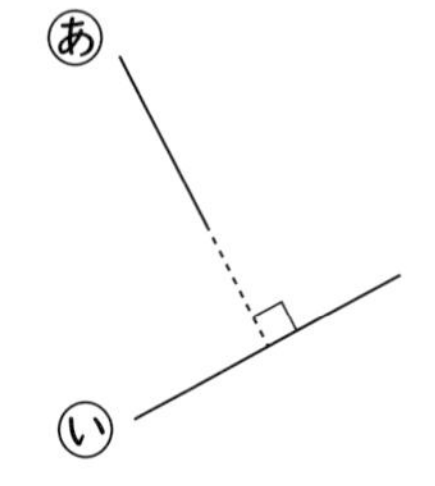

❸ 1本の直線に垂直な2本の直線は、□であるといいます。

2 垂直な直線や平行な直線のかき方　点Aを通って、直線㋐に垂直な直線と平行な直線をかきましょう。

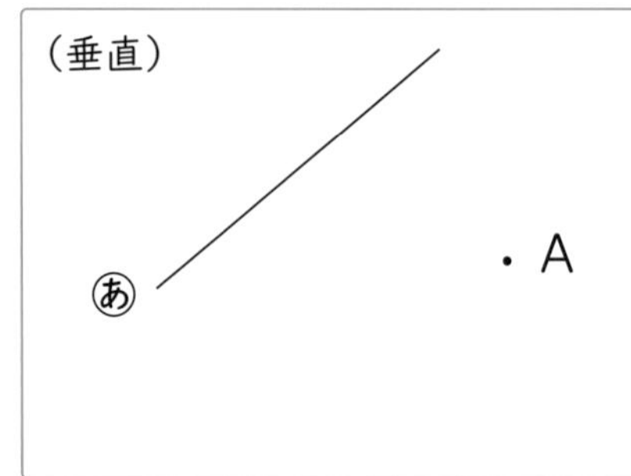

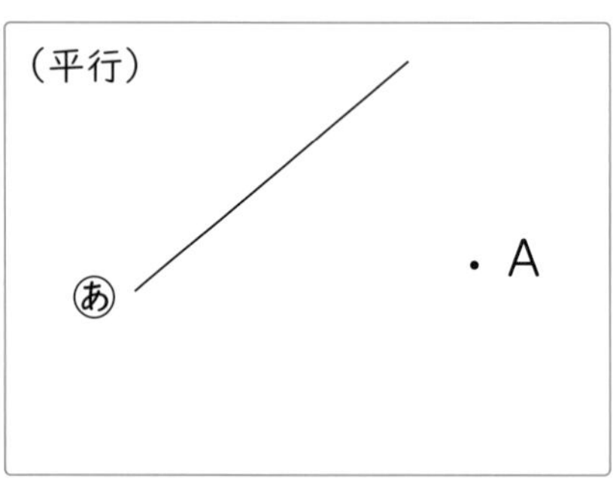

3 いろいろな四角形　□にあてはまることばをかきましょう。

❶ 台形は、向かいあう1組の辺（へん）が□な四角形です。

❷ 平行四辺形は、向かいあう2組の辺がどちらも□になっている四角形です。

❸ ひし形は、辺の長さがすべて□四角形です。

❹ 四角形の向かいあう頂点（ちょうてん）を結（むす）んだ直線を□といいます。

1 垂直・平行

垂直や平行のかくにんには、三角じょうぎを利用（りよう）します。垂直のかくにんには直角の部分をあて、平行のかくにんには平行な直線をかくときのように三角じょうぎを動かしてみましょう。

3 いろいろな四角形

台形
- 向かいあう1組の辺が平行。

平行四辺形
- 向かいあう2組の辺がどちらも平行で、それぞれの長さが等しい。
- 向かいあう角の大きさが等しい。

ひし形
- 辺の長さがすべて等しい。
- 向かいあう辺が平行。
- 向かいあう角の大きさが等しい。

できるナビ　1組の三角じょうぎを使って、垂直な直線や平行な直線をかけるようにしよう。三角じょうぎの直角を利用しよう。

練習のワーク②

教科書　㊤63〜83ページ　答え　10ページ

できた数　/6問中

おわったらシールをはろう

1 平行なときの角の大きさ　右の図で、直線㋐と直線㋑が平行なとき、角㋒から角㋕の大きさをそれぞれ求(もと)めましょう。

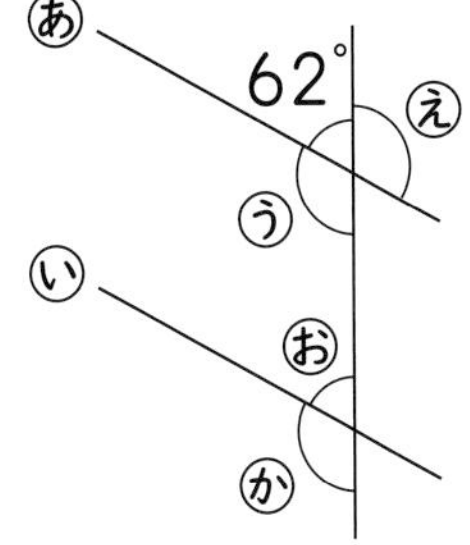

㋒（　　　）　㋓（　　　）

㋔（　　　）　㋕（　　　）

2 作図　対角線の長さが6cmの正方形をかきましょう。

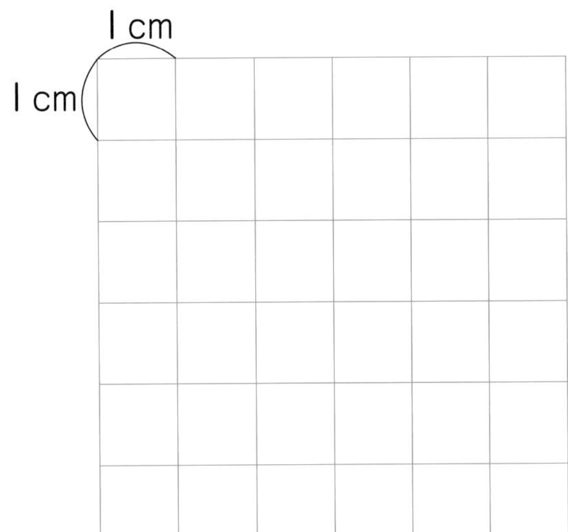

3 四角形のしきつめ　下の台形と形も大きさも同じ台形を6つ、右の図の中にしきつめましょう。

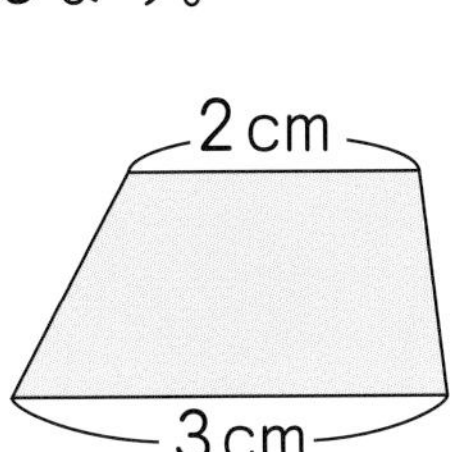

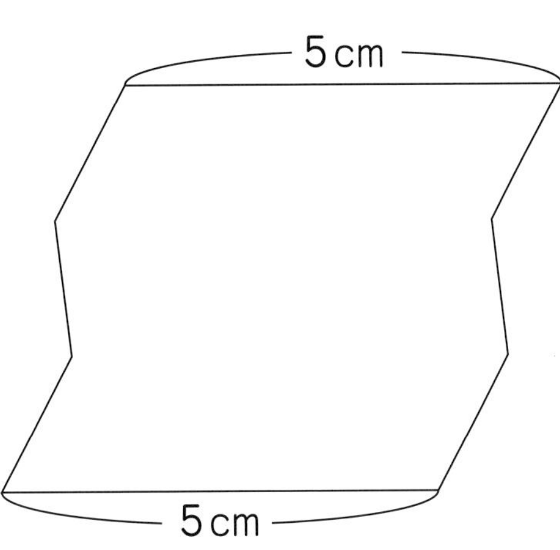

1 平行とは？

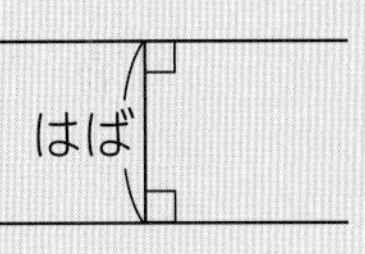

平行な直線のはばは、どこも等しくなっています。
また、平行な直線は、どこまでのばしても交わりません。

はば

さんこう

下の図のように、平行な直線㋐、㋑に別(べつ)の直線をひいてできる角㋒と角㋓の大きさは、等しくなります。

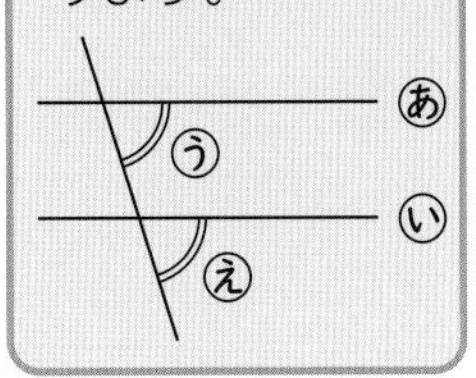

2 正方形の対角線は垂直に交わります。

3 形も大きさも同じ四角形は、すきまなくしきつめることができます。

できるナビ　対角線のとくちょうを使った四角形のかき方も覚(おぼ)えましょう。

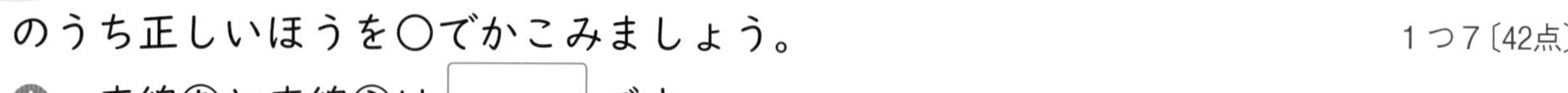

1 右の図を見て、□にあてはまることばをかきましょう。また、( )の中のことばのうち正しいほうを○でかこみましょう。 1つ7〔42点〕

❶ 直線㋐と直線㋓は □ です。

❷ 直線㋓と直線㋔は □ です。

❸ 直線㋑と直線㋔は □ です。

❹ 直線㋒と直線㋔は垂直(すいちょく)で(ある・ない)。

❺ 直線㋐と直線㋒は平行で(ある・ない)。

❻ 直線㋓と直線㋕は平行で(ある・ない)。

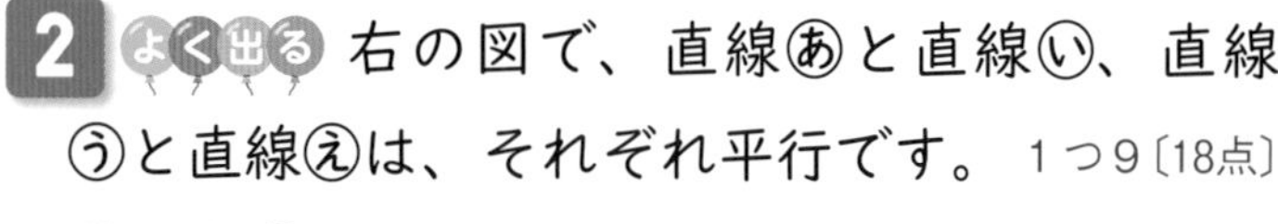

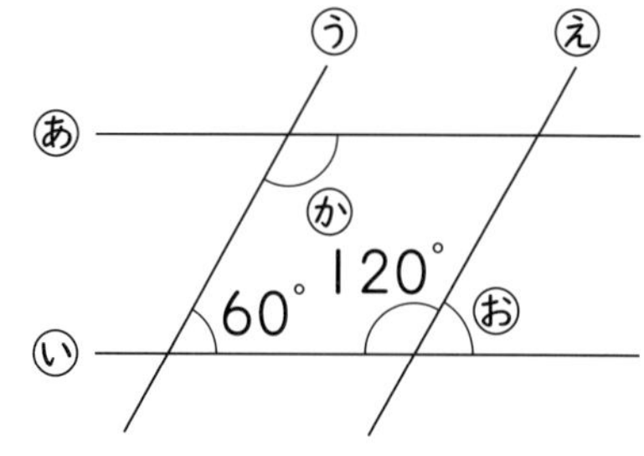

2 よく出る 右の図で、直線㋐と直線㋑、直線㋒と直線㋓は、それぞれ平行です。 1つ9〔18点〕

❶ 角㋔の大きさは何度ですか。

( )

❷ 角㋕の大きさは何度ですか。

( )

㋐ ㋑ ㋒ ㋓ ㋔ ㋕ 60° 120°

3 下の図のような四角形を□の中にかきましょう。 1つ10〔40点〕

❶ 平行四辺形(へいこうしへんけい)

3cm 110° 2cm

❷ ひし形

3.6cm 2cm

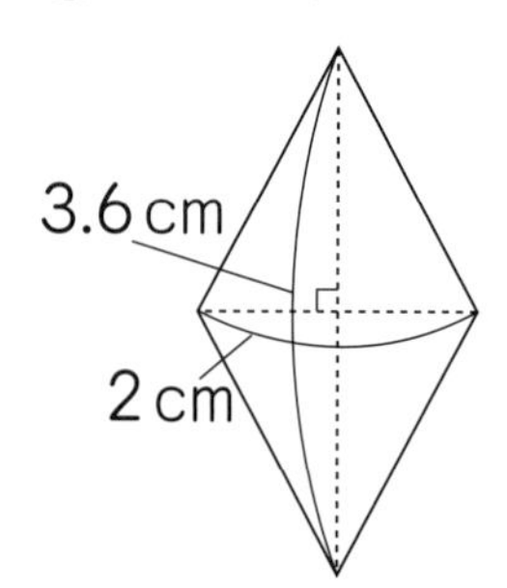

❸ 台形

1.4cm 2cm 75° 2.8cm

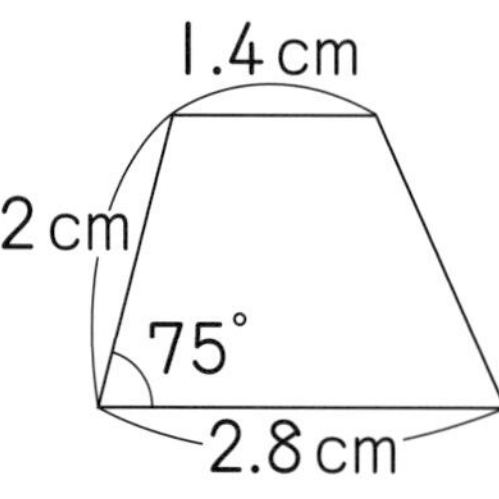

❹ ひし形

60° 2cm

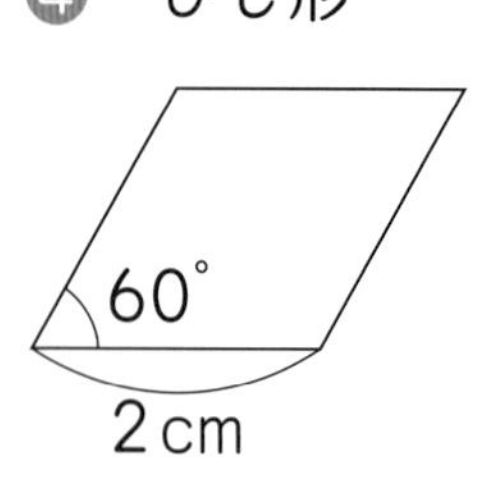

チェック ☐垂直や平行とはどんなことかわかったかな？
☐いろいろな四角形をかくことができたかな？

まとめのテスト②

教科書 ㊤63〜83ページ　答え 11ページ

1 よく出る 右の図の直線㋐から㋕のうち、垂直な直線はどれとどれですか。また、平行な直線はどれとどれですか。　1つ8〔16点〕

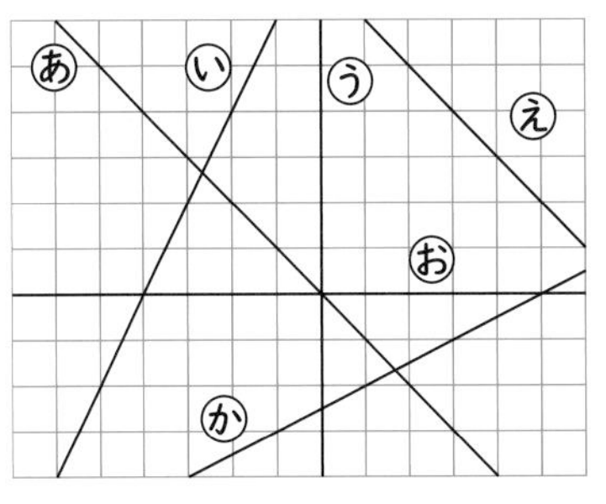

垂直（　　　　　）

平行（　　　　　）

2 右の図で、直線㋒と直線㋔は平行です。□にあてはまることばや数をかきましょう。　1つ8〔24点〕

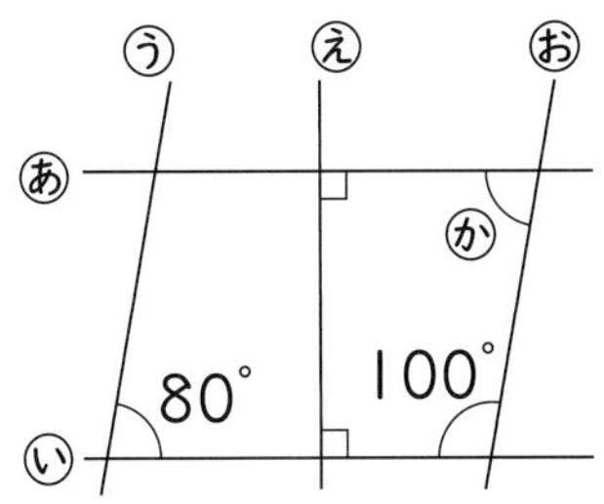

❶ 直線㋐と直線㋑は□です。

❷ 直線㋐と直線㋓は□です。

❸ 角㋕の大きさは□°です。

3 よく出る 次の四角形の名前をかきましょう。　1つ4〔20点〕

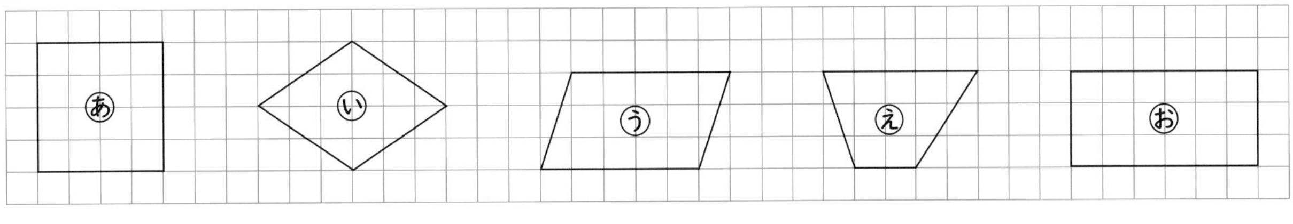

㋐（　　　　）　㋑（　　　　）　㋒（　　　　）

㋓（　　　　）　㋔（　　　　）

4 次のとくちょうをもつ四角形を、下の□の中からすべて選(えら)び、記号で答えましょう。　1つ10〔40点〕

❶ 向かいあう2組の辺が平行になっている四角形（　　　　）

❷ 4つの辺の長さがすべて等しい四角形（　　　　）

❸ 2本の対角線がそれぞれのまん中の点で垂直に交わる四角形（　　　　）

❹ 2本の対角線の長さが等しい四角形（　　　　）

㋐ 正方形　㋑ 長方形　㋒ 台形　㋓ 平行四辺形　㋔ ひし形

チェック
□ 垂直な直線や平行な直線がわかったかな？
□ いろいろな四角形のとくちょうがわかったかな？

勉強した日　月　日

1 小数の表し方
2 小数のしくみ ［その1］

きほんのワーク

学習の目標
0.1より小さい数の表し方やしくみを理かいしよう。

おわったらシールをはろう

教科書 上 84〜90ページ　答え 12ページ

きほん1 0.1より小さい数の表し方がわかりますか。

☆下の水のかさは、何Lですか。

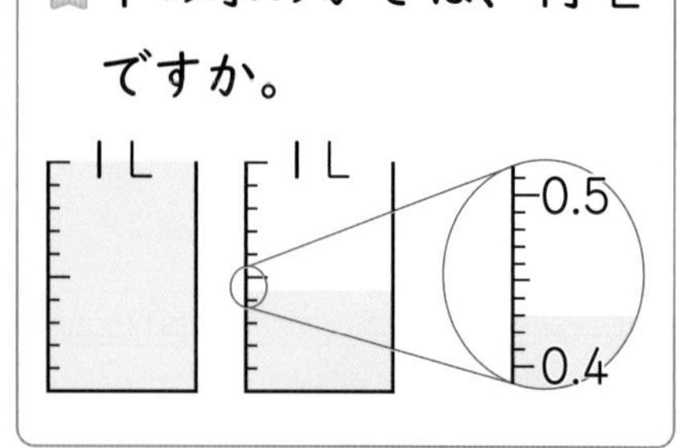

とき方 1Lを10等分して0.1Lを考えたのと同じように、0.1Lを10等分したかさを0.01Lとかき、「れい点れい一（いち）リットル」とよみます。

問題の水のかさは、1Lの1こ分で1L、0.1Lの［　］こ分で［　］L、0.01Lの［　］こ分で［　］Lあるので、あわせて［　］Lあります。

答え［　］L

小数点より下の数字は、位（くらい）をつけずにそのままよむよ。1.43は、「一点四三（よんさん）」だね。

1 次の水のかさを、Lを単位（たんい）にして表しましょう。　教科書 85ページ 2

❶
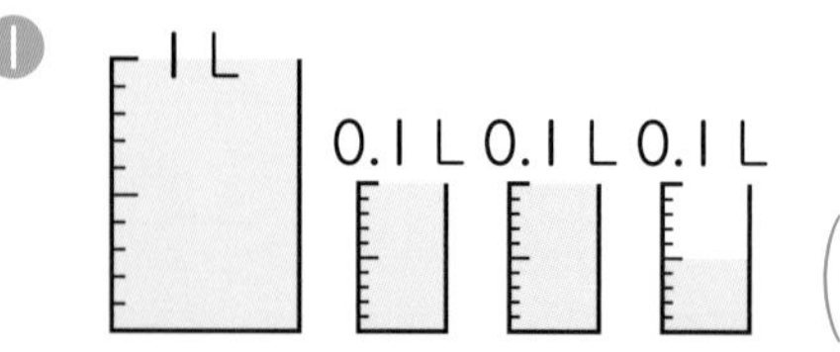

（　　　　）

❷
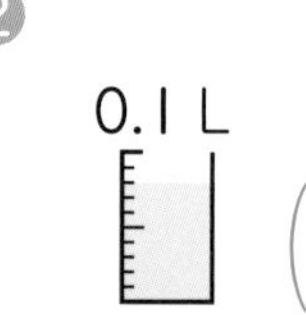

（　　　　）

きほん2 1kmより短い長さを、kmを単位にして表せますか。

☆3426mをkmを単位にして表しましょう。

とき方 3426mを分けて考えます。

3000mは　3km
400mは0.1kmの4こ分で0.4km
20mは0.01kmの2こ分で［　］km
6mは0.001kmの6こ分で［　］km
あわせて［　］km

三点四二六（よんにろく）km

答え［　］km

たいせつ
1000m…1km
100m…1kmの$\frac{1}{10}$…0.1km
10m…0.1kmの$\frac{1}{10}$…0.01km
1m…0.01kmの$\frac{1}{10}$…**0.001km**
（れい点れいれい一（いち））

2 次の数を（　）の中の単位にして表しましょう。　教科書 86ページ 5

❶ 1kg782g（kg）
（　　　　）

❷ 1403mL（L）
（　　　　）

さんすうはかせ　整数や小数は、0、1、2、3、4、5、6、7、8、9の10この数字と小数点を使うと、どんな大きな数でも、どんな小さな数でも表すことができるよ。

きほん 3 小数のしくみがわかりますか。

☆6.375 は 1、0.1、0.01、0.001 をそれぞれ何こあわせた数ですか。

小数のしくみ

6 … 一の位
. … 小数点
3 … $\frac{1}{10}$ の位（小数第1位）
7 … $\frac{1}{100}$ の位（小数第2位）
5 … $\frac{1}{1000}$ の位（小数第3位）

とき方 小数のしくみは、右のようになっています。

6.375 は、6 と 0.375 をあわせた数で、6 は 1 を □ こ、0.3 は 0.1 を □ こ、0.07 は 0.01 を □ こ、0.005 は 0.001 を □ こあわせた数です。

答え 1 □ こ　0.1 □ こ
0.01 □ こ　0.001 □ こ

ちゅうい
$\frac{1}{10}$、$\frac{1}{100}$、$\frac{1}{1000}$ の位の数字は、それぞれ 0.1、0.01、0.001 のこ数を表しています。

3 9.324 という数について答えましょう。　教科書 89ページ5

❶ 0.001 を何こ集めた数ですか。　（　　　）

❷ 4 は何の位の数字ですか。　（　　　）

きほん 4 小数の位の変わり方がわかりますか。

☆4.8 を 10 倍、100 倍した数は何ですか。また 10 や 100 でわった数は何ですか。

とき方 小数も整数と同じように、各位の数字は、10 倍するごとに位が □ つずつ上がり、10 でわるごとに位が □ つずつ下がります。

百の位	十の位	一の位	$\frac{1}{10}$の位	$\frac{1}{100}$の位	$\frac{1}{1000}$の位
4	8	0			
	4	8			
		4.	8		
		0.	4	8	
		0.	0	4	8

（100倍する、10倍する、10でわる、100でわる）

答え 10 倍 □
100 倍 □
10 でわる □　100 でわる □

4 3.19 を 10 倍、100 倍した数は何ですか。また、10 や 100 でわった数は何ですか。　教科書 90ページ6 7

10 倍した数（　　　）　100 倍した数（　　　）
10 でわった数（　　　）　100 でわった数（　　　）

ポイント 小数も整数と同じように、数字のかかれた位置で位がきまり、となりの位との間には、10 倍、$\frac{1}{10}$ の関係があります。

勉強した日　月　日

❷ 小数のしくみ [その2]
❸ 小数のたし算・ひき算
きほんのワーク

学習の目標・
$\frac{1}{100}$の位まではんいを広げてたし算やひき算ができるようにしよう。

おわったらシールをはろう

教科書 ㊤ 91～93ページ　答え 12ページ

きほん1 小数の大小をくらべることができますか。

☆1.619 と 1.63 の大小をくらべ、不等号を使って式にかきましょう。

とき方　小数の大小は、整数の大小と同じように、大きい位からくらべます。$\frac{1}{10}$の位までの数字は同じで、$\frac{1}{100}$の位の数字が 1 と 3 だから、1.619 は 1.63 より ＿＿ 数です。

1．6 1 9
1．6 3

答え ＿＿ ＜ ＿＿

1 7.16 と 7.158 の大小をくらべ、不等号を使って式にかきましょう。

教科書 91ページ2

（　　　　　）

2 下の数直線で、次の数を表す目もりに↓をかきましょう。

教科書 91ページ3

㋐ 0.03　　㋑ 0.25　　㋒ 1.19

0　　0.5　　1

ふくしゅう　できるかな？

例　次の計算をしましょう。

❶ 0.3＋0.4　　❷ 1.2－0.5

考え方　小数のたし算・ひき算は、0.1 が何こになるかを考えると、整数と同じように計算できます。

❶ 0.3 は 0.1 が 3 こ、0.4 は 0.1 が 4 こ、あわせて 0.1 が(3＋4)こだから、
0.3＋0.4＝0.7

❷ 1.2 は 0.1 が 12 こ、0.5 は 0.1 が 5 こ、ちがいは 0.1 が(12－5)こだから、
1.2－0.5＝0.7

問題　次の計算をしましょう。

❶ 0.5＋0.4　❷ 1.8＋0.5

❸ 0.9－0.2　❹ 1.3－0.7

さんすうはかせ　小数はいくらでも細かく分けられる量である長さや重さなどを表すのによく使われるよ。たとえば、五円玉のあつさは 1.5mm、重さは 3.75g だよ。

きほん2 小数のたし算ができますか。

☆0.35 kg のかごに、みかんを 2.86 kg 入れます。全体の重さは何 kg ですか。

とき方 全体の重さを求(もと)める式は、0.35＋[　　]です。

小数のたし算は、次のように考えます。

《1》0.01 が何こかを考えると、

0.35 は 0.01 が [　　] こ

2.86 は 0.01 が [　　] こ

あわせて 0.01 が [　　] こ

《2》位ごとに分けて考えると、

0.35 は 0 と　0.3　と　0.05

2.86 は 2 と　0.8　と　0.06

あわせて 2 と [　　] と [　　]

答え [　　] kg

3 きほん2 の問題で、かごとみかんの重さのちがいは何 kg ですか。 教科書 92ページ2

式

答え（　　　　）

きほん3 小数のたし算・ひき算を筆算ですることができますか。

☆次の計算を筆算でしましょう。

❶ 2.73＋1.52　　❷ 1.91－0.85

とき方 小数のたし算とひき算は、位をそろえれば、整数のときと同じように計算できます。

❶
```
  2.7 3
+ 1.5 2
-------
  □.□□
```
1 位をたてにそろえてかく。
2 整数のたし算と同じように計算する。
3 答えの小数点をうつ。

❷
```
  1.9 1
- 0.8 5
-------
  □.□□
```
1 位をたてにそろえてかく。
2 整数のひき算と同じように計算する。
3 答えの小数点をうつ。

答え ❶ [　　]　❷ [　　]

4 次の計算をしましょう。 教科書 93ページ5 6

❶ 5.04＋2.18　　❷ 2＋3.27

❸ 7.32＋2.98　　❹ 4.37－3.41

❺ 5－3.26　　❻ 4.84－2.14

❷では、2 を 2.00、❺では、5 を 5.00、と考えて、位をそろえるよ。

ポイント 小数のたし算・ひき算は 0.1 や 0.01、0.001 が何こかを考えると、整数と同じように計算できます。筆算のときは位をそろえてかくことに注意しましょう。

勉強した日 月 日

練習のワーク①

教科書 ㊤ 84～95ページ　答え 13ページ

できた数 /10問中

おわったらシールをはろう

1 小数の表し方　次の数を(　)の中の単位にして表しましょう。

❶ 1326g (kg)　(　　)

❷ 7890m (km)　(　　)

❸ 3.95km (m)　(　　)

❹ 53.5kg (g)　(　　)

2 小数のしくみ　次の数はいくつですか。

❶ 0.01 を 18 こ集めた数　(　　)

❷ 0.1 を 8 こと 0.001 を 45 こあわせた数　(　　)

❸ 4.207 を 10 倍した数　(　　)

❹ 53.18 を 100 でわった数　(　　)

3 小数のたし算　1.78 kg のつぼに、みそを 2.65 kg 入れると、全体の重さは何 kg になりますか。

式

答え (　　)

4 小数のひき算　3.8 L の牛にゅうを 0.27 L 飲むと、残りは何 L になりますか。

式

答え (　　)

1 単位の関係をたしかめておきましょう。

たいせつ

1g=0.001kg
10g=0.01kg
100g=0.1kg
1m=0.001km
10m=0.01km
100m=0.1km

2 小数のしくみ
小数も、整数と同じように、10 倍、または、10 でわるごとに位が1つずつ上がったり、下がったりします。

3 **4** 小数のたし算とひき算の計算

ちゅうい
計算を筆算でするときは、位をそろえることが大切です。

4 では、3.8 を 3.80 と考えて筆算をするよ。

できるナビ　$\frac{1}{10}$ の位、$\frac{1}{100}$ の位、…のように、次々と 10 等分して新しい位をつくって表すという小数のしくみを理かいして、たし算やひき算ができるようになりましょう。

勉強した日　月　日

練習のワーク②

教科書 ㊤84～95ページ　答え 13ページ

おわったらシールをはろう

1 小数の表し方　下の数直線で、❶、❷の目もりにあたる長さを、mを単位にして答えましょう。

2 m 50 cm　2 m 70 cm　2 m 90 cm

❶（　　　）　❷（　　　）

2 小数のしくみ　□にあてはまる数をかきましょう。

❶ 0.09を100倍した数は□です。
また、100でわった数は□です。

❷ 6.82は□を100倍した数です。
また、□を100でわった数です。

3 小数の大小　次の数の大小をくらべ、□に不等号を入れて式にかきましょう。

❶ 0.539□0.54　❷ 8.62□8.617

4 小数のたし算・ひき算　次の計算をしましょう。

❶ 3.57＋4.19　❷ 6.08＋0.95

❸ 5.84＋2.16　❹ 8.32－5.37

❺ 7.29－6.83　❻ 9－3.12

てびき

1 小数の表し方
1 mの$\frac{1}{10}$（10 cm）は0.1 m、0.1 mの$\frac{1}{10}$（1 cm）は0.01 mです。

2 小数のしくみ

たいせつ
小数点は、100倍すると右へ2つうつり、100でわると左へ2つうつります。

3 小数の大小
小数の大小は、整数と同じように、大きい位の数字からくらべていきます。

4 小数のたし算・ひき算の筆算

ちゅうい
筆算をするときは位をそろえてかくことに注意します。

❻では、9を9.00と考えて位をそろえて筆算しよう。

できるナビ　小数の筆算をするときは、位をそろえれば、整数のときと同じように計算できます。いろいろな場合の筆算もできるようになることが大切です。

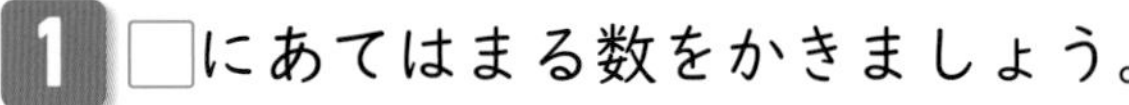

1 □にあてはまる数をかきましょう。 1つ7〔14点〕

❶ 59.743 は 0.001 を □ こ集めた数です。

❷ 0.001 を 1024 こ集めた数は □ です。

2 下の□に、0、1、2、3、4 の数字を 1 つずつあてはめて、小数をつくります。300 にいちばん近い数を答えましょう。 〔8点〕

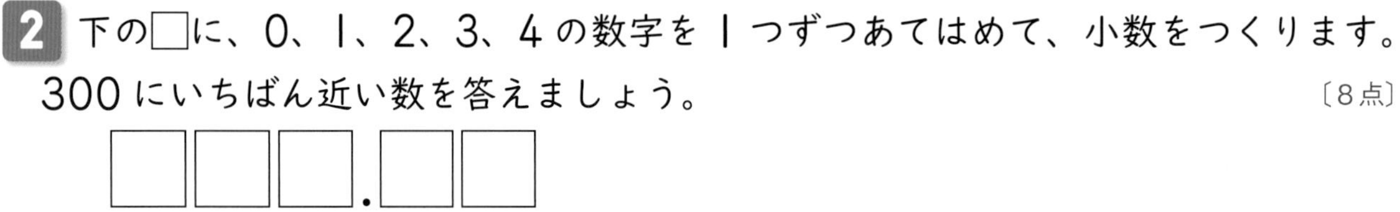

3 よく出る 次の計算をしましょう。 1つ8〔64点〕

❶ 1.29＋0.99

❷ 6＋5.07

❸ 9.4＋2.95

❹ 4.38＋0.92

❺ 7.02－0.68

❻ 3.45－2.56

❼ 4.54－1.9

❽ 8－3.78

チャレンジ! **4** 5430g の荷物と 11.87kg の荷物があります。いっしょに運ぶと、荷物の重さは、全部で何kg になりますか。

式 1つ7〔14点〕

答え（　　　）

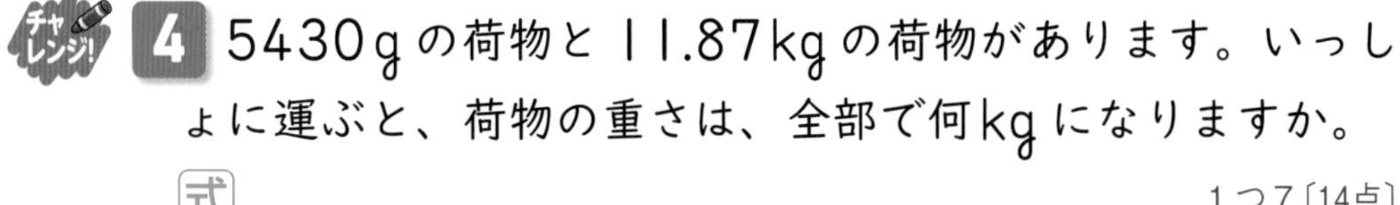

勉強した日 月 日

まとめのテスト②

教科書 ㊤84～95ページ　答え 14ページ

時間 20分　とく点 /100点　おわったらシールをはろう

1 よく出る 4.276 という数について、□にあてはまる数をかきましょう。1つ5〔20点〕

❶ 4.276 は、4 と □ をあわせた数です。

❷ 4.276 は、4.5 より □ 小さい数です。

❸ 4.276 は、1 を □ こ、0.1 を □ こ、0.01 を □ こ、0.001 を □ こあわせた数です。

❹ 4.276 は、0.001 を □ こ集めた数です。

2 □にあてはまる数をかきましょう。1つ10〔20点〕

❶ 8.95 — 8.94 — □ — □ — 8.91 — □

❷ 2.407 — □ — 2.409 — □ — □ — 2.412

3 7 m の紙テープがあります。けんじさんは 94 cm、あやかさんは 0.66 m を使いました。紙テープは何 m 残(のこ)っていますか。1つ10〔20点〕

式

答え（　　　）

4 ポットに水が 2.58 L はいっています。1つ10〔40点〕

❶ 0.78 L の水を入れると、何 L になりますか。

式

答え（　　　）

❷ はじめにポットにはいっていた水のうち、0.78 L の水を使うと、何 L 残りますか。

式

答え（　　　）

ふろくの「計算練習ノート」16～18ページをやろう！

□ 小数について、いろいろな見方ができたかな？
□ 小数のいろいろな問題がとけたかな？

勉強した日 月 日

❶ 何十でわるわり算
❷ 商が1けたになる筆算 [その1]

きほんのワーク

学習の目標
わる数が2けたのわり算の計算のしかたを覚えよう。

おわったらシールをはろう

教科書 上 102〜108ページ　答え 14ページ

きほん1 何十でわる計算がわかりますか。

☆60このかきを20こずつ箱に入れると、箱は何こいりますか。

とき方 60このかきを同じ数ずつ分けるので、わり算で計算します。式は、60□□で、10の何こ分で考えると、60÷20の商は6÷2の商と同じだから、
60÷20=□

答え □こ

10が6こ
(10)(10)(10)
(10)(10)(10)

60から20は何こ とれるか考えるのね。

1 次の計算をしましょう。 教科書 103ページ3 4

❶ 270÷30　❷ 210÷70　❸ 100÷20

きほん2 何十でわる計算のあまりを求めることができますか。

☆140÷30の計算をしましょう。

とき方 10の何こ分で考えると、
140÷30の商は、14÷3=4 あまり2
から□ですが、あまりの2は10が2こ
あることを表しているので、
140÷30=□ あまり□

答え □

(10)(10)(10)(10) (10)
(10)(10)(10)(10) (10)
(10)(10)(10)(10)

140÷30と14÷3の商は、4で同じだけれど、あまりは、10×(あまりの数)になるんだね。

2 次の計算をしましょう。 教科書 104ページ1 2 105ページ3 5

❶ 60÷50　❷ 270÷60　❸ 360÷70

❹ 110÷20　❺ 850÷90　❻ 700÷80

さんすうはかせ 【外国の筆算(1)】外国のわり算の筆算のかき方は、日本の筆算とはちがっているので、調べてみよう。おとなりの韓国(かんこく)では、日本と同じようにかくんだよ。

きほん3 2けたの数でわる筆算のしかたがわかりますか。

☆66 このおはじきを 22 こずつふくろに入れると、何ふくろできますか。

とき方 22 こずつ分けるので、わり算で計算し、式は 66 □ □ です。
筆算では、わられる数 66 を 60、わる数 22 を 20 とみて、商の見当をつけます。見当をつけた商は、一の位（くらい）にたつことに注意しましょう。

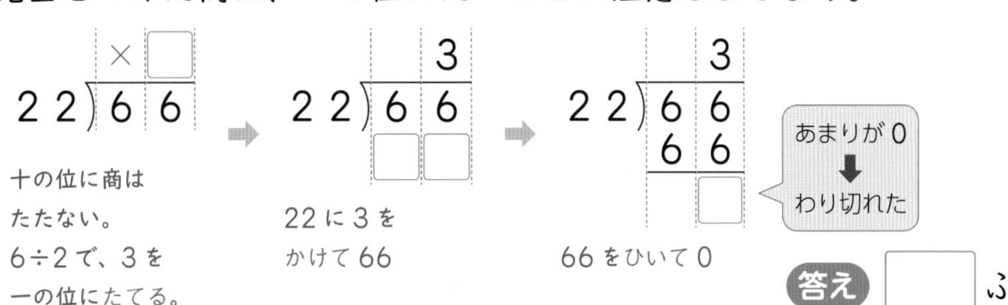

答え □ ふくろ

3 次の計算をしましょう。

❶ 12)48　❷ 27)54　❸ 43)344

❸は、344÷43 → 340÷40 → 34÷4 と考えて、商の見当をつけよう。

きほん4 あまりの求め方がわかりますか。

☆ブレスレットは 42 このビーズで 1 こつくれます。350 このビーズでは、ブレスレットは何こできて、ビーズは何こあまりますか。

とき方 42 こずつ分けるので、わり算で計算し、式は 350 □ □ です。
42 を □ とみて、商の見当をつけると、商は 8 になりそうです。

答え □ こできて、□ こあまる。

4 次の計算をしましょう。

教科書 108ページ6 8

❶ 46)278　❷ 37)113　❸ 53)448

ポイント 3けたの数を2けたの数でわる計算をするときは、「何百何十の数÷何十の数」と考えて、商の見当をつけてから計算しましょう。あまり<わる数 になります。

勉強した日 月 日

② 商が1けたになる筆算 [その2]
③ 商が2けた、3けたになる筆算 [その1]

きほんのワーク

学習の目標
商の見当のつけ方になれ、いろいろなわり算の筆算に取り組もう。

おわったらシールをはろう

教科書 上 109～110ページ　答え 15ページ

きほん1 見当をつけた商のなおし方がわかりますか。

☆161÷23 の計算を筆算でしましょう。

とき方 わられる数 161 を 160、わる数 23 を 20 とみて、商の見当をつけます。

```
        8    1小さくする→     7
23)1 6 1               23)1 6 1
   □□□  ←ひけない           1 6 1
                               □
```

20×8=160 だから、商を 8 にしてみよう。

ちゅうい
見当をつけた商が大きすぎたときは、1小さい商をたて、まだ大きすぎるときは、さらに1小さい商…と、商がみつかるまで1ずつ小さくしていきます。

答え □

1 次の計算をしましょう。 教科書 109ページ 1 2

❶ 13)78　❷ 35)245　❸ 28)196

③は、見当をつけた商を1ずつ小さくしていこう。

きほん2 見当をつけた商が 10 になるときの計算のしかたがわかりますか。

☆426÷43 の計算を筆算でしましょう。

とき方 商の見当を 42÷4 でつけると、10になりますが、十の位(くらい)に 1 をたてると大きすぎるので、一の位に 9 をたてます。

```
       1 0              9
43)4 2 6  ➡   43)4 2 6
   4 3 0          □□□
  大きすぎる         □□  ←わる数の43より小さいことをたしかめる。
```

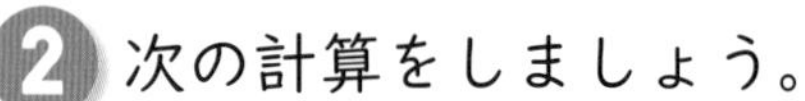

答え □

2 次の計算をしましょう。 教科書 109ページ 1 2

❶ 35)315　❷ 14)112　❸ 29)203

【外国の筆算(2)】48÷9=5 あまり 3 の筆算を右のようにかく国もあるよ。

《1》
```
  5
48 : 9
45
 3
```
《2》
```
48 : 9 = 5
45
 3
```

きほん3 商が2けたになるわり算の筆算ができますか。

☆575÷25の計算を筆算でしましょう。

とき方 商は十の位からたちます。57÷25 → 50÷20 → 5÷2と考えて、商の見当をつけます。

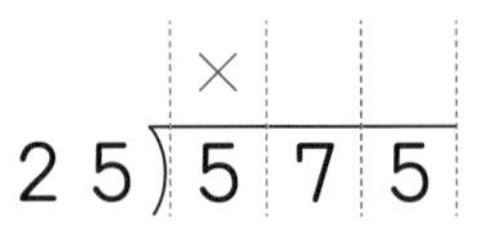

5÷25だから、
百の位に商は
たたない。

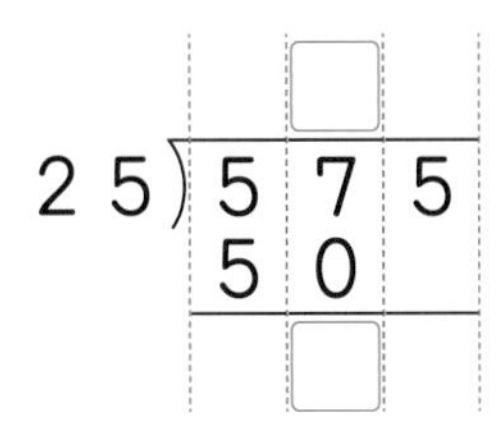

5÷2で、
十の位に2をたてる。
25に2をかけて50
57から50をひいて7

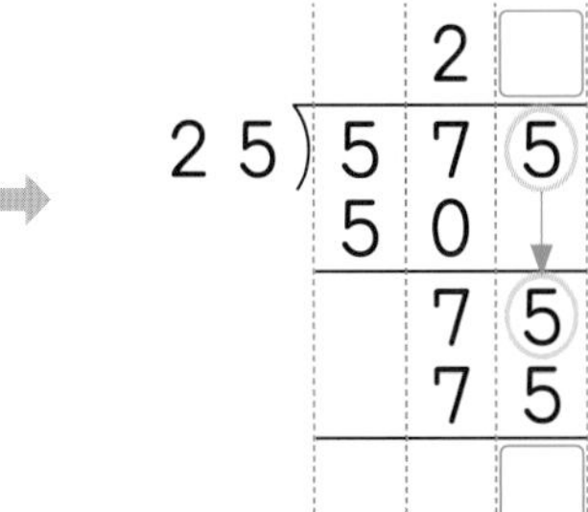

7÷2で、3を
たてて計算する。

答え 

3 次の計算をしましょう。 教科書 110ページ 1 3

❶ 29)986

❷ 34)870

❸ 42)796

きほん4 商の一の位に0がたつわり算の筆算ができますか。

☆607÷56の計算を筆算でしましょう。

とき方 商の見当をつけます。

商の一の位に、0をかきわすれないようにしよう。

56)607

商は十の位からたつ。

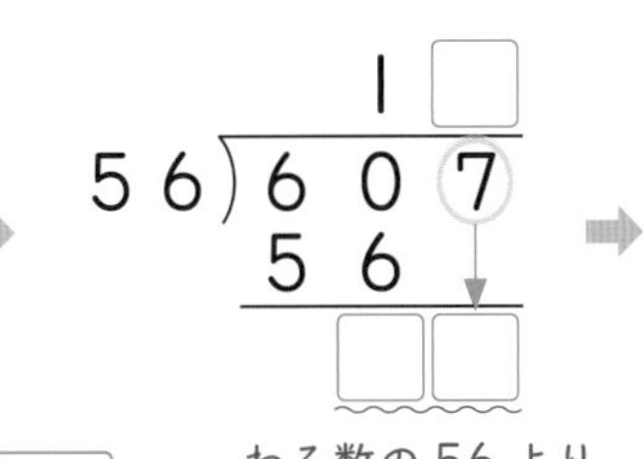

わる数の56より
小さくなった。

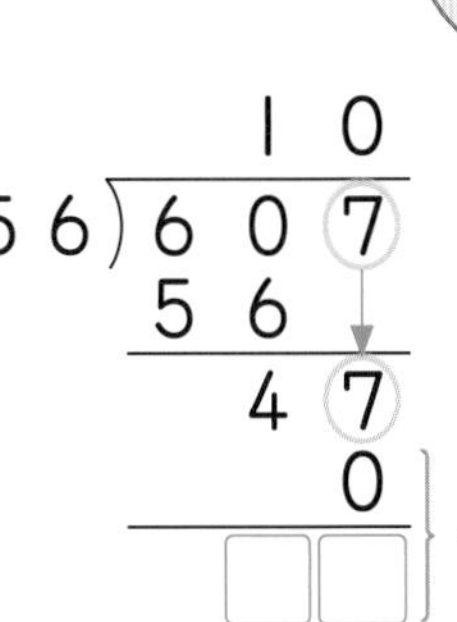

かかずに省くことができる。

答え

4 次の計算をしましょう。 教科書 110ページ 2 4

❶ 40)439

❷ 13)791

❸ 17)850

ポイント 見当をつけた商が大きすぎたときは、商を1ずつ小さくしていきます。

勉強した日　月　日

③ 商が2けた、3けたになる筆算［その2］
④ わり算のせいしつ

きほんのワーク

学習の目標
わる数が3けたでも、わり算の筆算ができるようにしよう。

おわったらシールをはろう

教科書 上 111～114ページ　答え 15ページ

きほん1　大きな数のわり算の筆算ができますか。

☆6816÷32の計算を筆算でしましょう。

とき方　わられる数が大きな数になっても、上の位から順に商のたつ位をみつけて筆算をします。

商をたてる→かける→ひく→おろすをくり返していけばいいんだね。

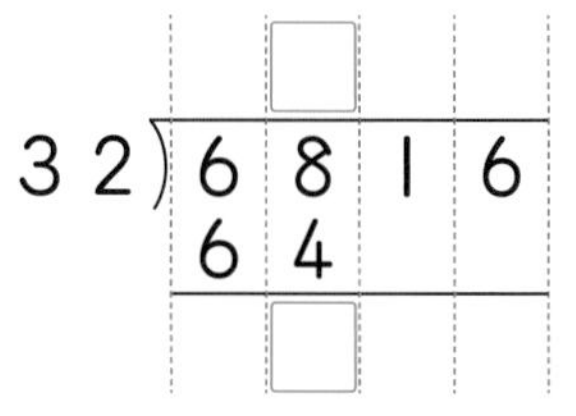

6÷3で、百の位に2をたてる。
32に2をかけて64
68から64をひいて4

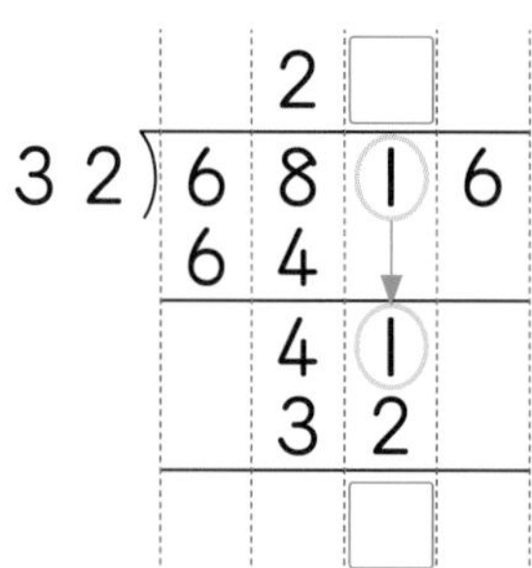

1をおろして41
4÷3で、十の位に1をたてる。
32に1をかけて32
41から32をひいて9

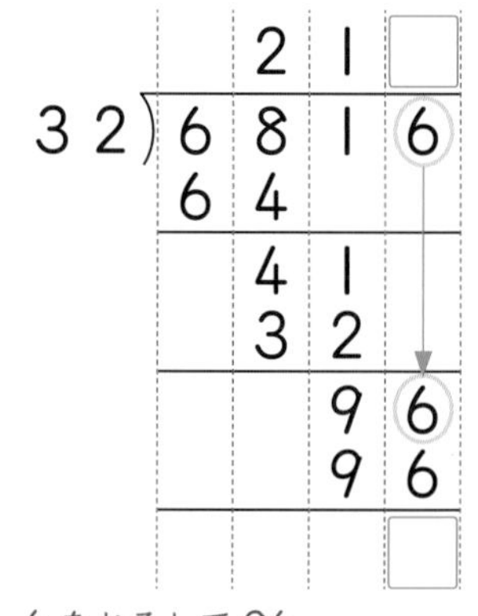

6をおろして96
9÷3で、一の位に3をたてる。

答え □

1 次の計算をしましょう。　教科書 111ページ5 6

❶ 28)8232　❷ 35)3185　❸ 49)5192

きほん2　わる数が3けたになっても筆算ができますか。

☆4536gのさとうを216gずつふくろに分けると、何ふくろできますか。

とき方　式は、
□÷□です。
わる数の216を200とみて、商の見当をつけるので、商は十の位からたちます。

216)4536（商 2）→ 216)4536（商 2□、432）

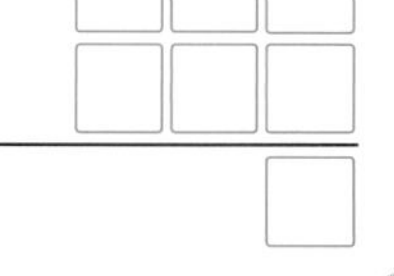

答え □ ふくろ

【外国の筆算(3)】筆算の形はちがっても、どれも たてる → かける → ひく → おろす のくり返しをすることは同じだよ。

2 次の計算をしましょう。　教科書 111ページ5 6

❶ $263\overline{)9994}$　❷ $172\overline{)4988}$　❸ $103\overline{)6491}$

きほん 3 わり算のせいしつを使って、計算できますか。

☆180÷60 の計算をしましょう。

とき方 わられる数とわる数をそれぞれ10でわります。

180÷60＝□÷6＝□

10をもとにして、考えているんだね。

答え □

たいせつ

わり算では、わられる数とわる数に同じ数をかけても、同じ数でわっても、商は変わりません。

180÷60＝3
↓÷10 ↓÷10
18 ÷ 6 ＝3
↓×10 ↓×10
180÷60＝3
同じになる。

3 わり算のせいしつを使って、次の計算をしましょう。　教科書 113ページ2

❶ 800÷200　❷ 360÷40

❸ 3500÷700　❹ 40万÷8万

きほん 4 くふうして計算できますか。

☆7500÷250 をくふうして計算しましょう。

とき方 わり算のせいしつを使って考えます。

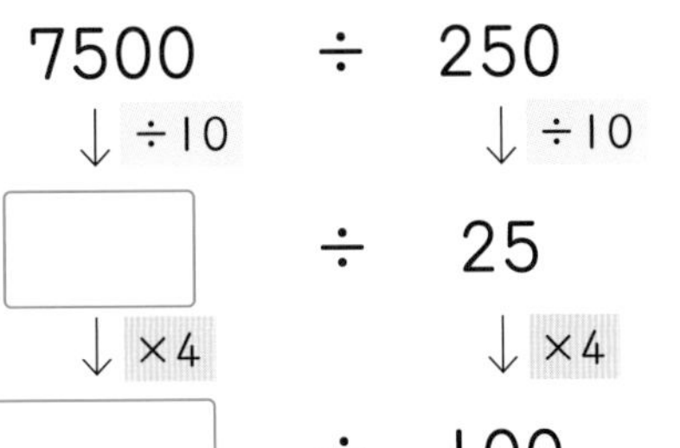

7500 ÷ 250
↓÷10 ↓÷10
□ ÷ 25
↓×4 ↓×4
□ ÷ 100

答え □

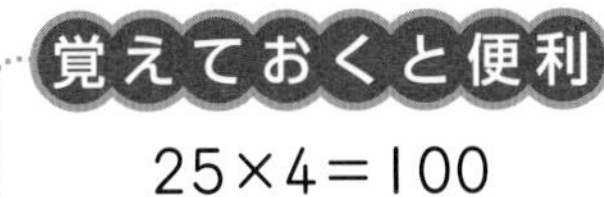

覚えておくと便利

25×4＝100

わられる数とわる数を50でわってもいいけれど、左のように、25×4＝100を使うと、100でわる計算になって計算がしやすくなるんだ。

4 くふうして計算をしましょう。　教科書 114ページ1 2

❶ 7000÷250　❷ 1200÷150　❸ 4000÷125

ポイント わり算のせいしつを使うと、計算がしやすくなり便利(べんり)です。

勉強した日　月　日

教科書 上 102〜115ページ　答え 16ページ

できた数　/15問中

おわったら シールを はろう

1 何十でわる計算　次の計算をしましょう。

❶ 140÷20　❷ 730÷60

2 2けたでわる筆算　次の計算を筆算でしましょう。

❶ 76÷19　❷ 71÷24

❸ 153÷18　❹ 297÷33

❺ 448÷56　❻ 376÷47

3 商が2けた、3けたになる筆算　次の計算を筆算でしましょう。

❶ 957÷29　❷ 5020÷23

❸ 4300÷25　❹ 5000÷416

4 (3けた)÷(2けた)の筆算　784まいの画用紙があります。23人に同じ数ずつ配ると、1人分は何まいになって、何まいあまりますか。

式

答え（　　　　　）

5 わり算のせいしつ　くふうして計算をしましょう。

❶ 540÷90　❷ 5500÷250

てびき

1 何十でわる計算

ちゅうい

10の何こ分で考えて計算をします。あまりは、10×(あまりの数)になることに注意しましょう。

2 **3** わり算の筆算

商の見当をつけてから計算しましょう。

わられる数やわる数を何十の数や何百の数とみて商の見当をつけます。

見当をつけた商が大きすぎたときは、1小さい商をたてて計算します。

5 わり算のせいしつ

わり算では、わられる数とわる数に同じ数をかけても、同じ数でわっても、商は同じになることを利用できます。

❶ 54÷9

❷ 550÷25

できるナビ

わり算の筆算では、商の見当をつけることが大切です。
商のたつ位に気をつけて計算しましょう。

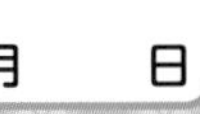

練習のワーク②

教科書 上 102〜115ページ　答え 16ページ

おわったらシールをはろう

1 わり算の筆算 次の計算をしましょう。

❶ 29)232

❷ 45)352

❸ 17)405

❹ 32)978

❺ 56)8568

❻ 144)6680

2 何十でわる計算 590円でノートを買います。1さつ80円のノートを買うと、何さつ買えて、何円あまりますか。答えのたしかめもしましょう。

式

答え（　　　）

たしかめ（　　　）

3 (3けた)÷(2けた)の筆算 プリントを600まい印刷(いんさつ)しました。25まいずつ束(たば)にしていくと、何束できますか。

式

答え（　　　）

てびき

1 わり算の筆算

商の見当をつけてから計算します。1けたでわる筆算と同じように、たてる→かける→ひく→おろすをくり返します。また、商のたつ位に気をつけて計算しましょう。

❹は、商の一の位に0をかくことを、わすれないようにしましょう。

2 何十でわる計算

あまりの大きさに注意しましょう。

たしかめ
あまりがあるときは
わる数×商
＋あまり
の計算をして、それがわられる数になっているかをたしかめます。

❸のように、「同じ数ずつ分ける」ときはわり算を使えばいいね。

できるナビ わられる数やわる数が大きくなっても、見当をつけた商が大きすぎれば、1小さい商をたてる筆算のしかたは同じです。わられる数の上の位から順(じゅん)に商をたてます。

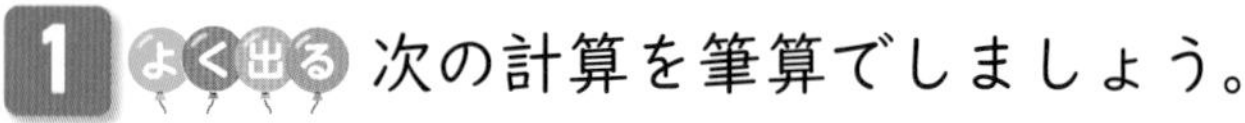

1 よく出る 次の計算を筆算でしましょう。 1つ7〔42点〕

❶ 56÷16　❷ 276÷46　❸ 864÷21

❹ 6989÷29　❺ 2604÷42　❻ 5405÷235

2 右の筆算で、商が2けたになるのは、□に1から9までのどの数をあてはめたときですか。すべて答えましょう。 〔10点〕

73)□29

(　　　　)

3 折(お)り紙432まいを、36人で同じ数ずつ分けます。1人に何まいずつ分ければよいですか。 1つ8〔16点〕

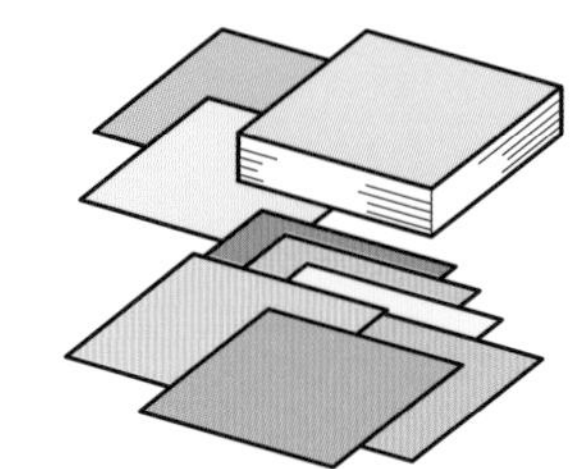

式

答え(　　　　)

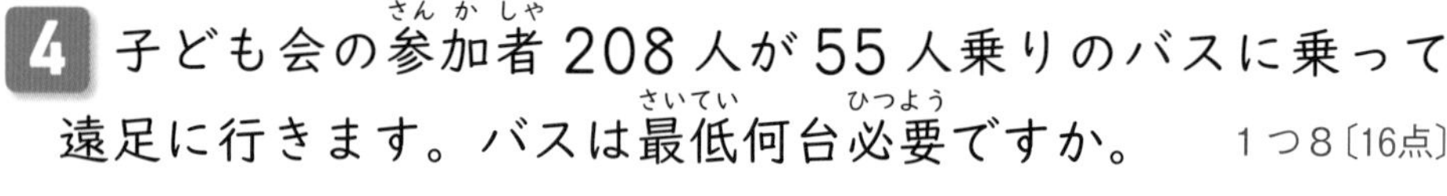

4 子ども会の参加者(さんかしゃ)208人が55人乗りのバスに乗って遠足に行きます。バスは最低(さいてい)何台必要(ひつよう)ですか。 1つ8〔16点〕

式

答え(　　　　)

5 88m46cmの赤いひもを、クラスの28人で同じ長さずつに分けます。1人分は何cmになって、何cmあまりますか。 1つ8〔16点〕

式

答え(　　　　)

□わる数が2けたになっても筆算ができたかな？
□商のたつ位(くらい)を正しく考えられたかな？

1 くふうして計算をしましょう。　1つ5〔15点〕

❶ 6300÷700　❷ 80÷16　❸ 9500÷250

2 よく出る 次の計算を筆算でしましょう。　1つ5〔45点〕

❶ 513÷57　❷ 816÷48　❸ 794÷83

❹ 243÷64　❺ 948÷47　❻ 6978÷33

❼ 2325÷75　 ❽ 2185÷241　❾ 7964÷346

3 402 この荷物があります。1 回に 67 この荷物を運べるトラックを使うと、全部の荷物は何回で運べますか。

式　1つ8〔16点〕

4 538 このおかしを 22 こずつ箱につめます。何箱できて、何こあまりますか。答えのたしかめもしましょう。　1つ8〔24点〕

式

答え（　）

たしかめ（　）

ふろくの「計算練習ノート」8～13ページをやろう！

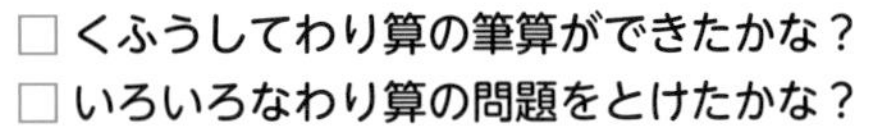

□ くふうしてわり算の筆算ができたかな？
□ いろいろなわり算の問題をとけたかな？

勉強した日　月　日

1 いろいろな計算がまじった式
2 計算のきまり ［その1］
きほんのワーク

学習の目標
いくつかの計算を１つの式にかき、順じょよく計算していこう。

おわったらシールをはろう

教科書 ㊤116〜121ページ　答え 18ページ

きほん1 （　）を使って、１つの式に表すことができますか。

☆240円の色紙と70円のえん筆を買います。500円玉を出すと、おつりは何円ですか。（　）を使って、１つの式にかいて求めましょう。

とき方　ことばの式をかいてから式をつくります。

出したお金 − 色紙とえん筆の代金 ＝ おつり

500 −（□＋□）＝ □

（　）がある式では、（　）の中をひとまとまりとみて、さきに計算します。

答え □ 円

1 180円のノートと770円の問題集を買います。1000円札を出すと、おつりは何円ですか。（　）を使って、１つの式にかいて求めましょう。 教科書 117ページ3

式

答え（　　　）

きほん2 （　）を省いて、１つの式に表すことができますか。

☆150円のパン１こと、120円のオレンジ３こを買ったときの代金を、１つの式にかいて求めましょう。

とき方　オレンジの代金をひとまとまりとみて（　）を使って、１つの式にかくと、

150 ＋（□×□）＝ □

次のように（　）を省くのがふつうで、かけ算やわり算をさきに計算します。

150 ＋ □×□ ＝ 150 ＋ □
＝ □

答え □ 円

2 230円のりんご１こと、２こで360円のなしを１こ買ったときの代金を、１つの式にかいて求めましょう。 教科書 118ページ4

式

答え（　　　）

さんすうはかせ
計算の順じょで、＋と−はどちらがさきということはなく、×と÷も同じだから、＋と−だけの式や、×と÷だけの式は、左から順に計算していくよ。

きほん3 かけ算やわり算のまじった式の計算の順じょが、わかりますか。

☆8×4＋14÷2 を計算しましょう。

とき方　式の中のかけ算やわり算は、たし算やひき算より、さきに計算します。

8×4＋14÷2＝［　］❶＋［　］❷＝［　］❸

答え［　］

計算の順じょ

- ふつう、左から順に計算します。
- (　)があるときは、(　)の中をさきに計算します。
- ＋、－と、×、÷とでは、×、÷をさきに計算します。

3 次の計算をしましょう。　教科書 119ページ1

❶ 20＋4×2　❷ 75－12×6

❸ 59＋240÷6　❹ 13－90÷15

4 次の計算をしましょう。　教科書 119ページ1△3△4

❶ 8×6－4÷2　❷ 8×(6－4)÷2

❸ (8×6－4)÷2　❹ 8×(6－4÷2)

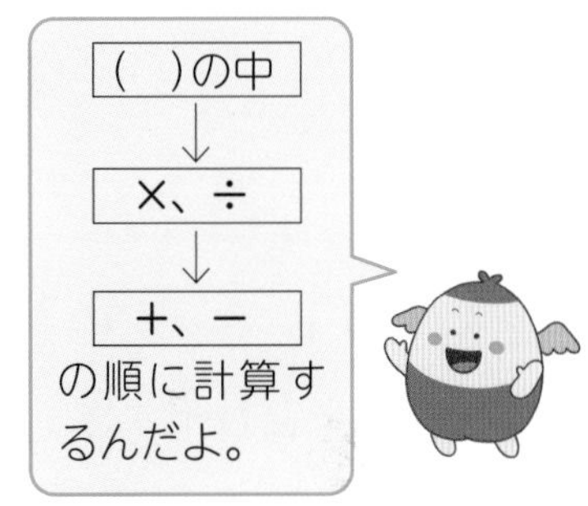

きほん4 (　)を使った式の計算のきまりが、わかりますか。

☆(34－12)×8［　］34×8－12×8 の［　］にあてはまる等号か不等号をかきましょう。

とき方　(34－12)×8 は、(　)の中からさきに計算します。34×8－12×8 は、×からさきに計算します。

(34－12)×8＝［　］×8＝［　］

34×8－12×8＝［　］－［　］＝［　］

(　)を使った式の計算のきまり

(■＋●)×▲＝■×▲＋●×▲

(■－●)×▲＝■×▲－●×▲

答え 上の問題中に記入

5 2つの式の答えが等しくなることをたしかめましょう。　教科書 120ページ1

(210＋50)×6、210×6＋50×6

ポイント　2つの式を1つに表すことができるようにします。また、(　)や×、÷、＋、－のまじった式の計算が正しくできるようになりましょう。

勉強した日　月　日

2 計算のきまり［その2］ 3 式のよみ方 4 計算の間の関係

きほんのワーク

学習の目標
計算のきまりを使って、くふうして計算できるようになろう。

おわったらシールをはろう

教科書 上 122〜125ページ　答え 19ページ

きほん1 たし算の計算のきまりを使えますか。

☆44＋77＋56 を、計算のきまりを使って、くふうして計算しましょう。

とき方　筆算で計算することもできますが、ここでは計算のきまりを使った計算のくふうを考えます。たし算では、たす数の順じょを入れかえることができます。また、まとまりをさきに計算することができます。

44＋77＋56＝44＋56＋77
＝(44＋56)＋77
＝□＋77
＝□

答え □

44＋56 は 100 になることに気づくかな。さきに計算するためには、(　)を使えばいいね。

たし算の計算のきまり
■＋●＝●＋■
(■＋●)＋▲＝■＋(●＋▲)

1 くふうして、次の計算をしましょう。 教科書 122ページ 1　123ページ 3

❶ 93＋25＋15　❷ 18＋45＋82

❸ 71＋58＋29　❹ 13＋249＋137

きほん2 かけ算の計算のきまりを使えますか。

☆25×12 を、計算のきまりを使って、くふうして計算しましょう。

とき方　12＝4×3 と考えて、計算のきまりを使って計算します。

25×12＝25×(4×3)
＝(□×□)×3
＝□×3＝□

■×(●×▲)＝(■×●)×▲を使う。

答え □

かけ算の計算のきまり
■×●＝●×■
(■×●)×▲＝■×(●×▲)

さんすうはかせ　■＋●＝●＋■、■×●＝●×■ を「交かん法則」、(■＋●)＋▲＝■＋(●＋▲)、(■×●)×▲＝■×(●×▲) を「結合法則」というよ。

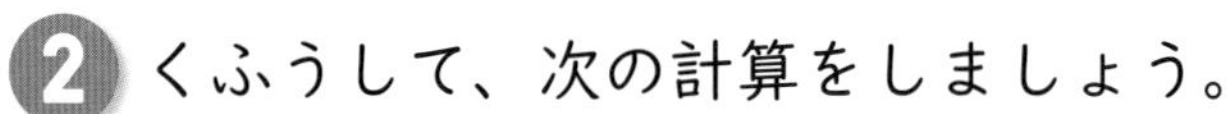

❶ 25×44

❷ 50×32

❸ 23×8×125

25×4＝100、
50×2＝100、
8×125＝1000
などを覚(おぼ)えて使えるようにしよう。

きほん 3 計算のしかたをくふうできますか。

☆96×15 を、計算のきまりを使って、くふうして計算しましょう。

とき方 96＝100－□ であることから考えます。

96×15＝(100－□)×15
＝100×15－□×15
＝□－□
＝□

計算のきまりの
(■－●)×▲＝■×▲－●×▲
を使うといいね。

答え □

3 くふうして、次の計算をしましょう。 教科書 123ページ 2 3

❶ 95×9　❷ 102×18　❸ 997×3

きほん 4 計算の間の関係がわかりますか。

☆あめを□こずつ 7 つのふくろに入れると、あめは全部で 49 こはいりました。
□にあてはまる数を求(もと)めましょう。

とき方 □を使った式にかくと、
□×7＝49 だから、
□＝49 □ 7
＝□

答え □

7 をかける
□ ⇄ 49
7 でわる
□にあてはまる数は、ぎゃくの計算で求めます。

4 □にあてはまる数を書きましょう。 教科書 125ページ 3

❶ □＋16＝54　❷ □－28＝76

❸ □×5＝45　❹ □÷3＝27

ポイント 計算のきまりをうまく使うと、計算がしやすくなってまちがいをへらすことができます。
くふうして計算できるようになりましょう。

勉強した日 月 日

練習のワーク

教科書 上 116〜127ページ　答え 19ページ

できた数 /13問中

1 計算の順じょ　次の計算をしましょう。

❶ 4＋16×5　❷ 96÷(2×6)

❸ 40＋30÷5　❹ 41−21÷3

❺ 32÷4＋21÷3　❻ 29×6−84÷7

2 1つの式に表す　1まい40円の工作用紙を3まい買って、200円出すと、おつりは何円ですか。1つの式にかいて求(もと)めましょう。

式

答え（　　　）

3 計算の順じょ　計算の順じょを考えて計算しましょう。

❶ (120＋80)×5　❷ 120×5＋80　❸ 120＋80×5

4 式のよみ方　3 の❶、❷、❸の式で表されるのは、下のあ、い、うのどれですか。記号で答えましょう。

あ　1本120円のジュースを1本と、1こ80円のゼリーを5こ買ったときの代金

い　1本120円のジュースを5本と、1こ80円のゼリーを1こ買ったときの代金

う　1本120円のジュースと、1こ80円のゼリーを組にして、5組買ったときの代金

❶（　　）　❷（　　）　❸（　　）

てびき

1 計算の順じょ

たいせつ

・ふつう、左から順(じゅん)に計算します。
・(　)があるときは、(　)の中をさきに計算します。
・×や÷は、＋や−よりさきに計算します。

2 代金をかけ算を使って表すと、1つの式にかくことができます。
かけ算やわり算をひとまとまりとみるときは、(　)を省(はぶ)くのがふつうです。

3 計算の順じょ
❷❸は、かけ算をさきに計算します。

計算の順じょは、わかったかな。

4 式のよみ方
式の意味を考えましょう。
❶は、120＋80をひとまとまりにして(　)をつけています。

できるナビ　計算のきまりを覚(おぼ)え、正しい順じょで計算ができるようになりましょう。

まとめのテスト

教科書 上 116〜127ページ　答え 20ページ

とく点　/100点

おわったら シールを はろう

1 よく出る くふうして計算をしましょう。　1つ5〔40点〕

❶ 17＋9＋21　❷ 23＋87＋77

❸ 25×48　❹ 104×35

❺ 4×96　❻ 5×69×20

❼ 995×18　❽ 8×43×125

2 次の計算をしましょう。　1つ5〔20点〕

❶ (7×3＋6)÷3　❷ 7×3＋6÷3

❸ 7×(3＋6÷3)　❹ 7×(3＋6)÷3

3 答えの数になるように、□の中に＋、－、×、÷の記号を入れましょう。

❶ 6×5 □ 2×3＝24　❷ 4－4 □ 4＝3　1つ5〔10点〕

4 230円のコンパスを1つと、1本70円のえん筆を6本買いました。代金は何円ですか。1つの式にかいて求めましょう。　1つ5〔10点〕

式

答え（　　　）

5 お父さんのたんじょう日に、1こ550円のケーキと1こ170円のチョコレートをそれぞれ1こずつ買うことにしました。子ども3人で代金を等分すると、1人分は何円になりますか。1つの式にかいて求めましょう。　1つ5〔10点〕

式

答え（　　　）

6 1ダース600円のえん筆を半ダースと、1さつ110円のノートを5さつ買ったときの代金は何円ですか。1つの式にかいて求めましょう。　1つ5〔10点〕

式

答え（　　　）

ふろくの「計算練習ノート」14〜15ページをやろう！

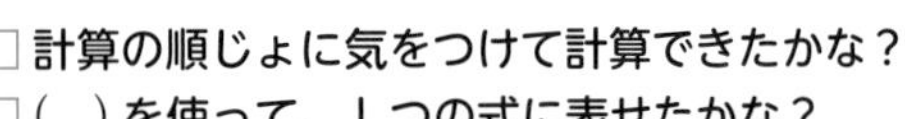

□計算の順じょに気をつけて計算できたかな？
□( )を使って、1つの式に表せたかな？

勉強した日　月　日

1 倍の見方
2 何倍になるかを考えて
きほんのワーク

学習の目標
ある量をもとにして、その何倍になっているかを考えていこう。

おわったらシールをはろう

教科書 上 128～135ページ　答え 21ページ

きほん1 どちらが大きくなっているかくらべることができますか。

☆るりさんは、ヒマワリとアサガオのなえを買ってきました。右の表は、買ってきたときといまの高さを表したものです。どちらのほうが高さがのびたといえますか。

ヒマワリとアサガオの高さ

	もとの高さ	いまの高さ
ヒマワリ	20 cm	120 cm
アサガオ	5 cm	105 cm

とき方 どちらも［　］cm のびていますが、もとの高さがちがいます。このようなときは、差ではなく、何倍になっているかでくらべます。

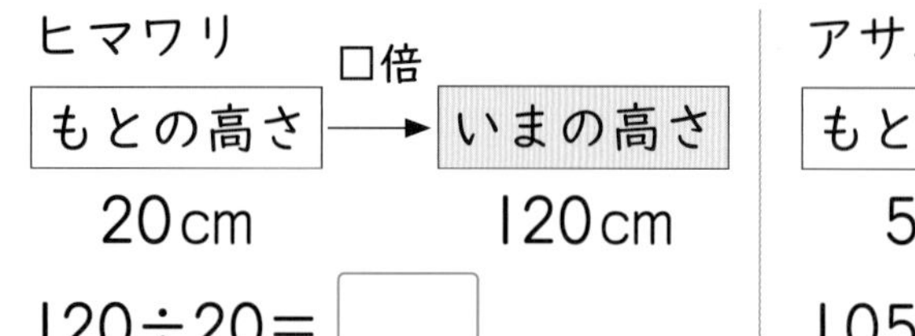

120÷20=［　］

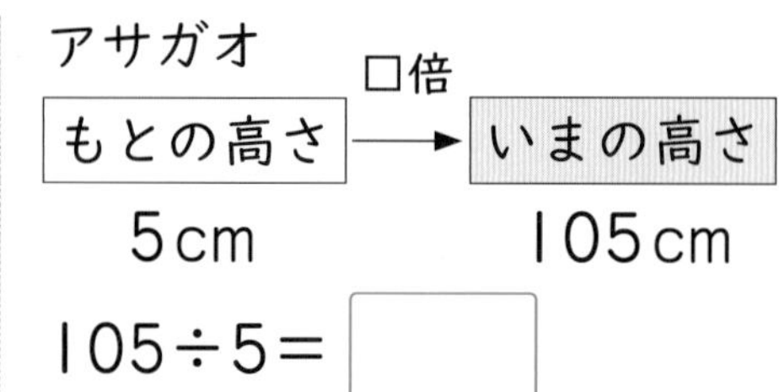

105÷5=［　］

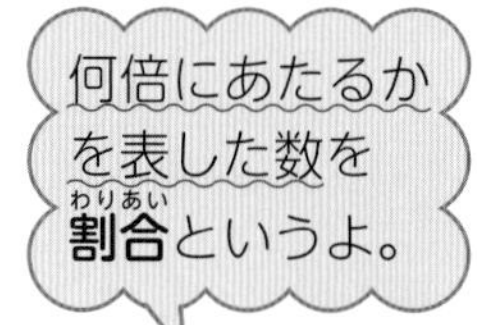

もとの高さの何倍がいまの高さになっているかでくらべると、ヒマワリは［　］倍、アサガオは［　］倍になっています。

答え［　］

1 右のような 112 cm の白いテープと 28 cm の赤いテープがあります。白いテープの長さは赤いテープの長さの何倍ですか。

教科書 129ページ 1

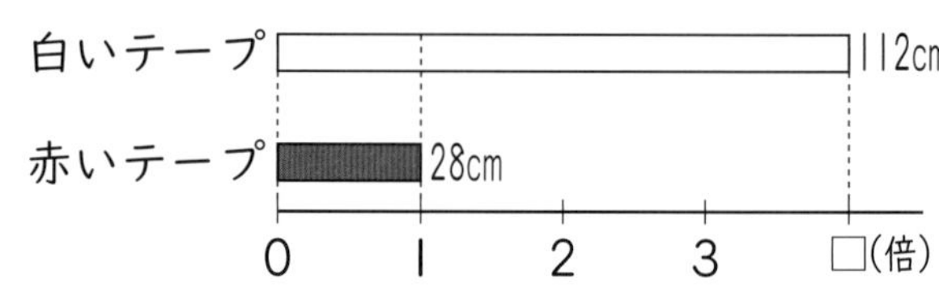

式

答え（　　）

2 赤のゴムひもは、もとの長さの 2 倍にのびます。青のゴムひもは、もとの長さの 3 倍にのびます。17 cm の赤のゴムひもと、11 cm の青のゴムひもでは、のばしたときの長さはどちらが長くなりますか。

教科書 131ページ 3 4

式

答え（　　）

2つの量の関係をくらべるときに、ある量をもとにして、その何倍になっているかでくらべるときがあります。この何倍にあたるかを表した数のことを「割合」といいます。

3 S、M、Lの3つのサイズのピザがあります。

❶ Lサイズのピザの直径は48 cmで、Mサイズのピザの直径の2倍です。Mサイズのピザの直径は何cmですか。

式

答え（　　　　）

❷ Sサイズのピザの直径の3倍が❶のMサイズのピザの直径です。Sサイズのピザの直径は何cmですか。

式

答え（　　　　）

きほん2 何倍になるかを考えて、量を求めることができますか。

☆チョコレートが88こはいったふくろがあります。これは大きい箱にはいっている数の2倍です。大きい箱にはいっている数は、小さい箱の4倍です。小さい箱にはチョコレートが何こはいっていますか。

とき方 答えは次の2とおりの方法(ほうほう)で求(もと)めることができます。

《1》まず、大きい箱にはいっているチョコレートの数を求めます。

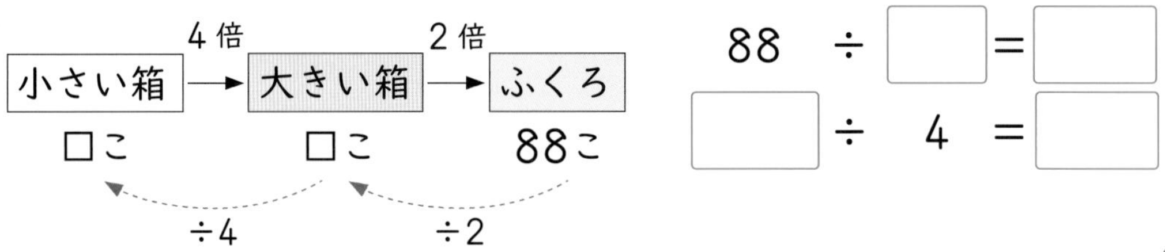

《2》ふくろにはいっている数が小さい箱にはいっている数の何倍かを考えてから、求めます。

4 × 2 = □

88 ÷ □ = □

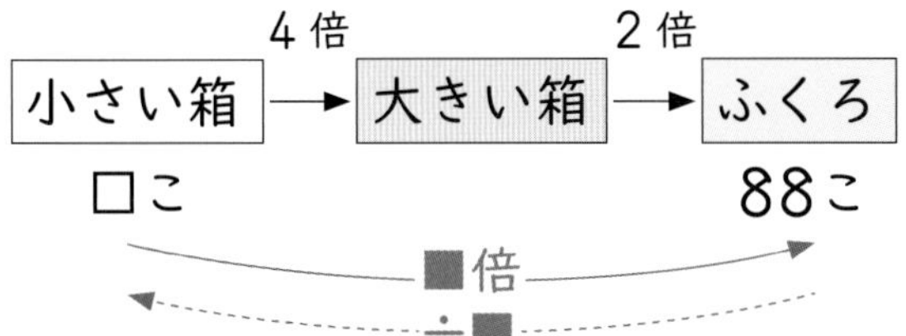

さきに何倍になるかを考えてから求めているね。

4 いちご、レモン、りんごがあります。りんごの重さは300 gで、これはレモンの重さの2倍です。レモンの重さは、いちごの5倍です。いちごの重さは何gですか。

教科書 134～135ページ

式

答え（　　　　）

5 ペットボトルにはいっている水の量は18 dLで、水とうにはいる水の量の3倍です。水とうにはいる水の量は、コップにはいる水の量の2倍です。コップにはいる水の量は何dLですか。

教科書 134～135ページ

式

答え（　　　　）

ポイント ぎゃくにたどっていってもとにする量を求めたり、割合をつなげた図に表して、もとにする量の何倍になるかを先に考えて求めたりすることができます。

勉強した日　月　日

練習のワーク

教科書 上 128～135ページ　答え 21ページ

できた数　/7問中

おわったらシールをはろう

1 どちらのほうがふえた？

学年種目の希望調べ

	はじめの数	今日の数
大なわとび	8人	64人
全員リレー	14人	70人

右の表は、運動会の学年種目をきめるためのアンケートをして、先週のはじめと今日の人数とをくらべたものです。

❶ 大なわとびを希望する人は何人ふえましたか。また、何倍になりましたか。

何人（　　　）

何倍（　　　）

❷ 全員リレーを希望する人は何人ふえましたか。また、何倍になりましたか。

何人（　　　）

何倍（　　　）

❸ どちらの種目のほうが、ふえたといえますか。

（　　　）

2 1にあたる量

りんさんはカードを27まいもっています。これは妹がもっているカードのまい数の3倍です。妹がもっているカードは何まいですか。

式

答え（　　　）

3 何倍になるかを考えて

マンションの高さは56mで、これは学校の高さの4倍です。学校の高さはこうたさんの家の高さの2倍です。家の高さは何mですか。

式

答え（　　　）

1 割合

2つの量の変わり方をくらべるときに、ある量をもとにして、その何倍になっているかを考えることがあります。いくつ大きく（小さく）なったかではなく、何倍になったかを考えます。この何倍にあたるかを表した数のことを**割合**といい、この問題では、はじめの数×割合＝今日の数という関係があります。

2 1にあたる量

妹がもっているカードのまい数を□まいとすると、□×3＝27になります。

3 何倍になるかを考えて

2倍　4倍

家→学校→マンション

÷□

◯倍の△倍は、（◯×△）倍になります。

できるナビ　割合を図に表すと、わからない量の求め方を考えやすくなります。割合をつなげた図をかくなど、くふうしましょう。

まとめのテスト

教科書 上 128～135ページ　答え 22ページ

1 右の表は、じゃがいも１こと玉ねぎ１このねだんが、先月と今月でどれだけ上がったかを表したものです。 1つ8〔40点〕

ねだんの上がり方

	先月	今月
じゃがいも	50円	150円
玉ねぎ	100円	200円

❶ 今月のじゃがいも１このねだんは、先月のねだんの何倍ですか。

式

答え（　　　）

❷ 今月の玉ねぎ１このねだんは、先月のねだんの何倍ですか。

式

答え（　　　）

❸ どちらがより大きくね上がりしたといえますか。（　　　）

2 S、M、Lの３つのサイズのカレーライスがあります。 1つ10〔40点〕

❶ Sサイズ90gの６倍がLサイズの重さです。Lサイズの重さは何gですか。

式

答え（　　　）

❷ Mサイズの重さの２倍が❶のLサイズの重さです。Mサイズの重さは何gですか。

式

答え（　　　）

3 かん入りのクッキーの数は110こで、これは箱入りのクッキーの５倍です。箱入りのクッキーの数は、ふくろ入りのクッキーの２倍です。ふくろ入りのクッキーの数は何こですか。 1つ10〔20点〕

式

答え（　　　）

□ある量をもとにして、何倍になるかを考えることができたかな？
□何倍の量や１にあたる量を求めることができたかな？

勉強した日 月 日

そろばん
きほんのワーク

学習の目標
そろばんを使って、小数や大きな数のたし算やひき算をしましょう。

おわったらシールをはろう

教科書 上 136～137ページ　答え 22ページ

きほん1 そろばんに小数を入れられますか。

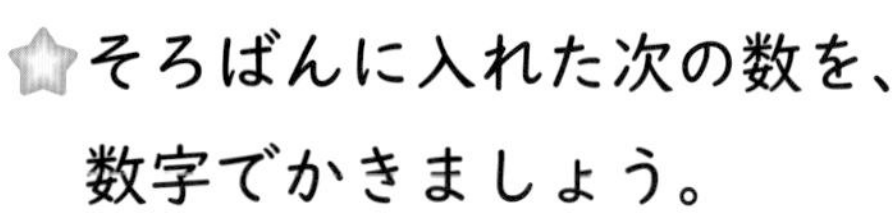

☆そろばんに入れた次の数を、数字でかきましょう。

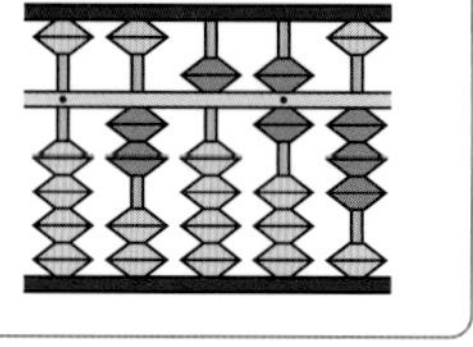

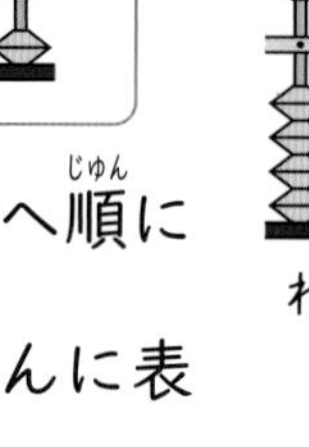

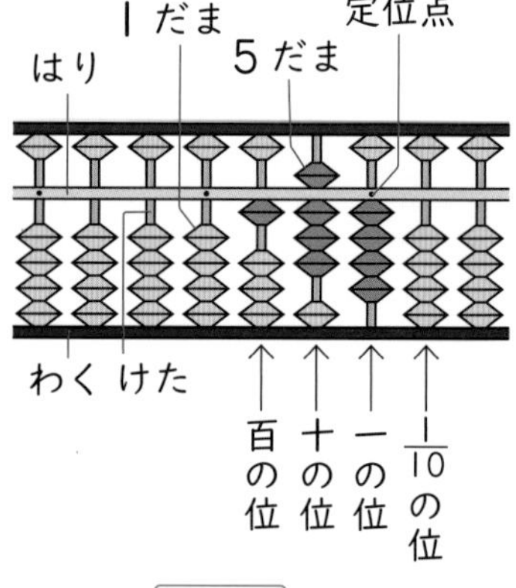

とき方　定位点（ていいてん）のあるけたを一の位（くらい）とし、その右へ順（じゅん）に$\frac{1}{10}$の位、$\frac{1}{100}$の位、…として、小数もそろばんに表すことができます。

百の位が□、十の位が5、一の位が□、$\frac{1}{10}$の位が□なので、□です。

答え □

1 そろばんに次の数を入れましょう。 教科書 136ページ1 137ページ3

❶ 130.6　❷ 0.23

❸ 8.56　❹ 987654.321

きほん2 そろばんを使って、たし算ができますか。

☆7.8+6.4 をそろばんでしましょう。

とき方　たされる数を、まず、そろばんにおきます。次に、大きい位からたしていきます。

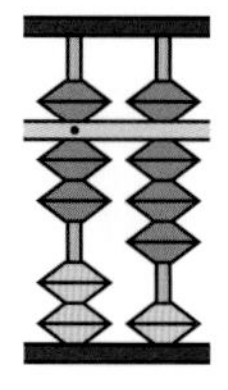

7.8 をおく

6 をたすには
6 はあと 4 で 10 だから

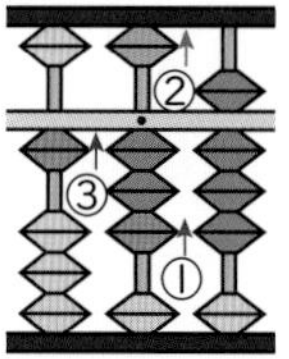

4 をはらって
10 を入れる

0.4 をたすには
0.4 はあと 0.6 で 1 だから

0.6 をはらって
1 を入れる

答え □

さんすうはかせ　かけ算やわり算もそろばんを使って計算することができるよ。

2 次の計算をしましょう。 教科書 136ページ2

❶ 0.2＋1.9 ❷ 4.12＋5.58

きほん3 そろばんを使って、ひき算ができますか。

☆5.24−0.48 をそろばんでしましょう。

とき方 ひかれる数を、まず、そろばんにおきます。次に、大きい位からひいていきます。

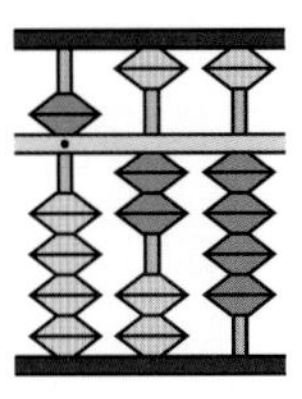

5.24 をおく

0.4 をひくには

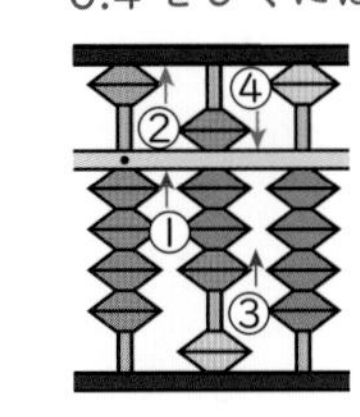

| をはらって 0.6 を入れる

0.08 をひくには

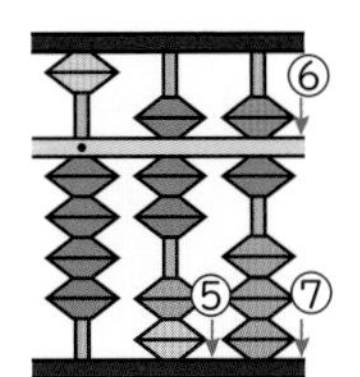

0.1 をはらって 0.02 を入れる。0.02 を入れるには、0.05 を入れて 0.03 をはらう

答え

3 次の計算をしましょう。 教科書 136ページ2

❶ 2.09−0.8 ❷ 3−0.12

4 次の計算をしましょう。 教科書 137ページ4

❶ 39億＋21億 ❷ 45兆＋38兆

❸ 96億−37億 ❹ 72兆−25兆

5 ひく印のあるものはひいて、印のないものはたして計算しましょう。 教科書 137ページ5

❶	❷	❸
27	46	7.3
38	54	− 4.9
86	− 95	8.2
− 73	81	− 0.7
19	− 52	− 1.8

ポイント そろばんを使った計算は、数を十の位の数や一の位の数のように、それぞれの位で分けて考えます。

❶ 面 積

きほんのワーク

学習の目標
面積を数で表す方法を覚え、計算で求められるようにしよう。

おわったらシールをはろう

教科書 ㊦ 2〜7ページ　答え 22ページ

きほん1 広さのくらべ方がわかりますか。

☆下のあといの色のついた図形は、どちらが広いですか。ただし、方がんのます目は、1辺が1cmの正方形になっています。

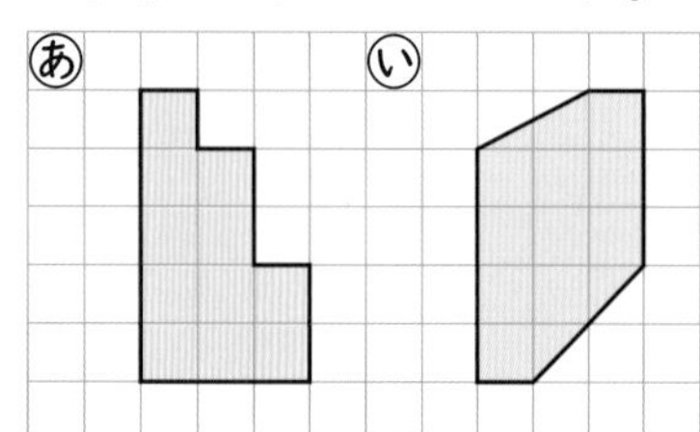

とき方　広さのことを 面積(めんせき) といいます。1辺が1cmの正方形の面積を 1cm² (1平方(へいほう)センチメートル)といいます。cm²は面積の単位(たんい)で、面積は、この正方形が何こ分あるかで表すことができます。あは、1cm²の正方形が □ こ分で、□ cm²です。いは、1cm²の正方形が □ こ分と、ななめに切られている部分のうち、左上は1cm²の正方形が □ こ分、右下は1cm²の正方形が □ こ分になるので、あわせて □ cm²になります。

答え □

1 右の図形あ、いについて、答えましょう。　教科書 4ページ1 5ページ2

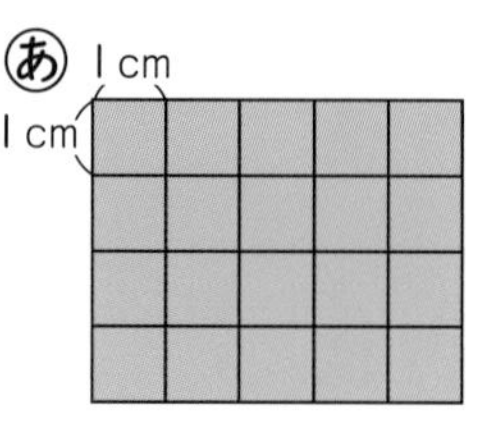

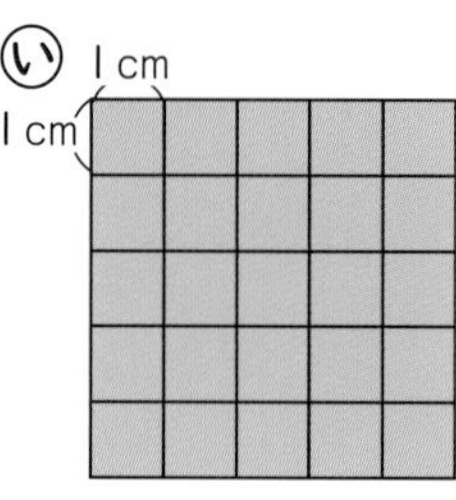

❶ あの長方形は、1辺が1cmの正方形が何こならんでいますか。

(　　　　)

❷ あの長方形の面積は、何cm²ですか。

(　　　　)

❸ いの正方形の面積は、何cm²ですか。

(　　　　)

❹ あといでは、どちらが何cm²広いですか。

(　　　　)

さんすうはかせ　面積の公式のように、公式とは、どんなときにでもあてはめて使うことができる式のことをいうよ。

きほん2 長方形や正方形の面積の求め方がわかりますか。

☆次の長方形や正方形の面積を求(もと)めましょう。

❶ ❷

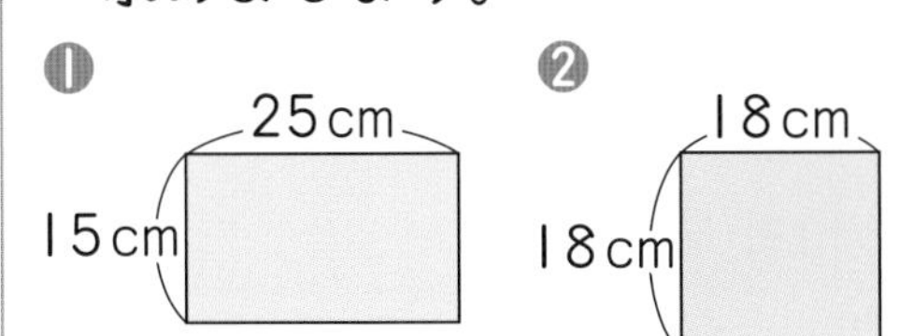

とき方 ❶ 1cm^2の正方形が、たてに［　］こ、横に［　］こならんでいるから、面積は

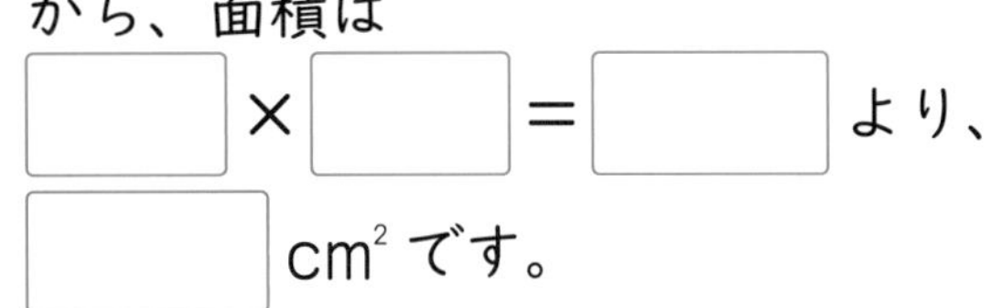

［　］×［　］＝［　］より、［　］cm^2です。

❷ 1辺に1cm^2の正方形が［　］こならんでいるから、面積は

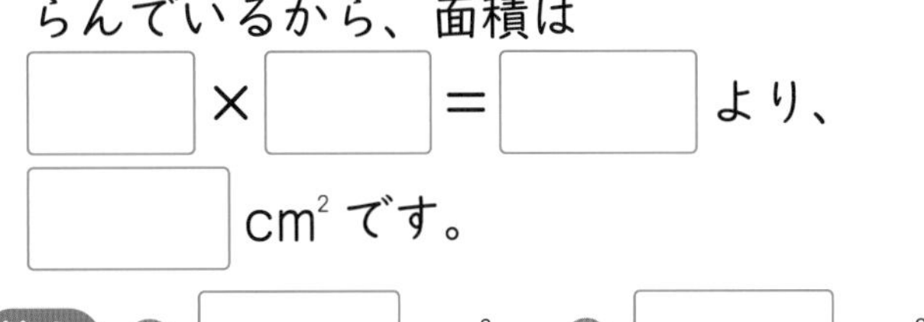

［　］×［　］＝［　］より、［　］cm^2です。

答え ❶［　］cm^2 ❷［　］cm^2

面積の公式

長方形の面積＝たて×横
　　　　　　＝横×たて
正方形の面積＝1辺×1辺

2 公式を使って、次の面積を求めましょう。 教科書 7ページ2

❶ たて12cm、横24cmの長方形の色紙の面積

式

答え（　　　　）

❷ 1辺が30cmの正方形の画用紙の面積

式

答え（　　　　）

3 次の長方形と正方形の辺(へん)の長さをはかり、面積を求めましょう。 教科書 7ページ3

❶

式

答え（　　　　）

❷

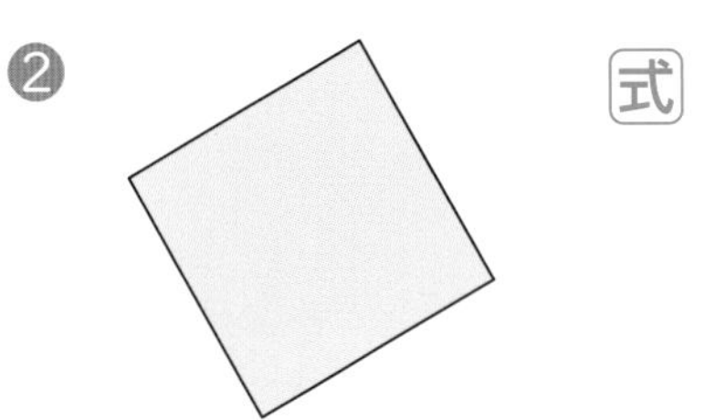

式

答え（　　　　）

ポイント 面積の単位の1つにcm^2があります。1cm^2の正方形が何こ分あるかで面積を表すことができます。

勉強した日 月 日

② 面積の求め方のくふう ③ 大きな面積 ④ 面積の単位の関係

きほんのワーク

学習の目標 いろいろな形の面積をくふうして計算で求められるようにしよう。

おわったらシールをはろう

教科書 ㊦ 8～15ページ 答え 23ページ

きほん1 いろいろな形の面積の求め方がわかりますか。

☆次の図形の面積を求めましょう。

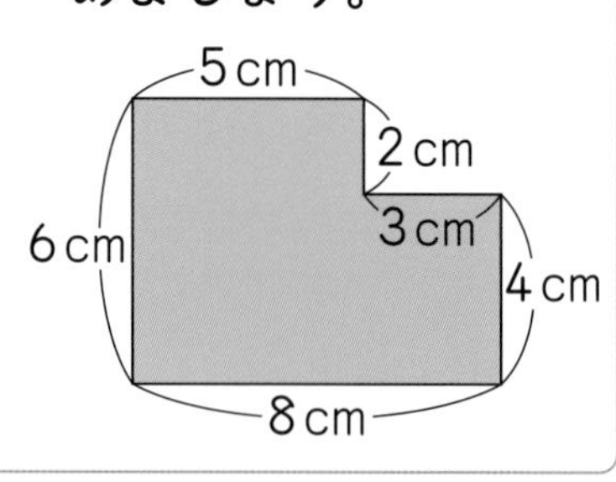

とき方 のような形の面積は、分けたり、つぎたしたりして考えれば、長方形や正方形の面積の公式を使って求めることができます。

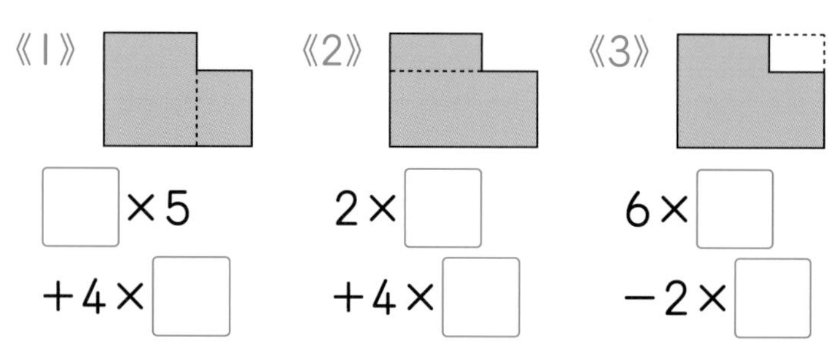

《1》 □×5 +4×□　《2》 2×□ +4×□　《3》 6×□ −2×□

答え □ cm^2

1 次の図形の面積を求めようとして、❶、❷、❸の式に表しました。どのように考えたか、図の中に点線をかきましょう。 教科書 8ページ1

❶ 10×9+5×20　❷ 15×20−10×11　❸ 15×9+5×11

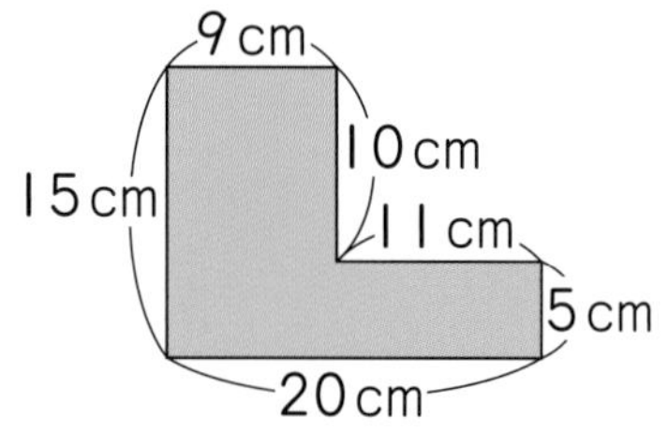

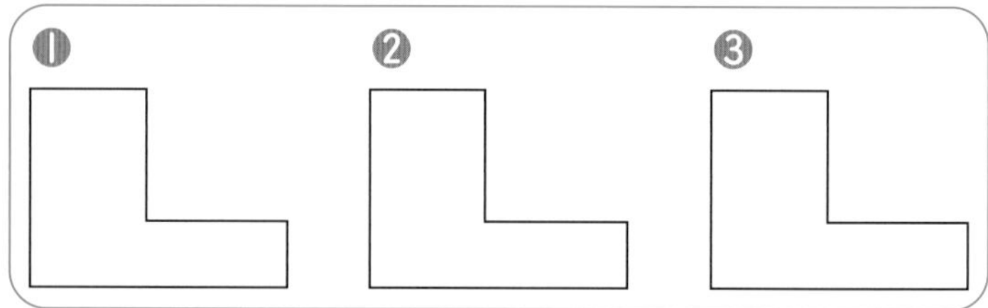

きほん2 長さの単位がmのときの面積の表し方がわかりますか。

☆たて5m、横4mの長方形の形をした部屋のゆかの面積を求めましょう。

とき方 部屋などのように広いところの面積は、1辺が1mの正方形の面積を単位にして、表します。式は□×□だから、□ m^2 になります。

答え □ m^2

たいせつ
1辺が1mの正方形の面積を1 m^2 (1平方メートル)といいます。
$1m^2 = 1m \times 1m$
$= 100cm \times 100cm = 10000cm^2$

1 m^2、1a、1ha、1 km^2 については、それを表す正方形の1辺の長さは順に10倍の大きさになっていて、その面積は、順に100倍になっているよ。

2 公式を使って、次の面積を求めましょう。 教科書 10ページ 1 2

❶ たて 10 m、横 8 m の長方形の形をした教室のゆかの面積

式　　　　答え（　　　　）

❷ 1 辺が 7 m の正方形の花だんの面積

式　　　　答え（　　　　）

きほん 3 長さの単位がkmのときの面積の表し方がわかりますか。

☆南北 4 km、東西 6 km の長方形の形をした土地の面積は何 km^2 ですか。

とき方 町や県のような広い土地の面積は、1 辺が 1 km の正方形の面積を単位にして表します。式は

□ × □ だから、□ km^2 になります。

答え □ km^2

たいせつ

1 km^2（1 平方キロメートル）
＝1 km×1 km
＝1000 m×1000 m
＝1000000 m^2

3 南北 2 km、東西 3 km の長方形の形をした森林の面積は何 km^2 ですか。また、それは何 m^2 ですか。 教科書 13ページ 1 3

式　　　　答え（　　　、　　　）

きほん 4 a や ha という面積の単位がわかりますか。

☆たてが 150 m、横が 400 m の長方形の形をしたりんご園の面積は何 m^2 ですか。また、それは何 a、何 ha ですか。

とき方 水田や畑のような土地の面積は、1 辺が 10m や 100m の正方形の面積を単位にして表すことがあります。1 辺が 10 m の正方形の面積（10 m×10 m＝100 m^2）を 1 a（1 アール）、また、1 辺が 100 m の正方形の面積（100 m×100 m＝10000 m^2）を 1 ha（1 ヘクタール）といいます。

りんご園の面積は

□ × □ で求めます。

答え □ m^2　□ a　□ ha

たいせつ

1 a＝10 m×10 m＝100 m^2
1 ha＝100 m×100 m
＝10000 m^2＝100 a

4 1 辺が 800 m の正方形の形をした公園の面積は何 a ですか。また、それは何 ha ですか。 教科書 14ページ 1

式　　　　答え（　　　、　　　）

ポイント いろいろな形の面積を求めるときは、正方形や長方形に分けて求めるようにします。また、面積の単位（m^2、a、ha、km^2）をきちんと覚(おぼ)えましょう。

勉強した日 月 日

練習のワーク①

教科書 下 2〜17ページ 答え 23ページ

できた数 /6問中

1 面積 次の面積を求めましょう。

❶ たて 25cm、横 17cm の長方形の面積

式

答え（ ）

❷ 1辺が 16m の正方形の面積

式

答え（ ）

❸ たて 4km、横 8km の長方形の土地の面積

式

答え（ ）

2 面積 面積が 54 cm^2 で、横の長さが 9 cm の長方形のカードのたての長さは何 cm ですか。

式

答え（ ）

3 面積の求め方のくふう 右の図形の面積を求めましょう。

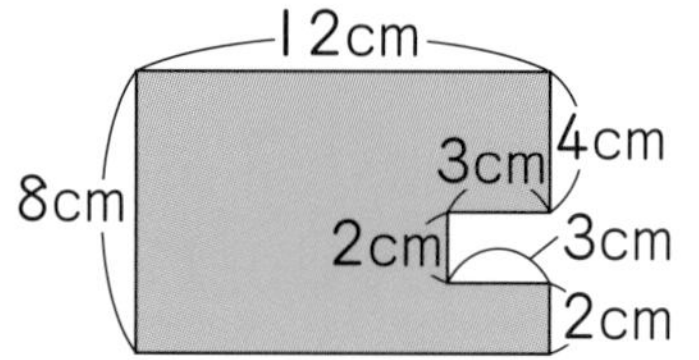

式

答え（ ）

4 面積の単位の関係 1辺が 200m の正方形の形をした畑の面積は何 a ですか。また、それは何 ha ですか。

式

答え（ 、 ）

てびき

1 長方形や正方形の面積

たいせつ
長方形の面積
＝たて×横
＝横×たて
正方形の面積
＝1辺×1辺

2 たての長さを□cm とすると、□×9＝54 と表すことができます。

3 面積の求め方のくふう
長方形や正方形の面積の公式がそのまま使えないときは、つぎたしたり、長方形や正方形に分けたりして、公式が使えるようにします。

4 面積の単位の関係

$1m^2 = 1m \times 1m$
$1a = 10m \times 10m = 100m^2$
$1ha = 100m \times 100m = 10000m^2 = 100a$
$1km^2 = 1km \times 1km = 1000m \times 1000m = 1000000m^2 = 10000a = 100ha$

できるナビ 広さにあわせた面積の単位を選んだり、いろいろな形の面積もくふうして求められるようになろう。

勉強した日　月　日

練習のワーク②

教科書 ㊦2～17ページ　答え 24ページ

できた数　/10問中

おわったらシールをはろう

1 面積　次の図形の面積は何 cm^2 ですか。

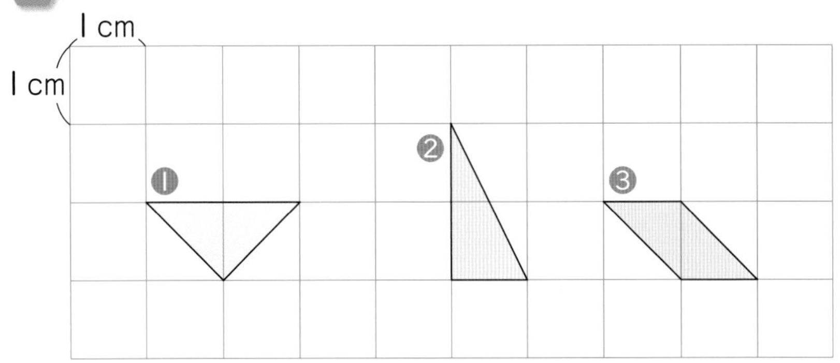

❶（　　）　❷（　　）　❸（　　）

2 面積　1辺が6cmの正方形と同じ面積で、たての長さが4cmの長方形の横の長さは何cmですか。

式

答え（　　）

3 面積の単位　□にあてはまる数をかきましょう。

❶ $6\,m^2$＝□cm^2　❷ $3\,km^2$＝□m^2

❸ $9000\,m^2$＝□a　❹ 25ha＝□m^2

4 大きな面積　次の長方形の面積を、(　)の中の単位で求めましょう。

❶ (a)　30m　50m

式

答え（　　）

❷ (ha)　400m　2km

式

答え（　　）

1 面積

(例)（れい）

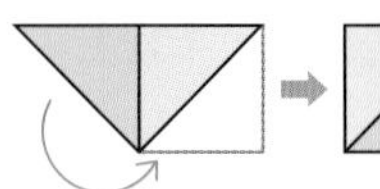

上のように三角形を、正方形になるようにうつして考えます。

2 長方形の横の長さは、

長方形の面積 ÷ たて

で求めます。

3 面積の単位

たいせつ

$1\,m^2 = 10000\,cm^2$

$1\,km^2 = 1000000\,m^2$

$1\,a = 100\,m^2$

$1\,ha = 10000\,m^2$

4 ❷たてと横の長さの単位をそろえてから面積を求めます。2kmを2000mとして m^2 の単位で面積を求めてから、haの単位で表します。

できるナビ　方がん紙にかかれた図形の一部分を切り分けてちがう場所にうつし、方がんのます目の数を使って、面積を求めることができるようになろう。

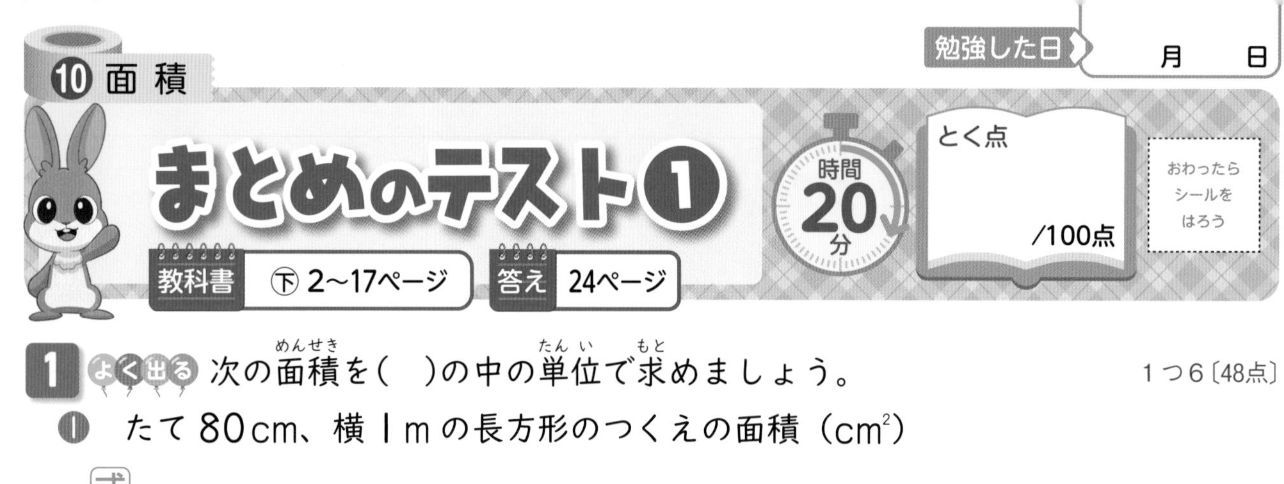

1 よく出る 次の面積を(　)の中の単位で求めましょう。　1つ6〔48点〕

❶ たて 80cm、横 1m の長方形のつくえの面積（cm^2）

式

答え（　　　　）

❷ まわりの長さが 20m の正方形の池の面積（m^2）

式

答え（　　　　）

❸ たて 25m、横 12m の長方形の形をした部屋のゆかの面積（a）

式

答え（　　　　）

❹ 1辺が 700m の正方形の形をした土地の面積（ha）

式

答え（　　　　）

2 次の図形の面積を求めましょう。　1つ6〔36点〕

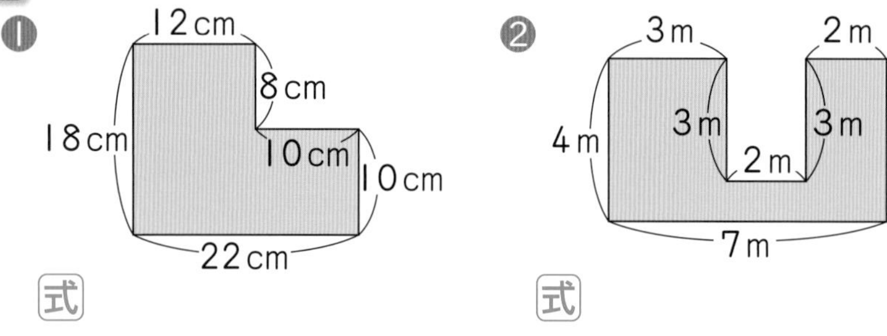

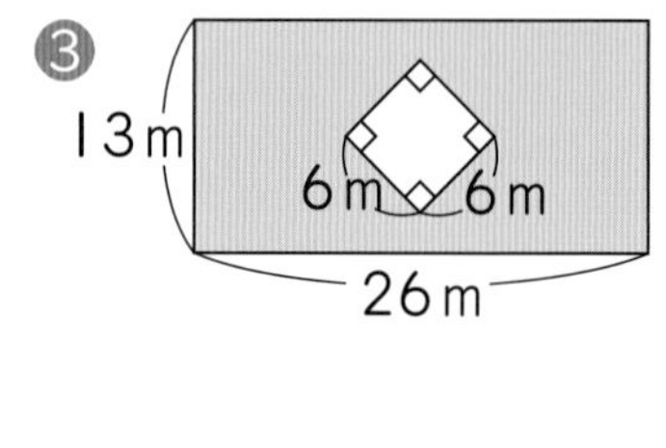

式　　式　　式

答え（　　）　答え（　　）　答え（　　）

3 面積が 84m^2 で、横の長さが 14m の長方形の形をした畑があります。たての長さは何 m ですか。　1つ8〔16点〕

式

答え（　　　　）

□ 長方形や正方形の面積を求めることができたかな？
□ 面積の単位の関係がわかったかな？

まとめのテスト②

教科書 ㊦2〜17ページ　答え 25ページ

時間 20分　とく点 /100点　おわったらシールをはろう

1 よく出る 次の面積を（ ）の中の単位で求めましょう。 1つ8〔16点〕

❶ たて 7m、横 400cm の長方形の花だんの面積（cm^2）

（ ）

❷ 1辺が 300 cm の正方形のマットの面積（m^2）

（ ）

2 次の長方形の□にあてはまる数を求めましょう。 1つ12〔36点〕

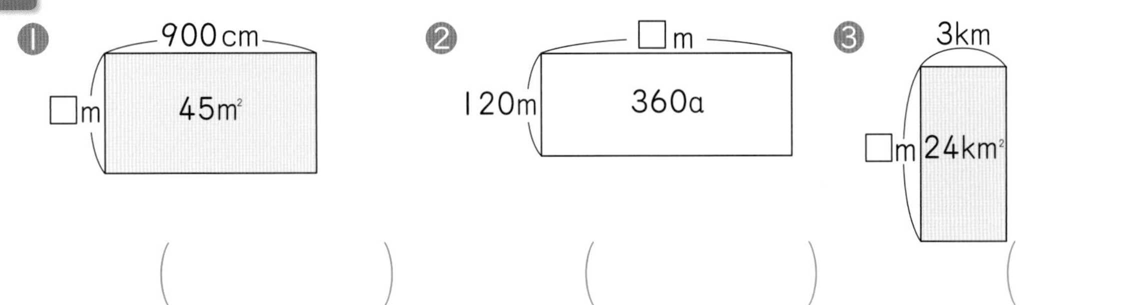

（ ）（ ）（ ）

3 まわりの長さが 50 m で、たての長さが 9 m の長方形の土地があります。この土地の面積は何 m^2 ですか。 1つ8〔16点〕

答え（ ）

4 次の図形の面積を求めましょう。 1つ8〔16点〕

式

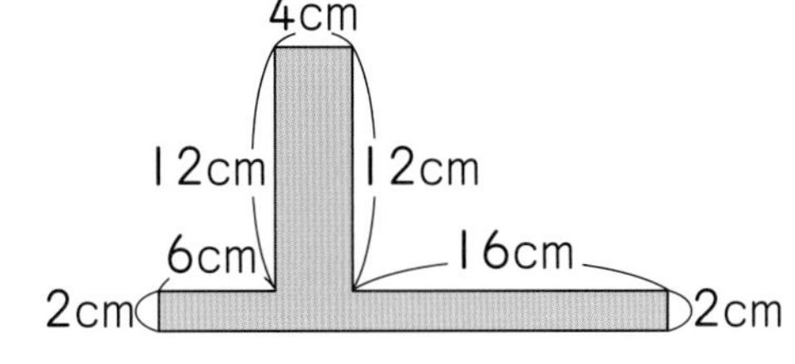

答え（ ）

チャレンジ！ **5** 右の図のように、長方形の形をした土地に、はば 3 m の道をつくりました。道をのぞいた土地の面積は何 m^2 ですか。 1つ8〔16点〕

式

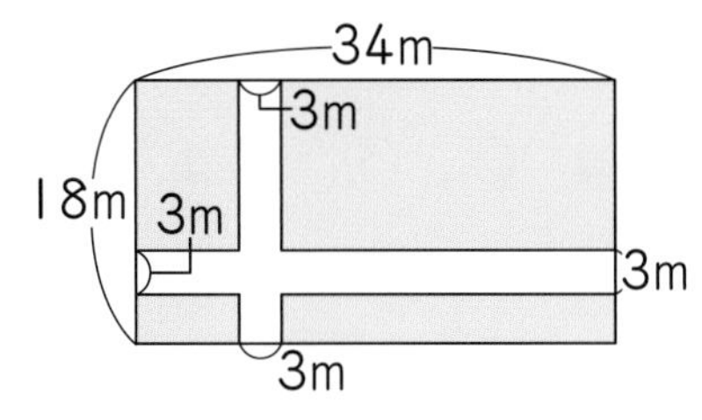

答え（ ）

ふろくの「計算練習ノート」20ページをやろう！

□長方形や正方形の面積から辺の長さを求めることができたかな？
□くふうして、いろいろな図形の面積を求めることができたかな？

勉強した日 月 日

❶ がい数の表し方 [その1]

きほんのワーク

学習の目標
がい数を理かいし、求め方を身につけ、使えるようにしよう。

おわったらシールをはろう

教科書 ㊦ 18～21ページ　答え 26ページ

きほん1 がい数の表し方がわかりますか。

☆次の数は、約(やく)何万何千人ですか。
❶ 23215人　❷ 23786人

とき方 約何万何千人というときは、千ごとの区切りを考えて、近いほうの数をとります。

数直線を見ながら、23215や23786が23000と24000のまん中の23500より大きいか小さいかを考えていこう。

23000　23500　24000
(百の位(くらい)の数字) 0 1 3 4 5 6 7 9
23215　23786

❶ 23215は、24000より23000に近いので、約[　　]人といえます。
❷ 23786は、24000に近いので、約[　　]人といえます。

たいせつ
およその数で表すときは、「約」や「およそ」ということばをつけます。
およそ23000のことを約23000ともいいます。
およその数のことを「がい数(すう)」といいます。
おおまかな数がわかればよいときなどは、がい数で表すことがあります。

答え ❶ 約[　　]人　❷ 約[　　]人

1 次の数直線を見て、答えましょう。　教科書 19ページ1

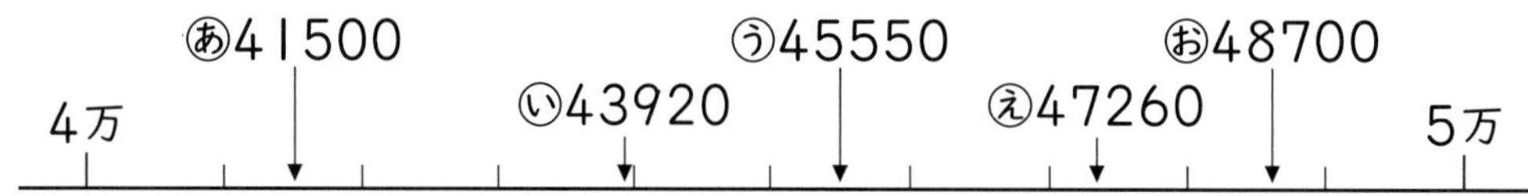

❶ ㋐、㋓はそれぞれ4万と5万のどちらに近いですか。

㋐(　　)　㋓(　　)

❷ ㋑、㋒、㋔は、それぞれ約何万といえますか。

㋑(　　)　㋒(　　)

㋔(　　)

けた数の大きな数で、大まかな数がわかればよいときなどは、がい数を使うよ。たとえば、人口は約1億(おく)3千万人と表したり、国の予算は約92兆(ちょう)円などと使ったりしているよ。

2 4つの市の人口を調べたら、右のようになりました。
4つの市の人口はそれぞれ約何万人といえますか。

教科書 19ページ1

4つの市の人口

市	人口(人)
A	178320
B	62873
C	127038
D	89265

A市（　　　）　B市（　　　）

C市（　　　）　D市（　　　）

きほん2 がい数の求め方がわかりますか。

☆283613について、四捨五入(ししゃごにゅう)で、次のがい数にしましょう。
❶ 千の位までのがい数　❷ 上から2けたのがい数

とき方 ❶ ある位までのがい数で表すには、そのすぐ下の位の数字を考える［四捨五入］という方法(ほうほう)があります。百の位の数字が［　］なので、切り上げます。
❷ 上から2けたのがい数で表すには、上から3つ目の位を四捨五入します。上から3つ目の位の数字が［　］なので、切り捨(す)てます。

四捨五入する位を、まちがえないようにしよう。

四捨五入のしかた
1つの数を、ある位までのがい数で表すには、そのすぐ下の位の数字が
0、1、2、3、4のときは切り捨てます。
5、6、7、8、9のときは切り上げます。

❶ 283613 → 284000
❷ 283613 → 280000

答え ❶［　　　］
❷［　　　］

3 四捨五入で、千の位までのがい数にしましょう。

教科書 20ページ2

❶ 2647（　　　）　❷ 1487（　　　）

❸ 45001（　　　）　❹ 24899（　　　）

4 四捨五入で、上から2けたのがい数にしましょう。

教科書 21ページ4

❶ 741105（　　　）　❷ 265816（　　　）

❸ 3092814（　　　）　❹ 8975132（　　　）

ポイント 四捨五入するときは、がい数で表したい位のすぐ下の位を考えます。「上から何けたのがい数」にするときは、もとの数のけた数によって四捨五入する位が変(か)わります。

勉強した日　月　日

◆1 がい数の表し方 [その2]

きほんのワーク

学習の目標 がい数の表すはんいを考えたり、グラフをかいたりしてみよう。

おわったらシールをはろう

教科書 ㊦ 22〜23ページ　答え 26ページ

きほん1 がい数の表すはんいがわかりますか。

☆四捨五入(ししゃごにゅう)で、十の位(くらい)までのがい数にしたとき、210 になる整数のうち、いちばん小さい整数といちばん大きい整数は何ですか。

とき方 四捨五入で、十の位までのがい数にしたとき、210 になる整数のはんいは、

200　205　210　215　220

200になるはんい　210になるはんい　220になるはんい

□ から □ までです。

答え いちばん小さい整数 □

いちばん大きい整数 □

たいせつ

一の位を四捨五入して 210 になる整数のはんいのことを、「205 以上(いじょう) 215 未満(みまん)」といいます。

以上…その数に等しいか、それより大きい数を表す。

未満…その数より小さい数を表す(その数ははいらない)。

以下(いか)…その数に等しいか、それより小さい数を表す。

1 四捨五入で、百の位までのがい数にしたとき、7500 になる整数は、□の中にそれぞれどんな数字がはいるときですか。全部答えましょう。 教科書 22ページ1

❶ 74□0　(　　)

❷ 7□65　(　　)

2 次のあからかまでの数の中で、四捨五入で、一万の位までのがい数にしたとき、230000 になる整数をすべて選(えら)び、記号で答えましょう。 教科書 22ページ1

あ 231900　い 240735　う 226195

え 235000　お 233333　か 224999

(　　)

3 四捨五入で、百の位までのがい数にしたとき、2800 になる整数のはんいを、以上、未満を使って表しましょう。 教科書 22ページ2

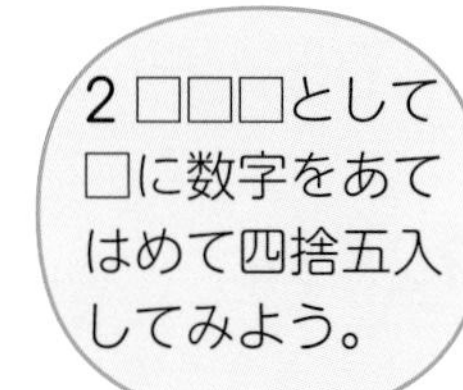

(　　)

がい数は、細かな数が必要(ひつよう)でなく、大まかに数の大きさがわかればよいときに使うよ。生活の中では、「およそ 3000 人」「約(やく) 50000 円」「だいたい 2km」などと使うよ。

きほん2 がい数を使って、ぼうグラフに表せますか。

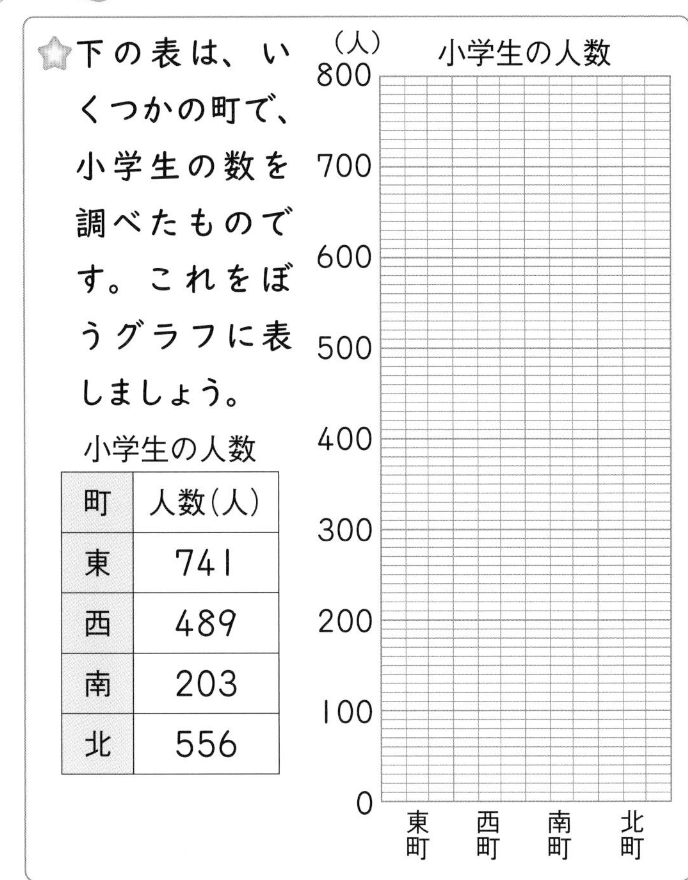

☆下の表は、いくつかの町で、小学生の数を調べたものです。これをぼうグラフに表しましょう。

小学生の人数

町	人数(人)
東	741
西	489
南	203
北	556

とき方 きめられた大きさにグラフをかくときは、それぞれの数をグラフの目もりにあわせたがい数にします。

グラフのたてのじくの１目もりは［　　］人だから、各(かく)町の人数を四捨五入で、十の位までのがい数にします。

東町は［　　］人、

西町は［　　］人、

南町は［　　］人、

北町は［　　］人です。

答え 左のグラフ用紙に記入

4 下の表は、あきらさんの市の園児(えんじ)、児童(じどう)、生徒(せいと)の数を調べたものです。

教科書 23ページ1

園児、児童、生徒の数

	人数(人)	がい数にした人数(人)
ようち園	3526	あ
小学校	4391	い
中学校	2862	う
高等学校	1768	え

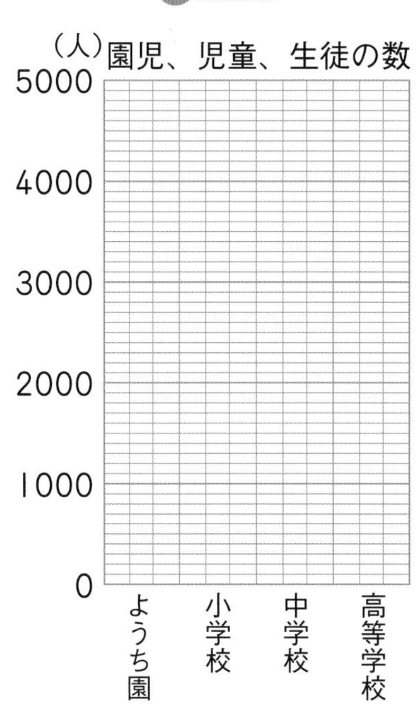

❶ 上の表の人数を、四捨五入で、上から２けたのがい数にして、表にかき入れましょう。

❷ 各人数をぼうグラフに表しましょう。

上から３つ目の位を四捨五入すればいいね。

数のはんいを小数まで広げたときは、214.9 なども一の位を四捨五入すると 210 になるので、考える数のはんいによって、以下と未満を使い分けます。

勉強した日　月　日

学習の目標
がい数を使った計算をして、答えの見積もりができるようになろう。

おわったらシールをはろう

❷ がい数の計算

きほんのワーク

教科書 ㊦24～28ページ　答え 27ページ

きほん1 がい数を使って計算ができますか。

☆A市とB市の人口は右の表のとおりです。

❶ A市とB市の人口は、あわせて約(やく)何十何万人になりますか。がい算で求(もと)めましょう。

❷ A市とB市の人口のちがいは、約何十何万人になりますか。がい算で求めましょう。

A市とB市の人口

市	人口(人)
A	306464
B	184985

とき方 ❶ 四捨五入(ししゃごにゅう)して一万の位(くらい)までのがい数にしてから、計算します。

306464　184985
↓　↓
□万＋□万＝□万

❷ ❶のがい数を使って計算します。

306464　184985
↓　↓
□万－□万＝□万

たいせつ
がい数についての計算を**がい算**といいます。

答え ❶ 約□万人　❷ 約□万人

1 次の計算の答えを、一万の位までのがい数で求めましょう。　教科書 25ページ3

❶ 13825＋46217　(　　)

❷ 251296＋378140　(　　)

❸ 99541－42687　(　　)

❹ 730640－597138　(　　)

さんすうはかせ　ふだんの生活では、がい算で見積(みつ)もることによって見通しがたち、便利(べんり)になることが多いよ。

きほん2 がい数のかけ算ができますか。

☆3年生と4年生あわせて187人が遠足に行きます。1人415円の費用(ひよう)がかかります。全体では約何円になりますか。

とき方 積(せき)を見積もるために上から1けたのがい数にすると、1人分の費用415円は400円、人数187人は［　　］人になるので、

400×［　　］=［　　］

ちゅうい
ふくざつなかけ算の積を見積もるには、ふつう、かけられる数もかける数も上から1けたのがい数にしてから計算します。

答え 約［　　］円

2 重さ375gのかんづめが102こあります。重さの合計は約何kgになりますか。上から1けたのがい数にして見積もりましょう。

教科書 26ページ 1 2

(　　　　)

きほん3 がい数のわり算ができますか。

☆お楽しみ会の参加者(さんかしゃ)198人全員のプレゼント代に60390円かかります。1人分のプレゼント代は、約何円になりますか。

とき方 商を見積もるために、わられる数の60390円を［　　］円、わる数の参加者198人を［　　］人にして計算すると、

［　　］÷［　　］=［　　］

ちゅうい
ふくざつなわり算の商を見積もるには、ふつう、わられる数を上から2けた、わる数を上から1けたのがい数にしてから計算し、商は上から1けただけ求めます。

答え 約［　　］円

3 先月182Lの石油を使った工場があります。これと同じ量(りょう)ずつ毎月石油を使うとすると、いま工場にある4022Lの石油は、約何か月分にあたりますか。わられる数を上から2けた、わる数を上から1けたのがい数にして見積もりましょう。

教科書 27ページ 1 2

(　　　　)

何のために見当をつけるのかを考え、目的(もくてき)にあった方法(ほうほう)でがい数にして、和・差(さ)・積・商のおよその大きさが見積もれるようにしましょう。

勉強した日　月　日

練習のワーク

教科書 ㊦ 18〜29ページ　答え 27ページ

できた数　/8問中

おわったら シールを はろう

1 がい数　次のうち、がい数で表すことが多いものをすべて選び、記号で答えましょう。

㋐ 100 m 泳ぐのにかかった時間
㋑ 1年間に海外旅行に行った人数
㋒ テニスの試合でとったとく点
㋓ プールの内の水の量

（　　　）

2 がい数を使って　右の表は、ある市の図書館の本の数を調べたものです。

図書館の本の数

	数（さつ）
東図書館	43627
西図書館	25395
南図書館	32816

❶ 3つの図書館の本の数は、あわせて約何万何千さつですか。がい算で求めましょう。

（　　　）

❷ 東図書館と西図書館の本の数のちがいは約何万何千さつですか。がい算で求めましょう。（　　　）

3 がい数を使った計算　次の計算の答えを、（　）の中までのがい数で求めましょう。

❶ 3961＋4823（千の位）（　　　）

❷ 18148−7724（千の位）（　　　）

❸ 28580×32（上から1けた）（　　　）

❹ 89698÷298（わられる数は上から2けた、わる数は上から1けた）（　　　）

4 切り捨て・切り上げを使って　下の3つの日用品を1こずつ買います。1000円で買えますか、買えないですか。それぞれの代金を切り上げて百の位までのがい数にして、答えましょう。

せんざい	480円
スポンジ	130円
歯ブラシ	250円

（　　　）

てびき

1 がい数
およその数のことを「がい数」といいます。がい数は正かくな数で表さなくてもよいときなどに使います。

2 がい数を使って
がい算で求めるので、それぞれの図書館の本の数について、百の位を四捨五入して千の位までのがい数にしてから、あわせた数やちがいを求めます。
四捨五入するには、がい数で表す位のすぐ下の位の数字が0、1、2、3、4のときは切り捨て、5、6、7、8、9のときは切り上げます。
四捨五入するときは、四捨五入する位に注意しましょう。

4 切り捨て・切り上げを使って
切り上げたときの和が1000円以下であれば買えます。

たいせつ
以下…○以下とは、○に等しいか、それより小さい数

できるナビ　がい数にする方法を正しく理かいして、何の位を四捨五入すればよいか考えましょう。

まとめのテスト

教科書 ㋦ 18～29ページ　答え 28ページ

1 四捨五入で、百の位までのがい数にしたとき、200 になる整数のはんいを、以上、以下を使って表しましょう。〔20点〕

（　　　　　　　　　　）

2 下の表は、ある動物園の入場者数を調べたものです。1つ8〔40点〕

❶ 表の人数を、四捨五入で、百の位までのがい数にして、表にかき入れましょう。

❷ 各月(かく)の入場者数をぼうグラフに表しましょう。

入場者数

	人数(人)	およその人数(人)
4月	3108	㋐
5月	6554	㋑
6月	4820	㋒
7月	5361	㋓

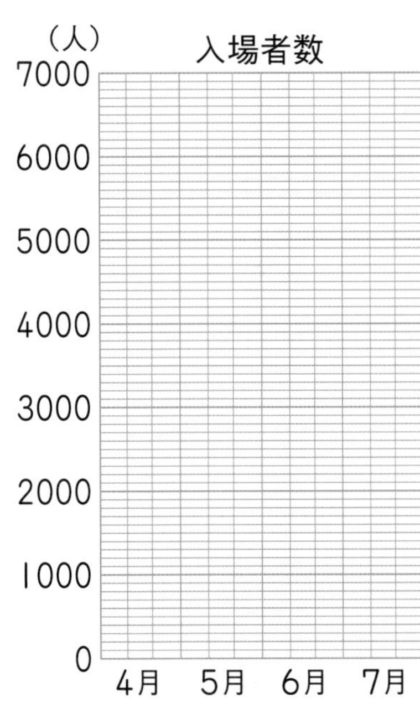

3 まいさんたちは、ハイキングで、駅から右のようなコースを歩いて１周(しゅう)しました。約何 m の道のりを歩きましたか。四捨五入で、百の位までのがい数にして見積(みつ)もりましょう。〔20点〕

駅 →(1365m)→ 滝(たき) →(1233m)→ 山頂(さんちょう) →(874m)→ お花畑 →(906m)→ お寺 →(740m)→ 博物館(はくぶつかん) →(560m)→ 駅

（　　　　　　　　　　）

4 １本 74 円のジュースを 28 本買うと、代金は約何円になりますか。四捨五入して上から１けたのがい数にして見積もりましょう。〔20点〕

（　　　　　　　　　　）

ふろくの「計算練習ノート」19ページをやろう！

チェック
□がい数を使って、ぼうグラフに表すことができたかな？
□がい数のたし算やかけ算はできたかな？

勉強した日　　月　　日

学びのワーク　わすれてもだいじょうぶ

おわったら シールを はろう

教科書 (下) 30～31ページ　答え 28ページ

きほん1　順にもどして、もとの数を求めることができますか。

☆スーパーで同じねだんのプリンを7こ買い、そのあと120円のジュースを1本買うと、プリンとジュースの代金は、全部で1100円でした。プリン1このねだんは何円ですか。

とき方　図にかいて、問題を整理して考えます。

まず、プリン7こが何円になるかを考えます。

1100－120＝□

□÷7＝□　　答え □円

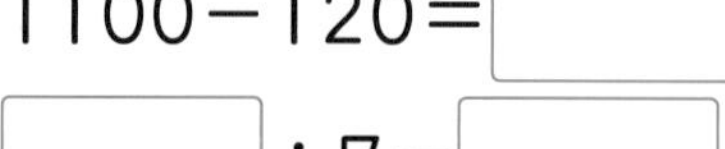

1 はるとさんのクラスでは、27人全員がお楽しみ会のかざりを同じ数ずつつくりました。そのあと、となりのクラスの人たちがつくったかざり162ことあわせたところ、かざりの数は全部で378こになりました。はるとさんのクラスでは、1人何こずつかざりをつくりましたか。　教科書 30ページ1

式

答え（　　　）

2 なしを9こ買いました。代金を100円安くしてもらって、980円はらいました。なしは、1こ何円のねだんがついていましたか。　教科書 30ページ2

❶ 右の図の続き（つづき）をかいて、問題を整理しましょう。

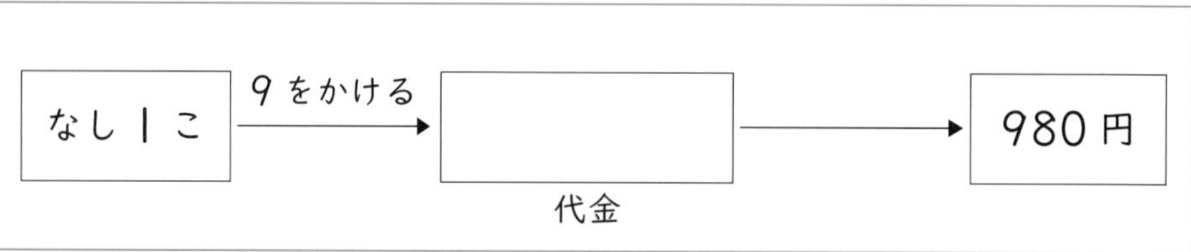

❷ なし1このねだんは何円ですか。

式

答え（　　　）

問題を整理するときは、どの順におきたことなのかを図に表してみるといいよ。一度にかき表せないときは、まずわかっていることをかいてから整理していこう。

きほん 2 順にもどして、全体の数を求めることができますか。

☆ゆうまさんのクラスでは、色紙を 28 人に同じ数ずつ配りました。そのあと、ゆうまさんは、友だちから 3 まいもらったので、ゆうまさんの色紙の数は 8 まいになりました。配った色紙は全部で何まいありましたか。

とき方 図にかいて、順にもどして考えます。

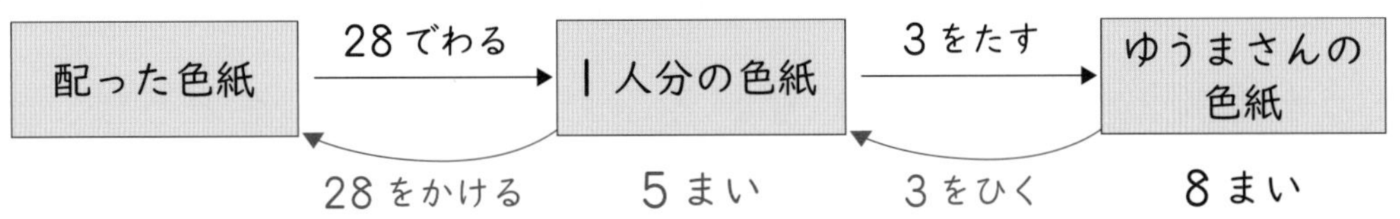

まず、| 人分の色紙が何まいになるかを考えます。

答え □ まい

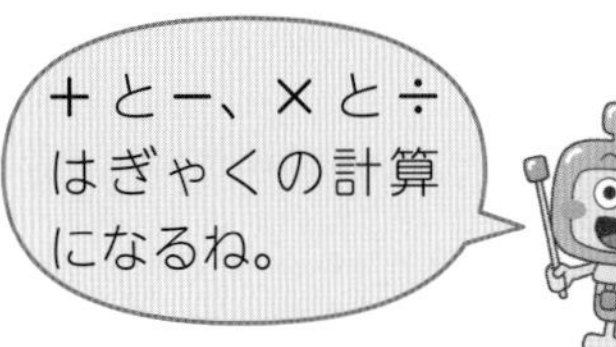

3 ただしさんの家では、もらったくりを家族 5 人で同じ数ずつに分けました。あとで、ただしさんは、お兄さんから 2 こもらったので、ただしさんのくりの数は || こになりました。もらったくりは、全部で何こありましたか。 教科書 31ページ 3

式

答え（　　　　）

4 さえさんたちは、ふくろにはいっていたあめを 6 人で同じ数ずつに分けました。すると 4 こあまってしまったので、さえさんが 4 こともらったところ、さえさんのあめの数は |8 こになりました。ふくろにはいっていたあめは、全部で何こでしたか。 教科書 31ページ 3

式

答え（　　　　）

5 ひろきさんのクラスでは、計算プリントを 26 人に同じ数ずつ配りました。ひろきさんは、きのうまでに |4 まい終わらせたので、残り（のこ）は 4 まいになりました。クラス全体で何まいの計算プリントを配りましたか。 教科書 31ページ 4

式

答え（　　　　）

ポイント まず、問題にあわせて、図に整理していきます。次に、順に | つずつもどしながら、計算をしていきましょう。

◆1 小数のかけ算

きほんのワーク

学習の目標
小数に整数をかける計算を考え、筆算ができるようになろう。

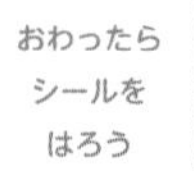

教科書 下 32〜37ページ　答え 29ページ

きほん1 小数に整数をかける計算のしかたがわかりますか。

☆さとうが 0.4 kg はいったふくろが 3 ふくろあります。さとうは、全部で何 kg ありますか。

とき方 全部の重さは、

[1ふくろの重さ]×[ふくろの数] で求めるので、式は 0.4×3 です。

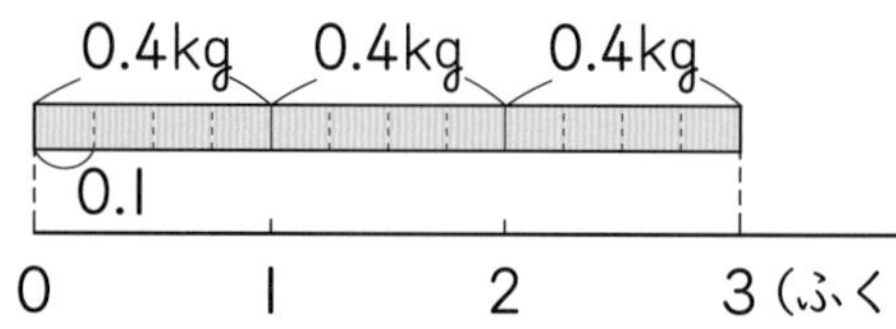

0.4 は、0.1 の □ こ分だから、

0.4×3 は、0.1 の（□×3）こ分になるから、0.4×3＝0.1×□＝□ です。

答え □ kg

1 次の計算をしましょう。　教科書 33ページ

❶ 0.3×2　❷ 0.5×7　❸ 0.3×8　❹ 0.8×5

きほん2 かけ算のせいしつを使って小数のかけ算ができますか。

☆0.06×3 の計算をしましょう。

とき方 0.01 の何こ分かを考えて計算することもできますが、かけ算のせいしつを使い、0.06 を □ 倍して、6×3 の計算をすると 18 だから、その 18 を □ でわっても、答えが求められます。

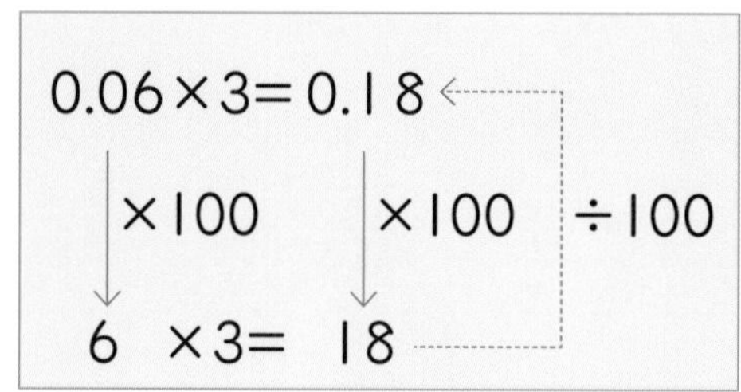

0.06×3＝□ です。

答え □

2 次の計算をしましょう。　教科書 34ページ

❶ 0.04×3　❷ 0.05×6　❸ 0.14×7　❹ 0.25×4

【1より小さい数（1）】17世紀に吉田光由という人が「塵劫記」という本に小さな数の位をかいているよ。

きほん3 小数×整数の計算のしかたがわかりますか。

☆1.6×7 の計算をしましょう。

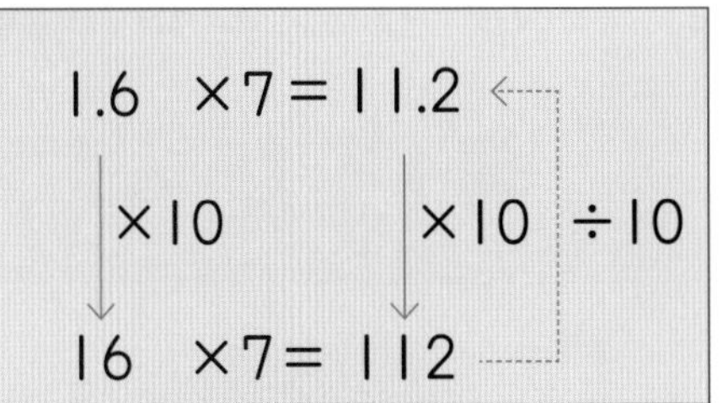

とき方 1.6 を □ 倍して、16×7 の計算をすると 112 です。その 112 を □ でわると、答えが求められます。

また、筆算は次のようにします。

```
  1.6          1.6          1.6
×   7   ➡  ×    7   ➡  ×    7
            □□□          11□2
```

小数点を考えないで、右にそろえてかく。　整数のかけ算と同じように計算する。　かけられる数の小数点にそろえて、積の小数点をうつ。

答え □

3 次の計算をしましょう。

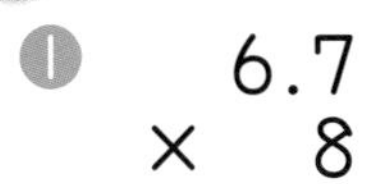

教科書 35ページ

❶ 6.7×8

❷ 1.88×4

❸ 4.5×6

❹ 0.24×3

きほん4 かける数が 2 けたになっても計算できますか。

☆1.2×56 の計算をしましょう。

とき方 かける数が 2 けたになっても、筆算のしかたは同じです。

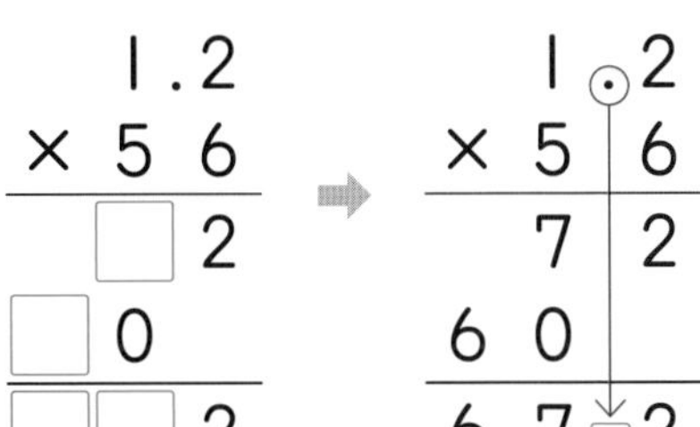

積の小数点は、かけられる数の小数点にそろえてうつことに注意します。また、小数点をうちわすれないようにします。

答え □

4 次の計算をしましょう。

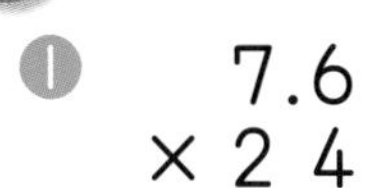

教科書 36ページ

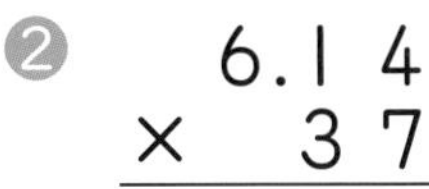

❶ 7.6×24

❷ 6.14×37

❸ 3.8×85

❹ 0.95×60

ポイント かけられる数やかける数が何けたになっても、計算のしかたは同じです。積に小数点をうつときに、うつ位置に注意します。

勉強した日　月　日

② 小数のわり算 [その1]

きほんのワーク

学習の目標

小数を整数でわる計算を考え、筆算ができるようになろう。

おわったらシールをはろう

教科書 ㊦ 38～43ページ　答え 29ページ

きほん1 小数を整数でわる計算のしかたがわかりますか。

☆3.6 m のリボンを 4 人で等分すると、1 人分の長さは何 m になりますか。

とき方 3.6m を 4 等分した 1 つ分の長さを求めるので、式は ☐ ÷4 です。

《1》3.6 は、0.1 の ☐ こ分だから、3.6÷4 は、0.1 の (☐÷☐) こ分で、3.6÷4= ☐ です。

《2》3.6÷4 のかわりに、わられる数を ☐ 倍した 36÷4 の計算をして、その商 9 を ☐ でわって求めることもできます。

答え ☐ m

1 次の計算をしましょう。

❶ 0.3÷3　❷ 8.1÷9　❸ 0.56÷8

❹ 2÷5　❺ 0.3÷5　❻ 0.4÷10

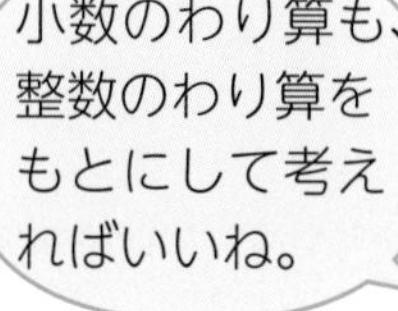

きほん2 小数を整数でわる筆算のしかたがわかりますか。

☆5.4 ÷ 3 の計算をしましょう。

とき方 わり算の筆算のしかたは、整数のときと同じです。わられる数の小数点にそろえて、商の小数点をうちます。

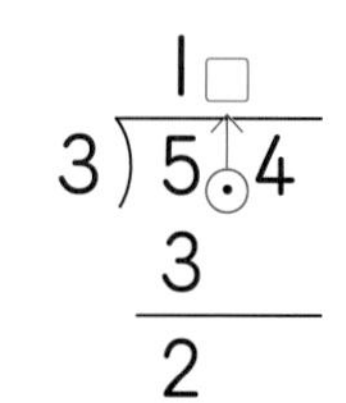

一の位の 5 を 3 でわる。

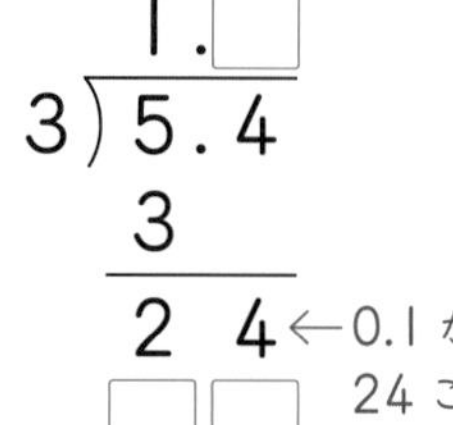

わられる数の小数点にそろえて、商の小数点をうつ。

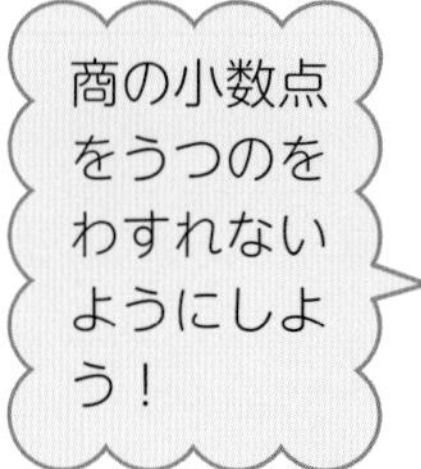

$\frac{1}{10}$ の位の 4 をおろし、24 を 3 でわる。

答え ☐

【1 より小さい数 (2)】一の位の下は、「分、厘、毛、糸、忽、微、繊、沙、塵、埃、渺、漠、模糊、逡巡、須臾、瞬息、弾指、刹那、六徳、虚空、清浄」となるよ。

2 次の計算をしましょう。　　📖教科書　41ページ

❶ $5\overline{)7.5}$

❷ $4\overline{)25.2}$

❸ $3\overline{)4.44}$

きほん3　商が１より小さくなるわり算の筆算のしかたがわかりますか。

☆1.92 L の牛にゅうを、等分して６このコップに入れます。１こ分の牛にゅうのかさは、何 L になりますか。

とき方　1.92 L を６等分した１つ分の量(りょう)を求めるので、式は［　　］÷６です。
筆算では、一の位には商がたたないから、［　　］をかいて、小数点をうってから計算を進めます。

一の位の０をわすれずにかこう。

$$\begin{array}{r} 0.\square\square \\ 6\overline{)1.92} \\ \square\square \\ \hline \square\square \\ \square\square \\ \hline \square \end{array}$$

答え　［　　］L

3 次の計算をしましょう。　　📖教科書　42ページ５６

❶ $4\overline{)0.68}$

❷ $5\overline{)0.165}$

❸ $7\overline{)0.098}$

きほん4　小数を２けたの整数でわるわり算の筆算のしかたがわかりますか。

☆91.8 ÷ 34 の計算をしましょう。

とき方　整数でわるときと同じようにします。

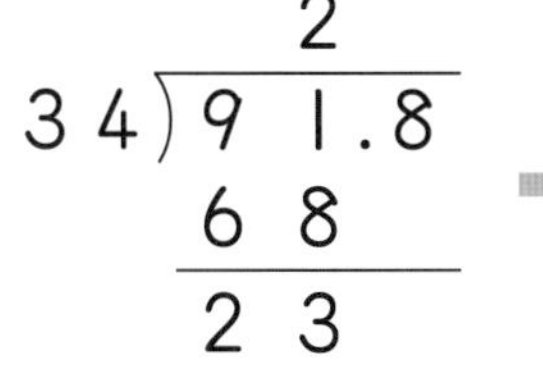

一の位に商をたてる。

$$\begin{array}{r} 2\square \\ 34\overline{)91.8} \\ 68 \\ \hline 23 \end{array}$$

わられる数の小数点にそろえて、商の小数点をうつ。

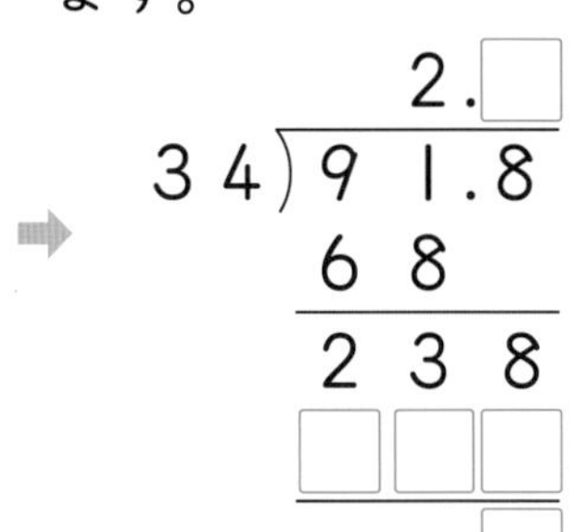

$\frac{1}{10}$ の位の８をおろし、238 を 34 でわる。

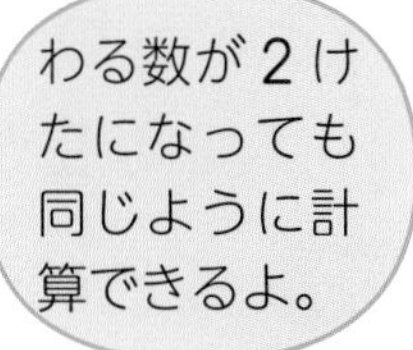

答え　［　　］

4 次の計算をしましょう。　　📖教科書　43ページ

❶ $45\overline{)85.5}$

❷ $69\overline{)48.3}$

❸ $73\overline{)2.92}$

ポイント　小数のわり算のしかたは、整数のときと同じです。商の小数点をうつのをわすれないようにしましょう。

勉強した日　月　日

② 小数のわり算 [その2]
③ 小数倍
きほんのワーク

学習の目標
小数を整数でわる、いろいろな問題になれるようにしましょう。

おわったらシールをはろう

教科書 ㊦44〜49ページ　答え 30ページ

きほん1 小数のわり算で、あまりの大きさがわかりますか。

☆74.5kgの米を6kgずつふくろに入れます。ふくろは何ふくろできて、何kgあまりますか。

とき方 74.5kgを6kgずつに分けるので、式は74.5÷6です。ふくろの数は整数だから、商は一の位まで求めます。筆算は右のようになり、あまりの小数点は、わられる数の小数点にそろえてうちます。

```
     1 □
  6)7 4.5
    6
    1 4
    1 2
      2.□
```

0.1が25こあることを表しているので、あまりは2.5になる。

答え □ふくろできて、□kgあまる。

1 商を一の位まで求め、あまりをかきましょう。また、答えのたしかめもしましょう。　教科書 44ページ3

❶ 57.4÷4　❷ 17.6÷3　❸ 76.5÷17

たしかめ（　　）　たしかめ（　　）　たしかめ（　　）

きほん2 わり進む筆算のしかたがわかりますか。

☆28.4mのロープを8等分すると、1本分の長さは何mになりますか。

とき方 28.4mを8等分した1本分の長さを求めるので、
式は □÷□ です。
28.4を28.40と考えて、わり進めていきます。

```
     3              3.5 □
  8)2 8.4  →    8)2 8.4
    2 4             2 4
      4               4 4
                      4 0
                        4 0
                        □□
                          0
```

答え □m

2 次のわり算を、わり切れるまでしましょう。　教科書 45ページ 2 3 4

❶ 4.5÷6　❷ 2.4÷16　❸ 1.3÷52

さんすうはかせ　わり算で、わり切れるまで0をつけたしてわり続けたり、商をがい数で求めたりすることがあるよ。いろいろなわり算のしかたになれることが大切だね。

きほん3 商をがい数で表すことができますか。

☆5÷3 の商を、四捨五入(ししゃごにゅう)で、$\frac{1}{10}$の位までのがい数で表しましょう。

とき方 商を $\frac{1}{10}$ の位までのがい数で表すには、

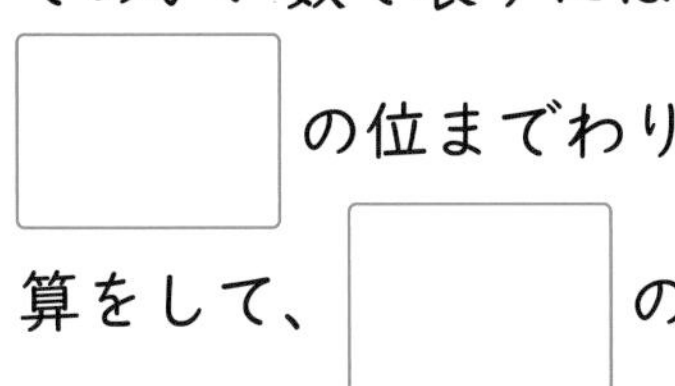

□の位までわり算をして、□の位を四捨五入します。

答え □

$$
\begin{array}{l}
3\overline{)5}\ \ \ 1.\square \\
3 \\
\hline
2\ 0 \\
\square\square \\
\hline
\ \ \square
\end{array}
\Rightarrow
\begin{array}{l}
3\overline{)5}\ \ \ 1.6\square \\
3 \\
\hline
2\ 0 \\
1\ 8 \\
\hline
\ \ 2\ 0 \\
\ \ \square\square \\
\hline
\ \ \ \ \square
\end{array}
\Rightarrow
\begin{array}{l}
3\overline{)5}\ \ \ 1.66\ (\square) \\
3 \\
\hline
2\ 0 \\
1\ 8 \\
\hline
\ \ 2\ 0 \\
\ \ 1\ 8 \\
\hline
\ \ \ \ 2
\end{array}
$$

3 次の商を、四捨五入で、$\frac{1}{10}$ の位までのがい数で表しましょう。また、上から1けたのがい数で表しましょう。

教科書 46ページ6

❶ 14÷6

$\frac{1}{10}$ の位まで ( )

上から1けた ( )

❷ 34÷18

$\frac{1}{10}$ の位まで ( )

上から1けた ( )

❸ 15.92÷19

$\frac{1}{10}$ の位まで ( )

上から1けた ( )

きほん4 小数倍の意味がわかりますか。

☆90円のガムのねだんは、20円のあめのねだんの何倍ですか。

とき方 2倍、3倍などの整数倍と同じように、2.5倍、3.5倍のように、何倍かを表す数が小数になることもあります。何倍かを求めるときは、わり算で計算するので、

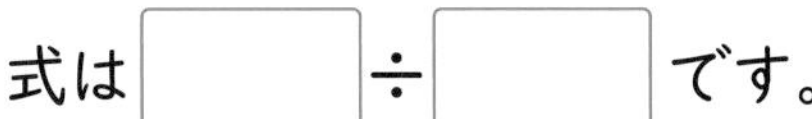

式は □÷□ です。

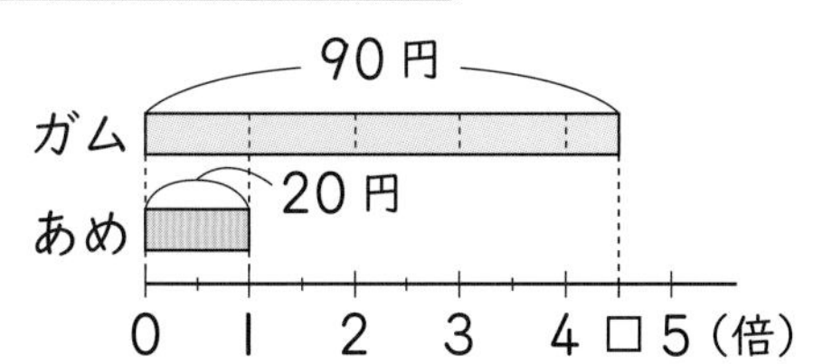

答え □ 倍

何倍かを表す数が小数になることがあるんだね。

4 ゆうこさんの家から、駅までの道のりは600m、学校までの道のりは150mです。学校までの道のりは駅までの道のりの何倍ですか。

教科書 48ページ1 49ページ2

式

答え ( )

ポイント 商がたたない位には0をかく、商にも小数点をうつことなどをわすれないようにしましょう。また、商をいろいろな位までのがい数で表せるようにしましょう。

勉強した日　　月　　日

教科書 ㊦32～51ページ　答え 31ページ

できた数　　/11問中

おわったらシールをはろう

1 小数×整数、小数÷整数　次の計算を筆算でしましょう。わり算は、わり切れるまでしましょう。

❶ 2.4×7　❷ 1.7×65

❸ 7.84×90　❹ 5.95×2

❺ 4.2÷4　❻ 41.6÷16

❼ 9.45÷45　❽ 10÷8

2 わり算のちがい　59.1 kg のねん土があります。

❶ 3等分すると、1こ分の重さは何 kg になりますか。

式

答え（　　　）

❷ 3 kg ずつのかたまりに分けると、3 kg のかたまりは何こできて、何 kg あまりますか。

式

答え（　　　）

3 小数×整数　長方形の形をした色紙はたての長さが 15.3 cm で、横の長さはたての長さの4倍あります。横の長さは何 cm ですか。

式

答え（　　　）

1 小数×整数、小数÷整数

筆算は、けた数がふえても、小数点がないものとして、整数のときと同じしかたで計算します。

たいせつ

積の小数点は、かけられる数の小数点にそろえてうちます。

商の小数点は、わられる数の小数点にそろえてうちます。

2 「3等分する」と「3kg ずつに分ける」のちがいを考えて問題をときます。❷は、3kg ずつに分けるときのかたまりの数を求めるので、商は整数になります。また、分けられない部分(あまり)が出ることに注意しましょう。

わる数×商＋あまり＝わられる数 の式にあてはめて、答えのたしかめもしよう。

できるナビ　小数のかけ算・わり算は、整数のときと同じように計算できますが、積や商の小数点のうち方には注意が必要です。

練習のワーク②

教科書 ㊦32〜51ページ　答え 31ページ

できた数 /12問中

おわったら シールを はろう

1 小数のかけ算 次の計算をしましょう。

❶ 4.52×3　❷ 2.76×59　❸ 0.85×80

2 わり進むわり算 次のわり算を、わり切れるまでしましょう。

❶ $1.89 \div 14$　❷ $32.8 \div 16$

❸ $8.7 \div 6$　❹ $3.4 \div 8$

3 商をがい数で表す 次の商を、四捨五入(ししゃごにゅう)で、$\frac{1}{100}$の位(くらい)までのがい数で表しましょう。また、上から2けたのがい数で表しましょう。

❶ $11 \div 7$　❷ $23.4 \div 55$

$\frac{1}{100}$の位まで（　　　）　$\frac{1}{100}$の位まで（　　　）

上から2けた（　　　）　上から2けた（　　　）

4 小数倍 ケーキのねだんは320円、ゼリーのねだんは200円です。ケーキのねだんは、ゼリーのねだんの何倍ですか。

式

答え（　　　）

2 わり進むわり算
わり算では、0をつけたして計算を続(つづ)けることができます。
(例(れい)) 10.5÷6
10.5を10.50と考えてわり進めていきます。

```
      1.7 5
6 ) 1 0.5 0
    6
    4 5
    4 2
      3 0
      3 0
        0
```

3 商をがい数で表す
$\frac{1}{100}$の位までのがい数で表す→ $\frac{1}{1000}$の位を四捨五入します。
上から2けたのがい数で表す→ 上から3つ目の位を四捨五入します。

上から3つ目の位は次の になるよ。
1.23
0.123

4 1.2倍や0.3倍のように、何倍かを表す数が小数になることもあります。

できるナビ 小数のしくみや計算のきまりを理かいして、小数に整数をかけたり、小数を整数でわったりできるようにします。また、いろいろなわり算の答えを求められるようにしましょう。

1 よく出る 次の計算をしましょう。わり算は、わり切れるまでしましょう。

1つ6〔48点〕

❶ 7.2×7　❷ 0.7×45　❸ 0.36×16　❹ 1.85×64

❺ $9.1 \div 7$　❻ $83.7 \div 18$　❼ $5.12 \div 5$　❽ $0.648 \div 8$

2 5円玉6まいの重さをはかったら、22.5gありました。5円玉15まい分の重さは、何gですか。

1つ7〔14点〕

式

答え（　　　　）

3 3.4Lのスポーツドリンクを、12人で等分すると、1人分の量は約何Lになりますか。商を、四捨五入で、$\frac{1}{100}$の位までのがい数で表しましょう。また、上から1けたのがい数で表しましょう。

1つ8〔24点〕

式

答え（　　　　、　　　　）

4 お茶が540mL、ジュースが600mLあります。お茶の量はジュースの量の何倍ですか。

1つ7〔14点〕

式

答え（　　　　）

□小数のかけ算やわり算ができたかな？
□商をがい数で表すことができたかな？

1 次の計算を筆算でしましょう。わり算は、わり切れるまでしましょう。1つ10〔60点〕

❶ 6.92×7　❷ 0.56×39　❸ 1.35×48

❹ $0.468\div9$　❺ $0.81\div27$　❻ $5.2\div16$

2 よく出る 次の商を一の位まで求(もと)め、あまりをかきましょう。また、答えのたしかめをしましょう。

❶ $77.3\div6$　❷ $91.5\div24$　1つ5〔20点〕

たしかめ（　　　　）　たしかめ（　　　　）

3 テープを5等分したら、1本分の長さが1.46mになりました。はじめにテープは何mありましたか。1つ5〔10点〕

式

答え（　　　　）

4 339.7gのさとうがあります。1日に14gずつ使っていくと、何日でさとうはなくなりますか。1つ5〔10点〕

式

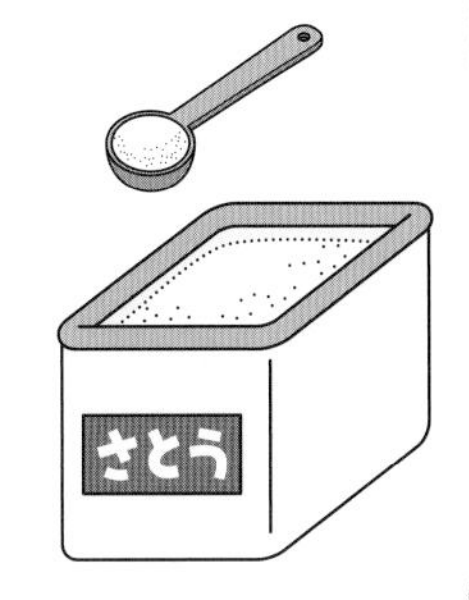

答え（　　　　）

□商を一の位まで求め、あまりを求めることができたかな？
□問題にあった答えを求めることができたかな？

ふろくの「計算練習ノート」21～24ページをやろう！

勉強した日　　月　　日

学びのワーク 明石海峡大橋のひみつ

おわったら シールを はろう

教科書 ㊦52～53ページ　答え 33ページ

きほん1 どんな計算になるかわかりますか。

☆大きいトラックは、１回に約900この荷物を運ぶことができます。これは、小さいトラックが１回に運ぶ数の約6倍です。小さいトラックは、１回に約何この荷物を運ぶことができますか。

とき方　小さいトラックで運ぶ数の□倍が900こなので、900こを□でわると、小さいトラックで運ぶ数になります。

900÷□＝□　　答え 約□こ

1 ある都市のテレビとうの高さは、約150mです。テレビとうの高さは、下にあるてんぼう台の高さの約3倍です。てんぼう台の高さは約何mですか。

教科書 53ページ1

式

答え（　　　　）

2 ある倉庫には、約1600この荷物がはいっています。この数は、となりの倉庫にはいっている数の約8倍です。となりの倉庫には、約何この荷物がはいっていますか。

教科書 53ページ1

式

答え（　　　　）

3 １この箱に品物を135こずつ入れていきます。128この箱に入れていくとき、品物はぜんぶで何こあればよいですか。

教科書 53ページ2

式

答え（　　　　）

ポイント　どんな計算になるかを考えて、問題をとけるようにしていきます。ことばの式や図をかくと、わかりやすくなります。

勉強した日 月 日

学びのワーク

おわったら シールを はろう

教科書 下 54～55ページ 答え 33ページ

きほん 1 表を使って、あてはまる組み合わせをみつけられますか。

☆えいたさん、とうまさん、しゅんさん、はるまさんは運動クラブにはいっています。4人のクラブはみんなちがっていて、バスケット、サッカー、野球、水泳でした。次のとき、水泳クラブにはいっているのはだれでしょう。

・えいたさんは、バスケットでも野球でもない。
・とうまさんは、バスケットでも水泳でもない。
・とうまさんとはるまさんは、野球ではない。

とき方 表をつくり、はいっていないクラブに×をかいて、順に考えます。右の表から、とうまさんは［　　］クラブで、野球クラブは［　　］さんとわかります。また、このことからわかる×を表にかき入れると、バスケットクラブは［　　］さん、水泳クラブは［　　］さんとわかります。

	バスケット	サッカー	野球	水泳
えいた	×		×	
とうま	×		×	×
しゅん				
はるま			×	

組み合わせをみつける問題では、表にかいて考えるとわかりやすいね。

答え ［　　］さん

1 えりさん、なおこさん、あきさん、ゆかさん、さちさんの5人が紙に１つずつかいた図形はみんなちがっていて、台形、平行四辺形、ひし形、長方形、正方形のどれかでした。次のとき、なおこさんがかいた図形は何ですか。 教科書 54ページ1 55ページ2

・えりさんの図形は、どの辺の長さもみんな同じです。
・なおこさんの図形は、向かいあう2組の辺が平行です。
・あきさんの図形は、4つの角の大きさがみんな同じです。
・ゆかさんの図形は、向かいあった１組の辺だけが平行です。
・さちさんの図形は、長さのちがう対角線がまん中の点で垂直に交わっています。

（　　　　）

ポイント まず、問題からよみとったことを１つずつ表にかきます。次に、表からよみとれることをかきたしていきます。

勉強した日　月　日

調べ方と整理のしかた

きほんのワーク

学習の目標 記録を見やすく、わかりやすく表に整理する方法を身につけよう。

おわったらシールをはろう

教科書 ㊦58～65ページ　答え 34ページ

きほん1　2つのことがらを見やすく整理する方法がわかりますか。

☆右の１か月のけが調べの記録（きろく）を、けがの種類（しゅるい）と場所の２つのことがらを調べる下の表に整理しましょう。

１か月のけが調べ

クラス	場所	種類	クラス	場所	種類
4	校庭	切りきず	2	体育館	打ぼく
2	校庭	打ぼく	1	教室	切りきず
2	校庭	打ぼく	4	体育館	打ぼく
3	教室	すりきず	3	ろうか	切りきず
1	体育館	打ぼく	1	教室	すりきず
2	校庭	切りきず	4	校庭	すりきず
4	校庭	すりきず	2	校庭	すりきず
3	校庭	打ぼく	1	ろうか	ねんざ
4	教室	切りきず	3	校庭	すりきず
2	体育館	ねんざ	4	教室	切りきず
3	教室	すりきず	2	校庭	打ぼく
4	教室	切りきず	2	教室	すりきず
3	ろうか	切りきず	1	校庭	すりきず
1	教室	切りきず	4	体育館	ねんざ
1	体育館	打ぼく	2	校庭	すりきず
2	教室	すりきず	1	教室	切りきず

けがの種類と場所別（べつ）のけが調べ（人）

種類＼場所	校庭	教室	ろうか	体育館	合計
すりきず	正一		0	0	
打ぼく	下 4		0		8
切りきず	T 2			0	10
ねんざ	0	0			
合計					

とき方 上の左の表では、１つのことがらをたてに、もう１つのことがらを横にとっています。たとえば、打ぼくを校庭でした人は、それぞれのことがらをたてと横で見て、交わったところにかくので［　］人です。

また、切りきずをした人の合計は［　］人です。　**答え** 上の左の表に記入

1 きほん1 の右側（みぎがわ）の記録を、けがをした場所とクラスの２つのことがらを調べる右の表に整理しましょう。また、けがをした人がいちばん多いのは何組ですか。

教科書 61ページ1

場所とクラス別のけが調べ（人）

クラス＼場所	校庭	教室	ろうか	体育館	合計
1組					
2組					
3組					
4組					
合計					

（　　　　）

日本では、数を数えるときに「正」の字をかきますが、アメリカでは｜を使って、1、2、3、4を数え、5つ目が横線になるよ。3→|||　5→卌　9→卌||||

2 Aチームと Bチームに分かれて、輪(わ)投げをしました。
下の表は、輪投げのとく点を表したものです。

教科書 60〜61ページ

チーム	とく点	チーム	とく点	チーム	とく点	チーム	とく点	チーム	とく点	チーム	とく点
A	9	B	7	B	10	A	10	A	7	A	10
B	8	A	10	A	9	B	7	A	6	B	9
B	9	A	7	B	8	B	7	B	10	A	8
A	8	A	8	A	7	A	8	B	8	A	8
B	10	B	9	B	9	B	10	B	9		

❶ 右の表に整理しましょう。

輪投げのとく点(人)

チーム＼とく点	10点	9点	8点	7点	6点	合計
Aチーム						
Bチーム						
合計						

❷ Aチームで人数がいちばん多かった点数は、何点ですか。

(　　　　)

3 下の右側の表は、左側の図を見て、色(白○・黒●)と形(□・○・△)の 2 つのことがらを調べる表に整理したものです。

教科書 62〜63ページ

図形の色と形調べ(こ)

色＼形	あ	い	う	合計
え	4	お	か	き
黒	3	く	5	け
合計	こ	さ	し	す

❶ 上の表を完成(かんせい)させましょう。

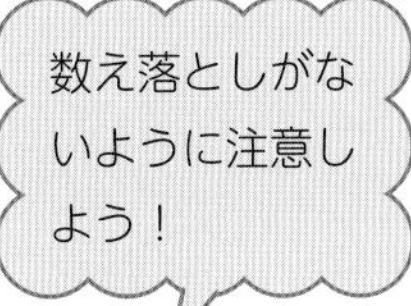

❷ ○の形と△の形ではどちらが多いですか。

(　　　　)

ポイント たて方向や横方向の合計が全体の数と同じになっているかもたしかめるようにしましょう。

勉強した日　月　日

まとめのテスト

教科書 ㊦ 58〜67ページ　答え 34ページ

時間20分　とく点 /100点　おわったらシールをはろう

1 よく出る まもるさんは、図書室にいた４年生と５年生に、名前と生まれた月をかいてもらいました。 1つ20〔40点〕

こうじ	3月	4年	りかこ	8月	5年	けんじ	2月	4年	ゆうこ	6月	4年
さゆり	12月	5年	みきこ	5月	4年	さとし	9月	4年	まもる	12月	5年
まなぶ	1月	5年	たかし	7月	5年	のぼる	1月	4年	あやか	4月	5年
るりこ	4月	4年	せいじ	3月	5年	さやか	10月	4年	ともや	6月	5年
みえこ	11月	5年	ゆきこ	10月	4年	すすむ	8月	5年	みなこ	5月	4年

❶ この記録を、２つのことがらを調べる右の表に整理しましょう。

学年別の生まれた月調べ(人)

学年＼月	4~6月	7~9月	10~12月	1~3月	合計
4年					
5年					
合計					20

❷ 人数がいちばん少ないのは、何月から何月生まれの４年生か５年生か答えましょう。

(　　　)

2 下の図形を、形と大きさで分けて、表に整理します。 1つ20〔60点〕

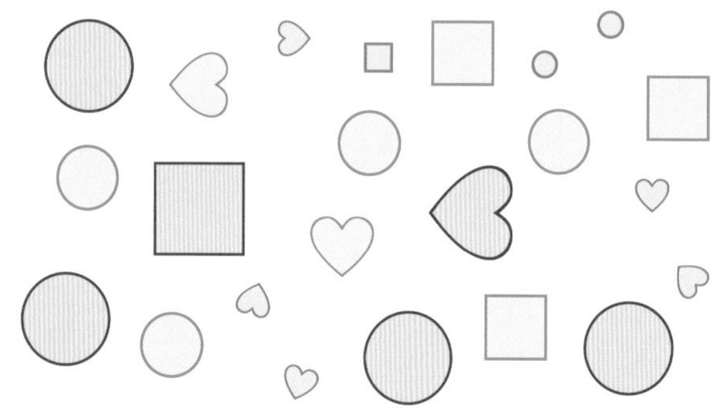

形と大きさ調べ(こ)

形＼大きさ	大	中	小	合計
○	4	㋐	㋑	10
♡	㋒	2	㋓	㋔
□	1	㋕	1	5
合計	6	㋖	8	㋗

❶ 右の表を、完成させましょう。

❷ 図形は全部で何こありますか。 (　　　)

❸ ♡の形は何こありますか。 (　　　)

チェック ☐記録を２つのことがらを調べる表にまとめることができたかな？
☐記録をまとめた表を正しくよみとることができたかな？

勉強した日　月　日

学びのワーク　どれにしようかな

おわったら シールを はろう

教科書 ㊦68〜69ページ　答え 35ページ

きほん1 なかまに分けて整理できますか。

☆子ども会の36人について、クッキーかチョコレートから1つ、こう茶かジュースから1つ選ぶ注文をきくと、下のような結果になりました。

クッキーを選んだ人……………17人
ジュースを選んだ人……………16人

このうち、クッキーとジュースを選んだ人が8人でした。チョコレートとこう茶を選んだ人は、何人ですか。

とき方 右のような表にまとめて考えます。表は、たてと横の両方から見ていくので、㋘には全体の人数の36がはいり、㋒にはクッキーを選んだ人数の□、㋗にはジュースを選んだ人数の□がはいります。これらのことから

おかし＼飲み物	こう茶	ジュース	合計
クッキー	㋐	㋑8	㋒17
チョコレート	㋓	㋔	㋕
合計	㋖	㋗16	㋘36

㋕は36−17=19、㋔は16−8=□となって、求める㋓にはいる数は

19−□=□です。　答え □人

1 4年生84人について、ハンカチとティッシュペーパーの持ち物調べをすると、次のような結果になりました。

ハンカチを持っている人……52人
ティッシュペーパーを持っている人…46人
両方とも持っていない人……14人

教科書 69ページ2

ハンカチ、ティッシュペーパー調べ(人)

		ハンカチ ○	ハンカチ ×	合計
ティッシュペーパー	○	㋐	㋑	46
ティッシュペーパー	×	㋒	14	㋓
合計		52	㋔	㋕

○…持っている、×…持っていない

❶ ハンカチを持っていて、ティッシュペーパーを持っていない人は、何人ですか。

(　　　)

❷ ティッシュペーパーを持っていて、ハンカチを持っていない人は、何人ですか。

(　　　)

ポイント 集めた記録を、2つのことがらに目をつけて表にすることがあります。表にすることによって、整理され、よみとりやすくなります。

勉強した日　月　日

◆1 1より大きい分数の表し方

きほんのワーク

学習の目標・
1より大きい分数を帯分数や仮分数に表せるようになろう。

おわったらシールをはろう

教科書 ㊦70~74ページ　答え 35ページ

きほん1 1より大きい分数の表し方がわかりますか。

☆下の数直線で、㋐、㋑、㋒、㋓にあてはまる分数をかきましょう。

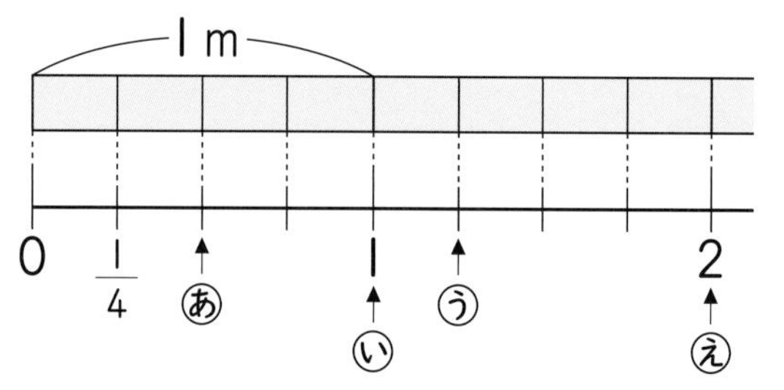

とき方　$\frac{1}{4}$mの何こ分かを考えます。

㋑　分数で表すと、分子が分母と等しくなります。

㋒　$\frac{1}{4}$mの5こ分で［　］mです。

これは1mとあと$\frac{1}{4}$mとも考えられるので、［　］mとかきます。

→「一と四分の一(いち と よんぶん の いち)」とよむ。

㋓　$\frac{1}{4}$mの8こ分で［　］mです。

これは、ちょうど2mを表します。

答え　㋐［　］m　㋑［　］m　㋒［　］m　㋓［　］m

たいせつ

$\frac{1}{4}$や$\frac{3}{4}$のように、分子が分母より小さい分数(1より小さい分数)を**真分数**(しんぶんすう)といいます。

$\frac{4}{4}$や$\frac{5}{4}$のように、分子が分母と等しいか、分母より大きい分数(1に等しいか、1より大きい分数)を**仮分数**(かぶんすう)といいます。

$1\frac{1}{4}$や$2\frac{3}{4}$のように、整数と真分数の和になっている分数を**帯分数**(たいぶんすう)といいます。

1 次の分数を真分数、仮分数、帯分数に分けましょう。　教科書 71ページ2 72ページ1

$\frac{1}{3}$、$2\frac{4}{5}$、$\frac{7}{7}$、$\frac{14}{9}$、$1\frac{1}{3}$、$\frac{5}{7}$、$\frac{7}{9}$、$3\frac{1}{2}$、$\frac{6}{5}$

1より小さい分数が真分数だね。

❶ 真分数　(　　　)

❷ 仮分数　(　　　)

❸ 帯分数　(　　　)

さんすうはかせ　$\frac{3}{3}$や$\frac{4}{4}$のように分子が分母と等しい数のときは1になるけど、$\frac{0}{0}$は1にならないんだ。これは分母が0の分数は考えないからだよ。

きほん2 帯分数と仮分数の関係がわかりますか。

☆ $\frac{12}{5}$ を帯分数に、$2\frac{3}{5}$ を仮分数になおしましょう。

とき方 $\frac{12}{5}$ は、$\frac{1}{5}$ を 12 こ集めた数です。$\frac{1}{5}$ を 5 こ集めた数が 1 だから、12÷5 の商とあまりを考えます。12÷5＝2 あまり 2 より、$\frac{12}{5}$ は、□ と $\frac{1}{5}$ を □ こあわせた数です。仮分数になおすときは、2 は、$\frac{1}{5}$ が(5×2)こだから、$2\frac{3}{5}$ は、□ を(5×2＋3)こ集めた数です。

答え $\frac{12}{5}$＝□　$2\frac{3}{5}$＝□

たいせつ

<仮分数→帯分数> 12 ÷ 5 ＝ 2 あまり 2　$\frac{12}{5}=2\frac{2}{5}$

<帯分数→仮分数> 5 × 2 ＋ 3 ＝ 13　$2\frac{3}{5}=\frac{13}{5}$

2 次の仮分数を整数か帯分数に、帯分数を仮分数になおしましょう。

教科書 73ページ2 3 74ページ4 6

❶ $\frac{7}{4}$ (　　)　❷ $\frac{19}{5}$ (　　)　❸ $\frac{18}{9}$ (　　)

❹ $1\frac{1}{4}$ (　　)　❺ $2\frac{1}{5}$ (　　)　❻ $3\frac{7}{10}$ (　　)

きほん3 分数の大きさをくらべることができますか。

☆ $\frac{13}{4}$ と $2\frac{3}{4}$ では、どちらが大きいですか。不等号を使って式にかきましょう。

とき方 $\frac{13}{4}$ を帯分数にするか、$2\frac{3}{4}$ を仮分数にしてくらべます。

《1》13÷4＝3 あまり 1 より、$\frac{13}{4}$ を帯分数にすると、□ です。

《2》4×2＋3＝11 より、$2\frac{3}{4}$ を仮分数にすると、□ です。

不等号を使って、式にして答えます。

答え $\frac{13}{4}$ □ $2\frac{3}{4}$

3 次の数の大きさをくらべ、□にあてはまる等号や不等号をかきましょう。

教科書 74ページ7

❶ $\frac{17}{5}$ □ $3\frac{2}{5}$　❷ 4 □ $\frac{23}{6}$

ポイント 分数の表し方を覚えましょう。仮分数を帯分数になおしたり、帯分数を仮分数になおせることが大切です。

勉強した日　月　日

② 分数のたし算・ひき算
③ 等しい分数

きほんのワーク

学習の目標
いろいろな分数のたし算やひき算ができるようになろう。

おわったらシールをはろう

教科書 下75〜77ページ　答え 36ページ

きほん1 分母が同じ分数のたし算やひき算がわかりますか。

☆ $\frac{3}{6}+\frac{4}{6}$ の計算をしましょう。

分母が同じ分数のたし算では、分母はそのままにして、分子だけたせばいいんだね。

とき方 $\frac{1}{6}$ が何こあるかを考えます。

$\frac{3}{6}+\frac{4}{6}=$ □

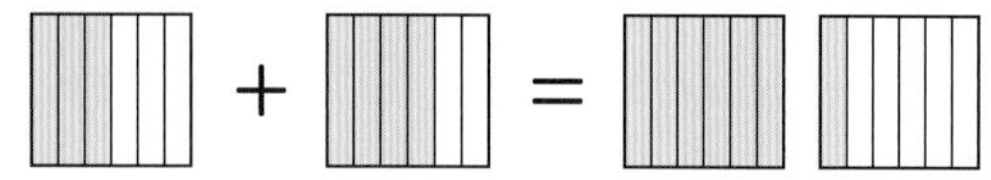

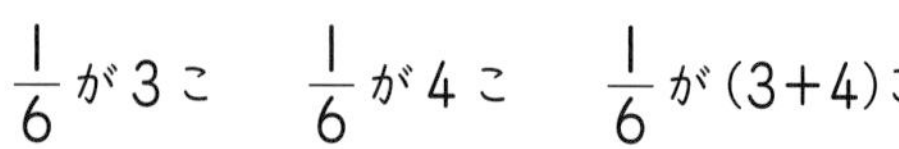

$\frac{1}{6}$ が3こ　$\frac{1}{6}$ が4こ　$\frac{1}{6}$ が(3+4)こ

答え □（□）

さんこう
答えが仮分数になったときは、そのまま答えてもかまいませんが、帯分数になおすと、大きさがわかりやすくなります。

1 次の計算をしましょう。

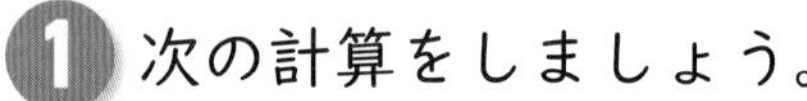

教科書 75ページ 3 4

❶ $\frac{8}{9}+\frac{3}{9}$　❷ $\frac{2}{8}+\frac{7}{8}$　❸ $\frac{6}{7}+\frac{8}{7}$

❹ $\frac{16}{9}-\frac{11}{9}$　❺ $\frac{21}{6}-\frac{13}{6}$　❻ $\frac{19}{5}-\frac{14}{5}$

きほん2 帯分数のはいったたし算やひき算がわかりますか。

☆ $2\frac{4}{5}+\frac{3}{5}$ の計算をしましょう。

とき方 $2\frac{4}{5}=\frac{□}{5}$ なので、

仮分数になおす。

$2\frac{4}{5}+\frac{3}{5}=\frac{□}{5}+\frac{3}{5}=\frac{□}{5}$

さんこう
$2\frac{4}{5}=2+\frac{4}{5}$ なので、
$2+\frac{4}{5}+\frac{3}{5}=2+\frac{7}{5}=2+1+\frac{2}{5}=3\frac{2}{5}$
と計算することもできます。

答え □（□）

さんすうはかせ
分子が1の単位分数の和で表すことができる分数があるんだ。
たとえば、$\frac{5}{6}$ は、$\frac{5}{6}=\frac{3}{6}+\frac{2}{6}=\frac{1}{2}+\frac{1}{3}$ のようにできるんだよ。

2 次の計算をしましょう。

❶ $1\frac{2}{7}+\frac{2}{7}$　❷ $1\frac{1}{8}+\frac{6}{8}$　❸ $\frac{5}{9}+3\frac{8}{9}$

❹ $1\frac{2}{9}-\frac{3}{9}$　❺ $1\frac{1}{4}-\frac{2}{4}$　❻ $2-\frac{2}{6}$

帯分数のはいった計算では、仮分数になおせば計算できるんだね。

きほん3 大きさの等しい分数をみつけることができますか。

☆右の分数の数直線を見て、$\frac{1}{2}$ に等しい分数を 4つみつけましょう。

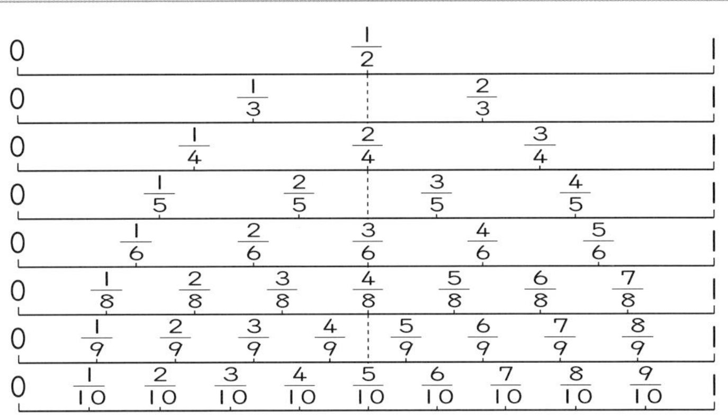

とき方 上の図で、$\frac{1}{2}$ の下を見ます。$\frac{1}{2}=\square=\square=\square=\frac{5}{10}$ です。

たいせつ
分母が 2 倍、3 倍、…となっているとき、分子も 2 倍、3 倍、…となっている分数は、大きさの等しい分数といえます。

答え □

3 きほん3の分数の数直線を見て、大きさの等しい分数を答えましょう。

教科書 77ページ1

❶ $\frac{3}{5}=\square$　❷ $\frac{3}{4}=\square$　❸ $\frac{2}{6}=\square=\square$

ポイント 分母が同じ分数のたし算やひき算は、分子で計算します。また、帯分数があるときは、帯分数を仮分数になおして計算します。

きほん2 てん開図をかくことができますか。

☆下のような直方体の箱を辺にそって切り開いた図があります。この続き（つづき）をかきましょう。

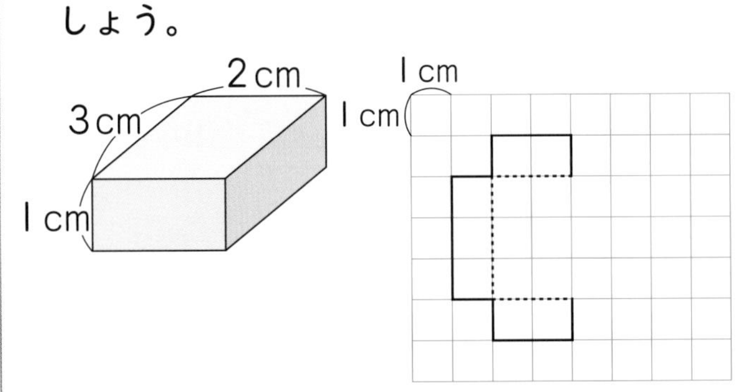

とき方 直方体や立方体などを辺にそって切り開いて、平面の上に広げてかいた図を てん開図 といいます。
切り開き方によって、いろいろなてん開図ができます。

答え 左の図に記入

2 次の図は、立方体のてん開図といえますか。 教科書 92ページ3

❶

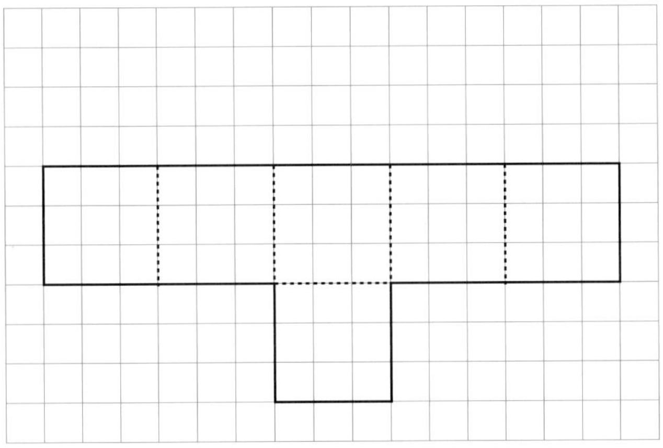

（　　　　）

❷

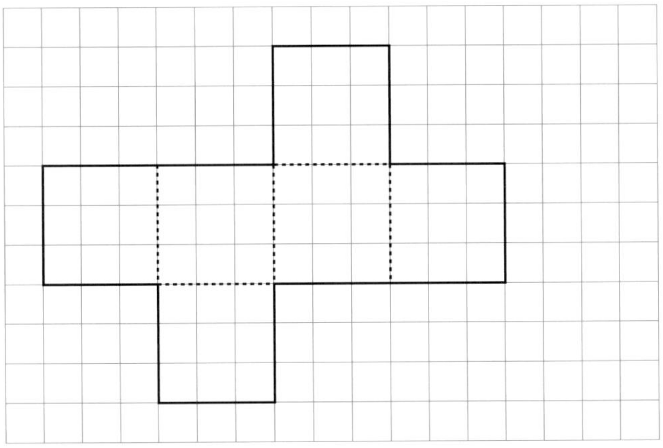

（　　　　）

3 右の立方体のてん開図を組み立てます。 教科書 93ページ5

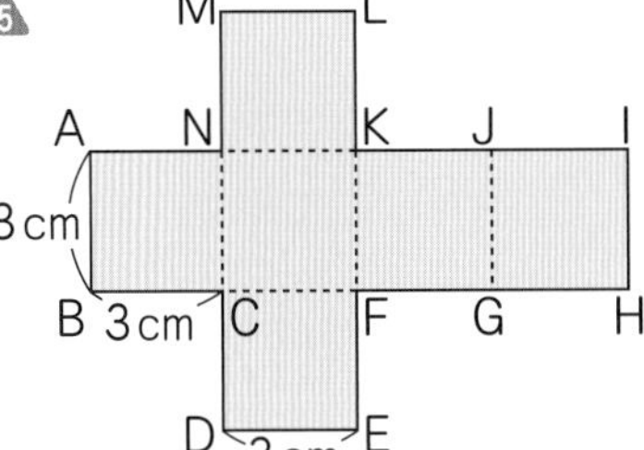

❶ 辺KJの長さは何cmですか。（　　　　）

❷ 頂点Eと重なる頂点はどれですか。（　　　　）

❸ 辺IHに重なる辺はどれですか。（　　　　）

ポイント てん開図は、その立体がどのような面から組み立てられているのかがわかります。てん開図では、切り開いた辺以外（いがい）は点線でかくことに注意しましょう。

勉強した日　月　日

❷ 面や辺の平行と垂直
❸ 位置の表し方
きほんのワーク

学習の目標
直方体や立方体の面と面、面と辺、辺と辺の関係を理かいしよう。

おわったらシールをはろう

教科書 ⓓ 94～102ページ　答え 40ページ

きほん1 直方体や立方体で、面と面、面と辺の関係がわかりますか。

☆右の直方体について、答えましょう。

❶ ㋐の面と平行な面はどれですか。

❷ ㋐の面と垂直（すいちょく）な面をすべてみつけましょう。

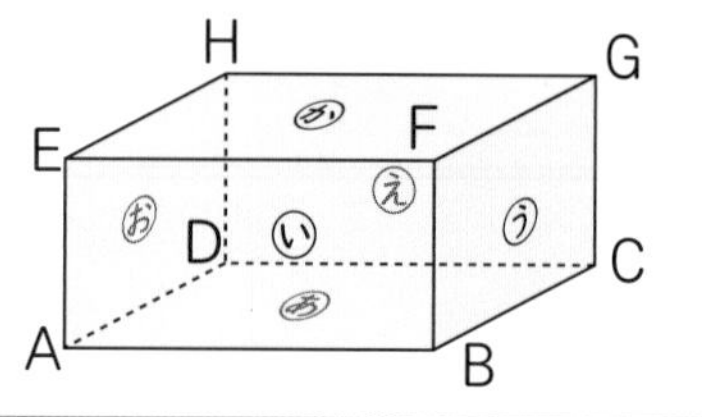

とき方 直方体や立方体では、向かいあう２つの面は［　　］で、となりあう２つの面は［　　］になっています。㋐の面と平行な面は、向かいあう［　　］の面です。㋐の面と垂直な面は［　　］つあります。

答え ❶ ［　　］の面

❷ ［　　］の面　［　　］の面　［　　］の面　［　　］の面

1 きほん1 の直方体について、辺 EF に垂直な面をすべてみつけましょう。

教科書 96ページ1　（　　　　）

きほん2 直方体の見取図がかけますか。

☆次の図に続（つづ）きをかいて、直方体の見取図（みとりず）を完成（かんせい）させましょう。

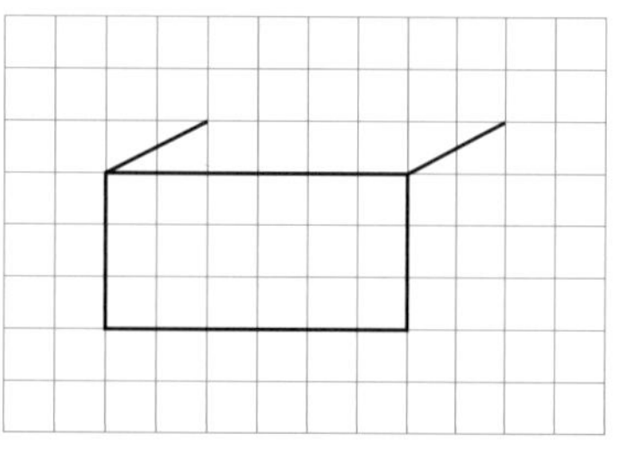

とき方 直方体や立方体などの全体の形がわかるようにかいた図を、［見取図］といいます。見取図は、ふつう次のような順（じゅん）にかきます。

1 正面の正方形か長方形をかく。

2 となりあった面をかく。

3 見えない辺は点線でかく。

答え 左の図に記入

2 右のような直方体の見取図をかきましょう。　教科書 98ページ2

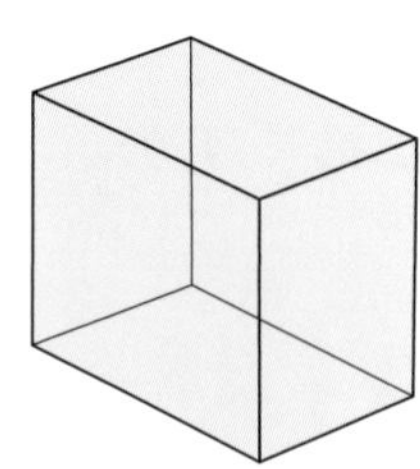

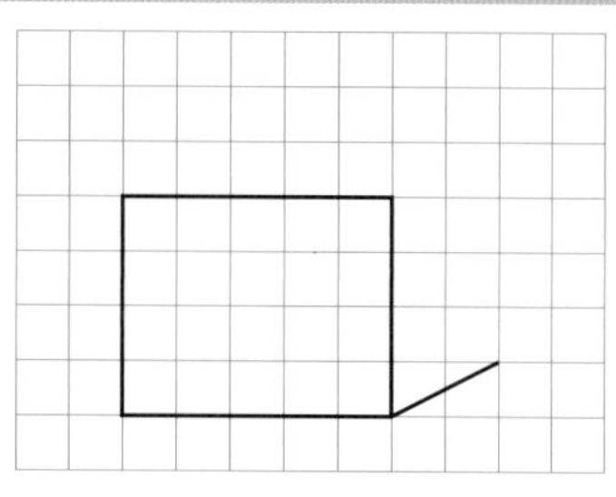

直方体の１つの辺から見て、平行や垂直にならない辺は「ねじれ」の位置（いち）にあるというんだよ。

きほん3 平面にあるものの位置の表し方がわかりますか。

☆次の図で、点アをもとにすると、◎の位置は(横 1，たて 2)のように表せます。
○の位置を表しましょう。

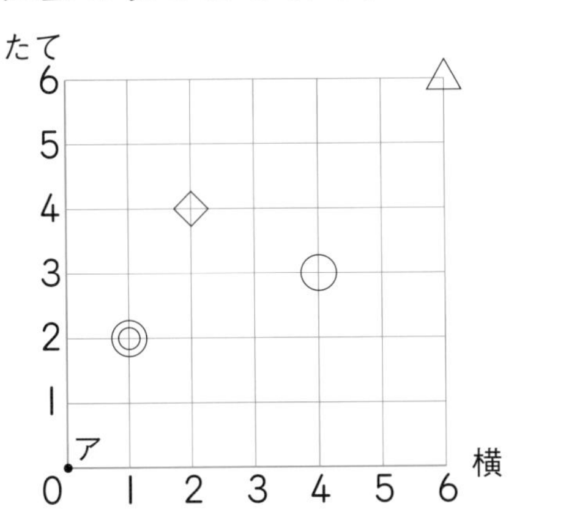

とき方 平面にあるものの位置は、2つの数の組で表すことができます。
○の位置は、点アから横に 4、たてに □ のところにあるので、この2つの数を組にして、(横 4，たて □)のように表すことができます。

答え (横 □ ，たて □)

3 きほん3 の図を見て、答えましょう。 教科書 101ページ3

❶ ◎と同じように、◇の位置を表しましょう。 (　　　　)

❷ ◎と同じように、△の位置を表しましょう。 (　　　　)

きほん4 空間にあるものの位置の表し方がわかりますか。

☆次の直方体で、頂点(ちょうてん)Aをもとにすると、頂点Gの位置は
G(横 5 cm，たて 2 cm，高さ 3 cm)
のように表せます。
頂点Cの位置を表しましょう。

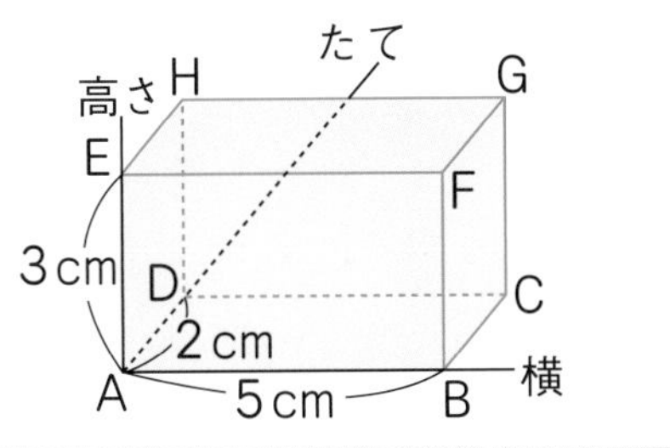

とき方 空間にあるものの位置は、3つの数の組で表すことができます。頂点Cは、点Aから横に □ cm、たてに □ cm、高さ 0 cm のところにあるので、
C(横 □ cm，たて □ cm，高さ 0 cm)
のように表すことができます。

答え C(横 □ cm，たて □ cm，
高さ 0 cm)

4 きほん4 の図を見て、頂点Gと同じように、次の頂点の位置を表しましょう。

教科書 102ページ5

❶ 頂点B　　B(横 □ cm，たて □ cm，高さ □ cm)

❷ 頂点H　　H(横 □ cm，たて □ cm，高さ □ cm)

ポイント 平面にあるものの位置は、2つの数の組で表すことができます。
(横○，たて□)、(東○，北□)などの表し方になれましょう。

勉強した日　月　日

練習のワーク①

教科書 ㊦ 89～103ページ　答え 40ページ

できた数　/10問中

おわったら シールを はろう

1 直方体と立方体　次の□にあてはまることばや数をかきましょう。

❶ 長方形や、長方形と正方形でかこまれた形を□といいます。

❷ 立方体の面の数は□で、辺(へん)の数は□で、頂点(ちょうてん)の数は□です。

❸ 立方体は□つの辺の長さできまります。

2 てん開図・面や辺の平行と垂直　右の立方体のてん開図を組み立てたとき、あの面と平行になる面はどれですか。また、あの面と垂直(すいちょく)になる面はどれですか。

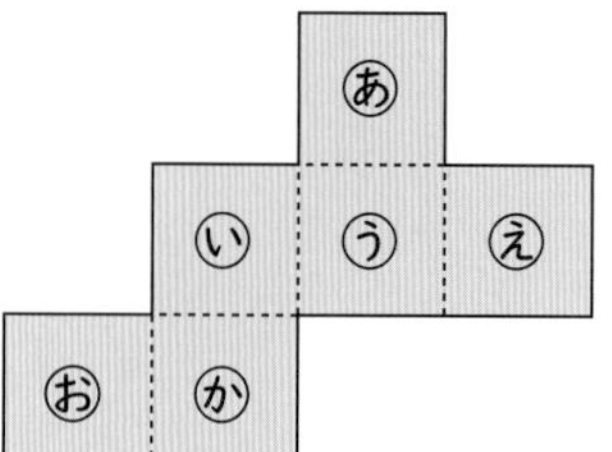

平行な面（　　　）

垂直な面（　　　）

3 位置の表し方　右の直方体で、頂点Aをもとにすると、頂点Fの位置(いち)は(横3m，たて0m，高さ5m)と表すことができます。

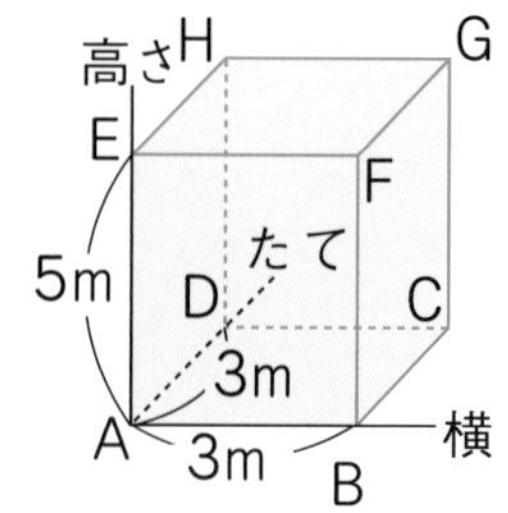
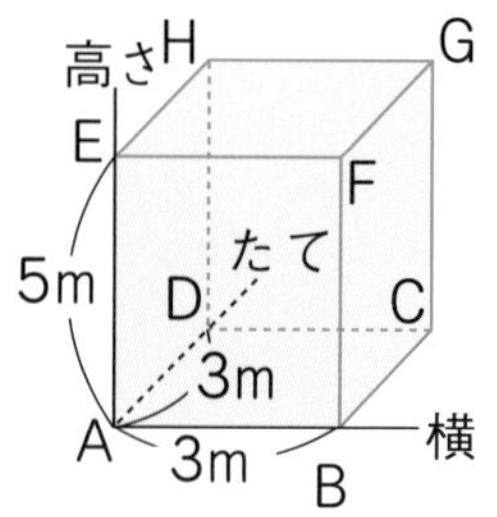

❶ 頂点Cの位置を表しましょう。

（　　　）

❷ 頂点Eの位置を表しましょう。

（　　　）

❸ 頂点Gの位置を表しましょう。

（　　　）

てびき

1 直方体と立方体

たいせつ
直方体⇒長方形や、長方形と正方形でかこまれた形
立方体⇒正方形だけでかこまれた形

2 問題のてん開図を組み立ててできる立方体の見取図は、次のようになります。

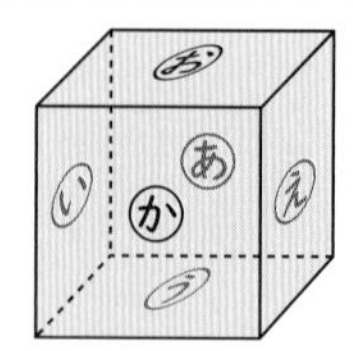

3 位置の表し方
空間にあるものの位置は、3つの数の組で表すことができます。もとにする頂点からの横、たて、高さを考えます。
頂点Cは、頂点Aから横に3m、たてに3m進んだところ(高さは0m)にあります。
頂点Eは、頂点Aから高さの分だけ進んでいるので、位置の表し方に気をつけましょう。

できるナビ　平面にあるものの位置は2つの数の組で表すことができ、空間にあるものの位置は3つの数の組で表すことができます。

練習のワーク②

教科書 ㊦ 89～103ページ　答え 41ページ

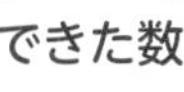

できた数 /5問中

おわったら シールを はろう

1 直方体のてん開図・見取図　たて 3 cm、横 5 cm、高さ 2 cm の直方体があります。

❶ てん開図の続(つづ)きをかきましょう。

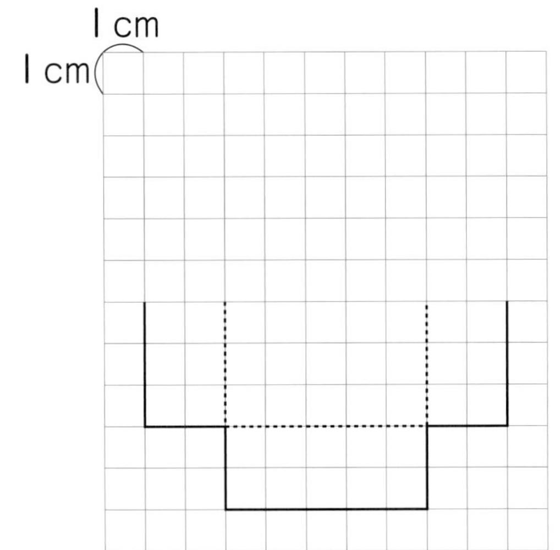

❷ 見取図をかきましょう。

2 面や辺の平行と垂直　右の図は、直方体の見取図です。

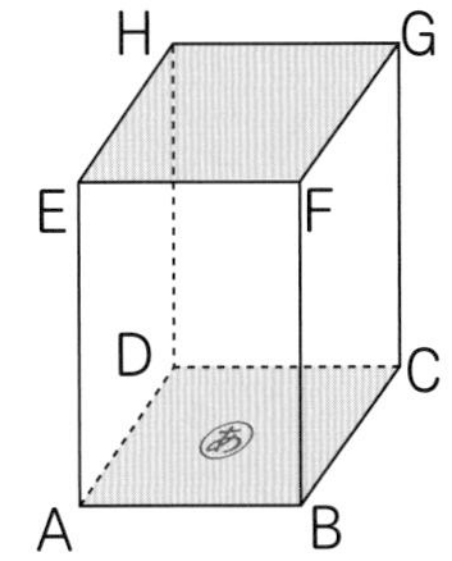

❶ ㋐の面と垂直な辺をすべてみつけましょう。

（　　　　　　　　　　）

❷ 辺AB と平行な辺をすべてみつけましょう。

（　　　　　　　　　　）

❸ 辺AB と垂直な辺をすべてみつけましょう。

（　　　　　　　　　　）

てびき

1 直方体のてん開図・見取図

てん開図のかき方
1 重なる辺は同じ長さになるようにかく。
2 切り開いた辺以(い)外(がい)は点線でかく。

見取図のかき方
1 正面のたてが 2 cm、横が 5 cm の長方形をかく。
2 となりあった面をかく。平行になっている辺は、平行になるようにかく。
3 見えない辺は点線でかく。

2 面や辺の平行と垂直

たいせつ
直方体や立方体では、**向かいあう面は平行で、となりあう面は垂直**です。

実さいに直方体をつくって、位置関(かん)係(けい)をたしかめてみよう。

できるナビ 身近にある箱などを使って、直方体の面と辺の平行や垂直の関係をたしかめましょう。
また、箱を辺にそって切り開いた図をてん開図といい、いろいろな切り開き方があります。

勉強した日　月　日

まとめのテスト

教科書 下 89〜103ページ　答え 41ページ

時間 20分　とく点 /100点　おわったらシールをはろう

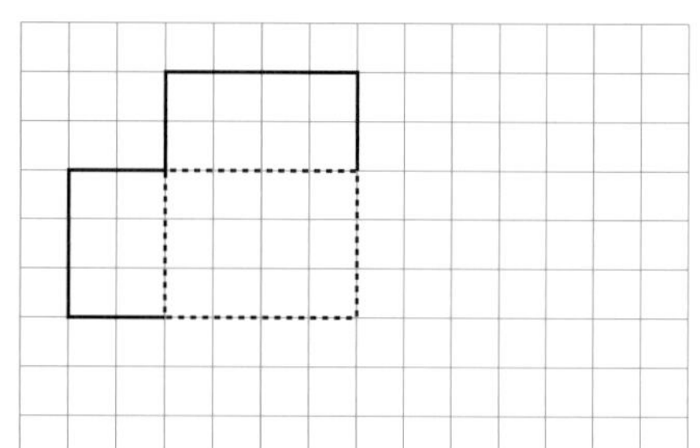

1 よく出る 右の図は、たて3cm、横4cm、高さ2cmの直方体のてん開図をかきかけたものです。続き(つづ)をかきましょう。ただし、方がんの1目もりは1cmとします。〔10点〕

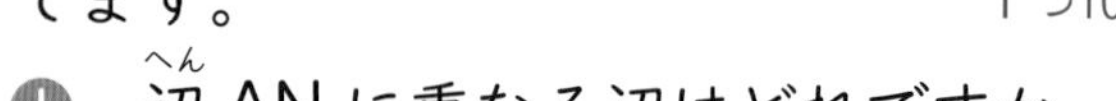

2 よく出る 右の直方体のてん開図を組み立てます。　1つ10〔70点〕

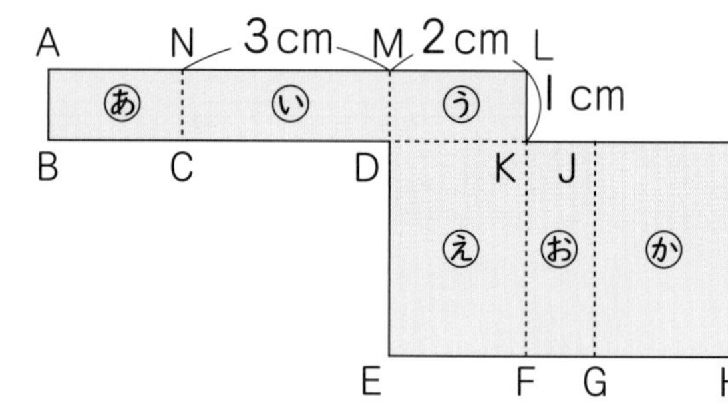

❶ 辺(へん)ANに重なる辺はどれですか。

(　　　　)

❷ 頂点(ちょうてん)Cと重なる頂点はどれですか。

(　　　　)

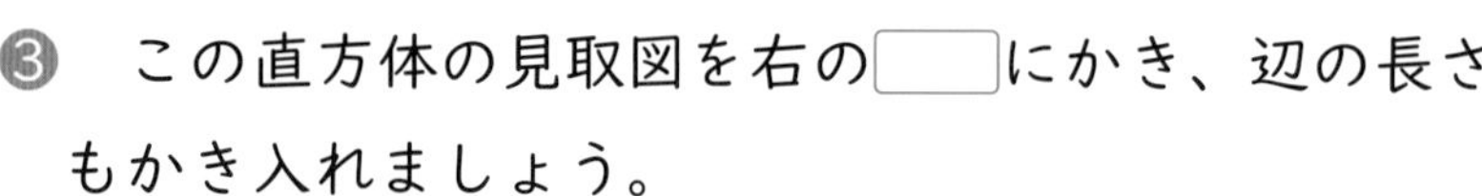

❸ この直方体の見取図を右の□にかき、辺の長さもかき入れましょう。

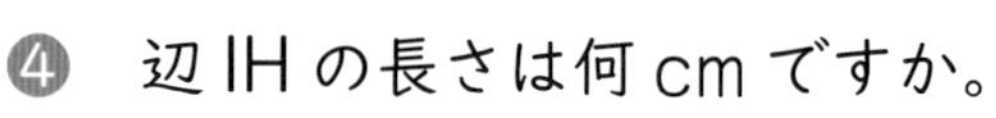

❹ 辺IHの長さは何cmですか。

(　　　　)

❺ いの面と平行な面はどれですか。(　　　　)

❻ あの面と垂直(すいちょく)な面をすべてみつけましょう。

(　　　　)

❼ 辺DEと垂直な面をすべてみつけましょう。(　　　　)

3 右の図は、立方体の積(つ)み木を積んだものです。頂点Aをもとにすると、点Bの位置(いち)は(横1，たて0，高さ2)と表すことができます。点C、頂点Dの位置をそれぞれ表しましょう。　1つ10〔20点〕

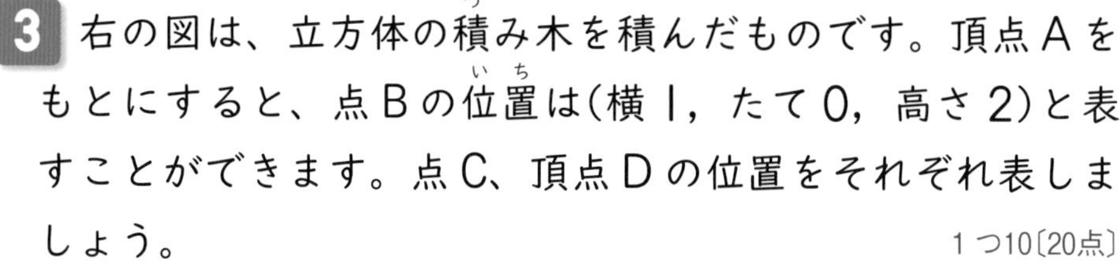

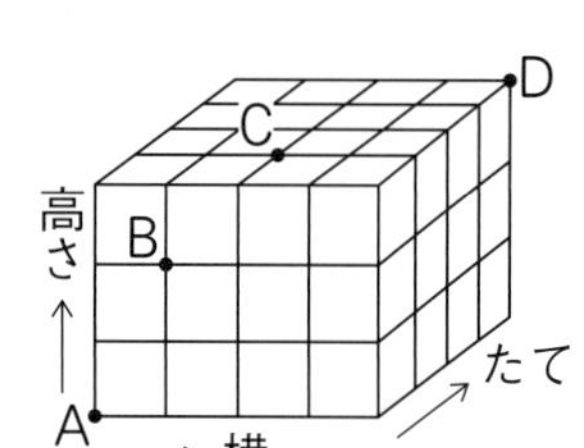

C(　　　　)　D(　　　　)

チェック
□ 直方体のてん開図を正しくかくことができたかな？
□ てん開図を組み立てたときの立体のようすがわかったかな？

勉強した日 月 日

学びのワーク

おわったら シールを はろう

教科書 下 104～105ページ 答え 42ページ

きほん1 プログラムをつくれますか。

☆うさぎとくまが手品をして、カードをふやします。下の命令(めいれい)を組み合わせて、うさぎが手を4回たたいたときのカードのまい数を求(もと)めるプログラムをかきましょう。

うさぎの手品

1回手をたたくと12まいになる。
2回目からは手をたたくと、
まい数が3まいずつふえていく。

くまの手品

1回手をたたくと2まいになる。
2回目からは手をたたくと、
まい数が3倍になっていく。

命令

まい数を□まいにする
➡□に2を入れたとき
♠ ♠

まい数を□まいふやす
➡□に3を入れたとき
♠ ♠ ♠ ♠ ♠

まい数を□倍にする
➡□に3を入れたとき
♠ ♠ ♠ ♠ ♠ ♠

いまのまい数をいう
□まい

□回くり返す
の間でくり返します。

とき方 うさぎは、1回手をたたくとカードが□まいになるので、まい数を□まいにする の□に□を入れます。2回目から4回目までの3回分は、□まいずつふえるので、まい数を□まいふやす の□に□を入れて、□回くり返す の□に□を入れます。
4回手をたたいていまのまい数をいうので、いまのまい数をいう を使います。

うさぎの手品のプログラム

まい数を□まいにする
□回くり返す
まい数を□まいふやす
いまのまい数をいう

答え 上の図に記入

1 きほん1の手品で、くまが手を6回たたいたときのカードのまい数を求めるプログラムを、ノートにかきましょう。

教科書 104ページ1

プログラミングはプログラム（コンピューターやロボットを動かす命令の組み合わせ）をつくることです。

勉強した日 月 日

学びのワーク ごみをへらそうプロジェクト

おわったらシールをはろう

教科書 下 106〜108ページ　答え 42ページ

きほん1 ごみをへらすためにどんなことができますか。

☆ひよりさんは、住んでいる西区のごみの量(りょう)について調べました。

調べてわかったこと

あ 2015年度から2019年度までのごみの量

年度	2015	2016	2017	2018	2019
全体のごみの量 (t)	54321	53149	52973	52640	52809
家庭から出されたごみの量 (t)	41067	40281	39846	39677	39765

い 2019年度に家庭から出されたごみの量は、1人について考えると、1年間に約(やく)225kgになります。

2019年度に家庭から出されたごみの量は、1人について考えると、1か月で約何kgになりますか。

とき方 いからわかることを右の図にかいて考えます。

1年間は12か月なので1か月で考えると、

□ ÷ □ = □ 四捨五入(ししゃごにゅう)で、

上から1けたのがい数にすると約 □ kgです。

12倍

1か月	→	1年間
□kg		約225kg

答え 約 □ kg

1 きほん1のあを下のグラフに表しました。全体のごみの量と家庭から出されたごみの量について、へりかたがいちばん大きいのはそれぞれ何年度から何年度の間ですか。 教科書 107ページ1

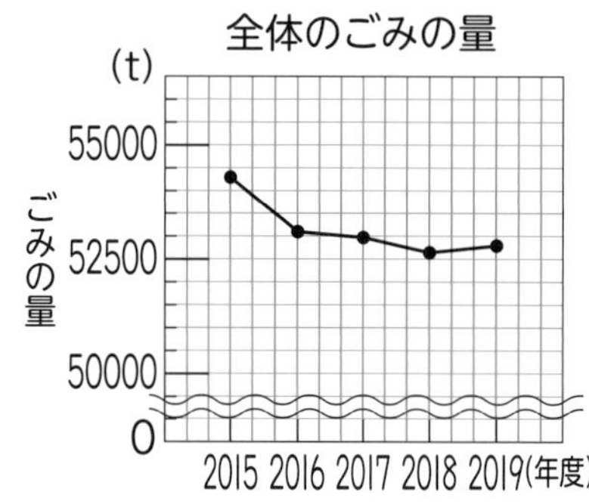

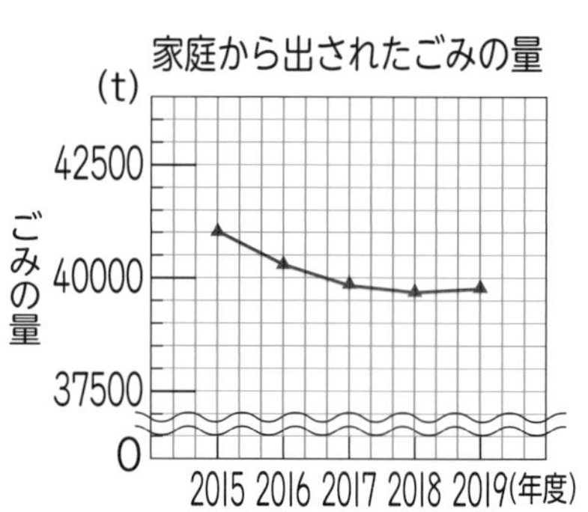

全体のごみの量（　　　　　）

家庭から出されたごみの量（　　　　　）

2019年度に出された日本全体のごみの量は約4300万tで、そのうちリサイクルなどでしげん化されたごみの量は約840万tだよ。

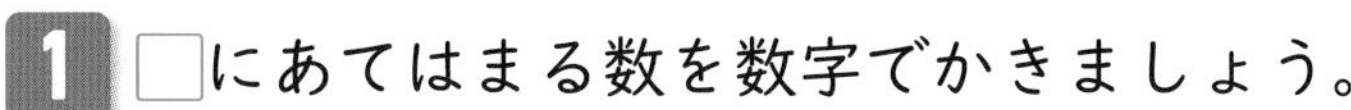

1 □にあてはまる数を数字でかきましょう。 1つ3〔6点〕

❶ 100億(おく)を280こ集めた数は □ です。

❷ 1を3こ、0.01を10こ、0.001を4こあわせた数は □ です。

2 次の計算をしましょう。わり算は、わり切れないときは商を一の位(くらい)まで求(もと)め、あまりもかきましょう。 1つ4〔24点〕

❶ 807×758　❷ 521×473　❸ 2300×50

❹ $96 \div 2$　❺ $97 \div 23$　❻ $109 \div 24$

3 20942を、四捨五入で、一万の位までのがい数にしましょう。また、上から2けたのがい数にしましょう。 1つ5〔10点〕

一万の位（　　　　）　上から2けた（　　　　）

4 次の計算をしましょう。わり算は、わり切れるまで計算しましょう。 1つ5〔60点〕

❶ $1.44 + 2.38$　❷ $7 - 3.53$　❸ 1.7×24

❹ 0.47×35　❺ $0.96 \div 24$　❻ $1.8 \div 75$

❼ $\frac{3}{6} + \frac{7}{6}$　❽ $1\frac{2}{4} + \frac{1}{4}$　❾ $3 + \frac{3}{8} + \frac{5}{8}$

❿ $\frac{8}{3} - \frac{5}{3}$　⓫ $3 - \frac{5}{6}$　⓬ $2\frac{2}{5} - \frac{4}{5} - \frac{4}{5}$

□がい数に表すことができたかな？
□小数や分数の計算のしかたがわかったかな？

まとめのテスト②

勉強した日　月　日

教科書 ㊦111ページ　答え 43ページ

時間 20分

とく点　/100点

おわったらシールをはろう

1 次の角の大きさをはかりましょう。　1つ5〔20点〕

❶　❷　❸　❹

(　　)　(　　)　(　　)　(　　)

2 次の面積(めんせき)を(　)の中の単位(たんい)で求(もと)めましょう。　1つ8〔32点〕

❶ 1辺(ぺん)が 60 m の正方形の花だんの面積（a）

式

答え(　　)

❷ 東西 5.5 km、南北 4000 m の長方形のぶどう園の面積（km^2）

式

答え(　　)

3 次の図形の面積を求めましょう。　1つ8〔48点〕

❶

式

答え(　　)

❷

式

答え(　　)

❸

式

答え(　　)

チェック✓
□ 角の大きさを、分度器(ぶんどき)を使ってはかることができたかな？
□ いろいろな面積を求めることができたかな？

勉強した日　　月　　日

まとめのテスト③

教科書 ㊦112〜113ページ　答え 44ページ

時間 20分　とく点 /100点　おわったらシールをはろう

1 右の図を見て、答えましょう。 1つ10〔30点〕

❶ 直線㋐と垂直（すいちょく）な直線は、どれですか。

（　　　　）

❷ 直線㋐と平行な直線は、どれですか。

（　　　　）

❸ 直線㋑と垂直な直線は、どれですか。

（　　　　）

2 次の四角形の名前をかきましょう。 1つ10〔50点〕

❶ 向かいあう｜組の辺（へん）だけが平行な四角形 （　　　　）

❷ 向かいあう辺の長さが等しく、2本の対角線の長さが等しい四角形

（　　　　）

❸ 辺の長さがすべて等しく、2本の対角線の長さがちがう四角形

（　　　　）

❹ 長さが等しい2本の対角線が、それぞれのまん中の点で垂直に交わる四角形

（　　　　）

❺ 長さのちがう2本の対角線がそれぞれのまん中の点で交わり、となりあう辺の長さもちがう四角形

（　　　　）

3 右の図で、スタートの点をもとにすると、◎の位置（いち）は(横｜cm，たて3cm)と表せます。 1つ10〔20点〕

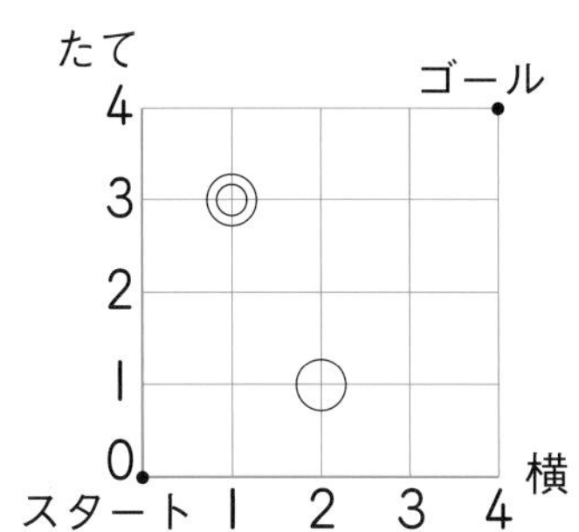

❶ ○の位置を表しましょう。

（　　　　）

❷ ゴールの点の位置を表しましょう。

（　　　　）

□平行や垂直がわかったかな？
□いろいろな四角形のとくちょうがわかったかな？

勉強した日　月　日

まとめのテスト④

時間20分　とく点　/100点　おわったらシールをはろう

教科書 下114ページ　答え 44ページ

1 下の表は、ろうそくをもやしたときの、1分ごとのろうそくの長さを表したものです。　1つ12〔36点〕

ろうそくの長さ

時間（分）	1	2	3	4	5	6
長さ(cm)	7	6	5	4	3	2

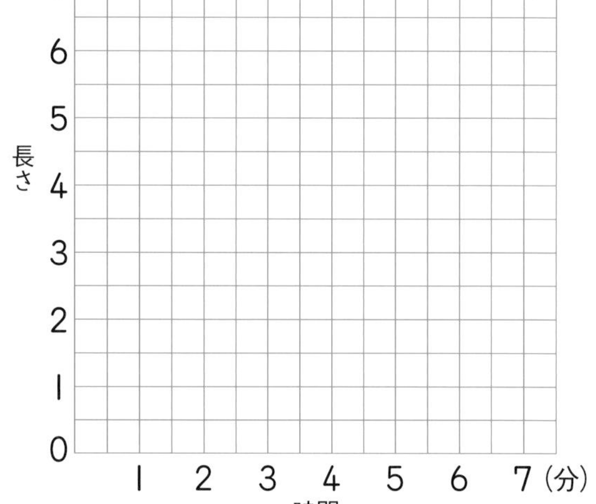

❶ この表を、折れ線グラフにかきましょう。

❷ ろうそくを7分もやすと、ろうそくの長さは何cmになりますか。

（　　　）

❸ もやす前のろうそくの長さは何cmですか。

（　　　）

2 チューリップを6本と800円の花びんを買うと、代金は1520円でした。チューリップ1本のねだんは何円ですか。　1つ12〔24点〕

式

答え（　　　）

3 4年生5人と5年生7人がパンやおにぎりを買いました。パンを買ったのは6人で、そのうち2人は4年生です。おにぎりを買った5年生は何人ですか。　〔16点〕

パン・おにぎり調べ（人）

	パン	おにぎり	合計
4年			
5年			
合計			

（　　　）

4 かぼちゃ1この重さは560gで、さつまいも1本の重さの2倍です。さつまいも1本の重さは、くり1この重さの14倍です。くり1この重さは何gですか。　1つ12〔24点〕

式

答え（　　　）

ふろくの「計算練習ノート」28～29ページをやろう！

□表をよみとって、折れ線グラフをかくことができたかな？
□表や図をかいて問題を考えることができたかな？

●勉強した日　　月　　日

名前　　とく点　　/100点

教科書　㊤10〜101ページ　答え　45ページ

1 次の角の大きさをはかりましょう。　1つ5〔10点〕

❶ (　　　　)　❷ (　　　　)

2 右の折れ線グラフは、4年1組の教室の気温の変わり方を表したものです。　1つ4〔16点〕

教室の1日の気温（5月1日調べ）

❶ 気温がいちばん高いのは、何時で、何度ですか。

時こく(　　　　)　気温(　　　　)

4 次の数のよみ方を漢字でかきましょう。　1つ5〔10点〕

❶ 6182570947

(　　　　)

❷ 3743111052000

(　　　　)

5 右の図で、直線㋐と直線㋑、直線㋒と直線㋓は、それぞれ平行です。4つの点A、B、C、Dを頂点とする四角形の名前を答えましょう。また、㋔、㋕、㋖の角の大きさは何度ですか。　1つ4〔16点〕

四角形(　　　　)　㋔(　　　　)

夏休みのテスト②

●勉強した日　　月　　日

時間30分　名前　とく点　／100点　おわったらシールをはろう

教科書　㊤10～101ページ　答え　45ページ

1 下のような三角形をかきましょう。　1つ5〔10点〕

❶

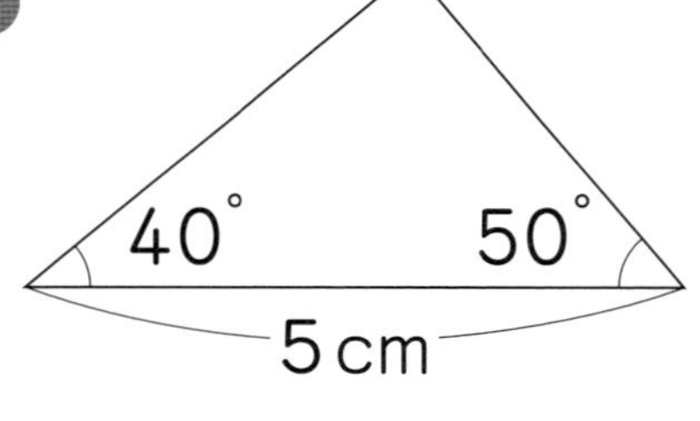

❷

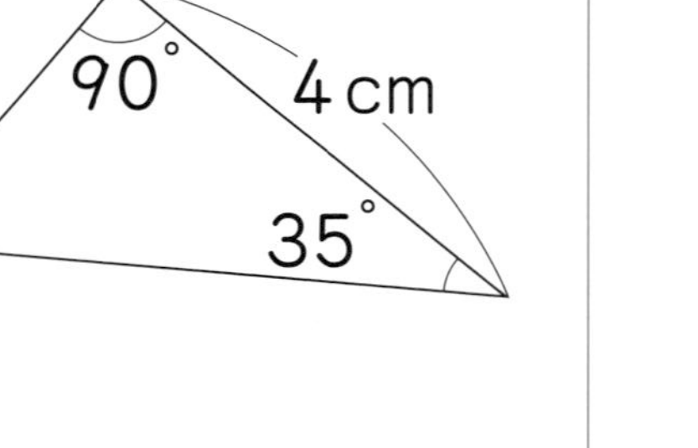

2 右の折れ線グラフは、ある市の月別の気温の変わり方を表し

（度）　月別の気温　(2019年)
30
20
10

4 次の数を数字でかきましょう。　1つ5〔10点〕

❶ 7000億の10倍の数

（　　　　　　　　）

❷ 100億を140こ集めた数

（　　　　　　　　）

5 右の長方形ABCDの図を見て、いろいろな四角形をみつけましょう。　1つ5〔15点〕

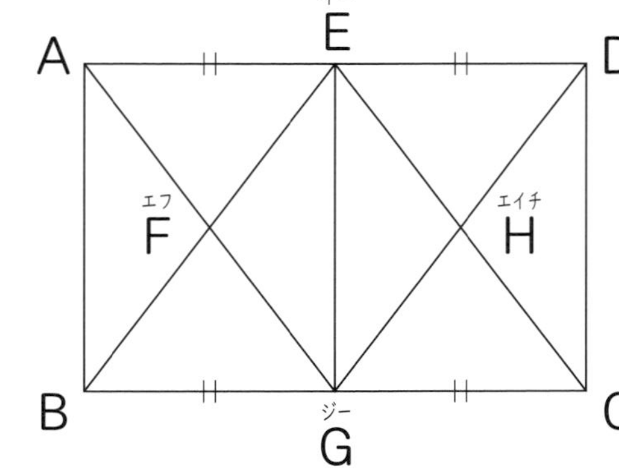

❶ 長方形は何こありますか。

（　　　　）

❷ ひし形は何こありますか。

たものです。

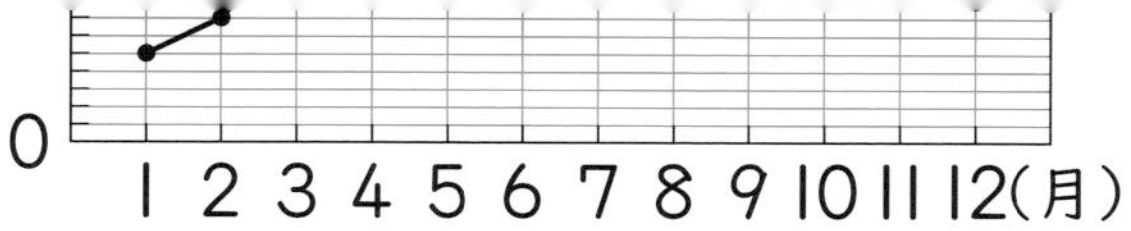

0 1 2 3 4 5 6 7 8 9 10 11 12(月)

1つ5〔15点〕

❶ 気温がいちばん低(ひく)いのは何月で、何度ですか。

月(　　　　)　気温(　　　　)

❷ 1か月の間に気温が1度上がったのは、何月から何月までの間ですか。

(　　　　　　　　)

3 次の計算をしましょう。 1つ5〔20点〕

❶ 78÷4 (　　　　)

❷ 960÷4 (　　　　)

❸ 762÷3 (　　　　)

❹ 544÷6 (　　　　)

(　　　　)

❸ 台形は何こありますか。

(　　　　)

6 次の計算をしましょう。 1つ5〔30点〕

❶ 4.67+2.83 (　　　　)

❷ 0.51+3.49 (　　　　)

❸ 23.5+0.62 (　　　　)

❹ 13.83−1.93 (　　　　)

❺ 4.23−3.65 (　　　　)

❻ 4−0.07 (　　　　)

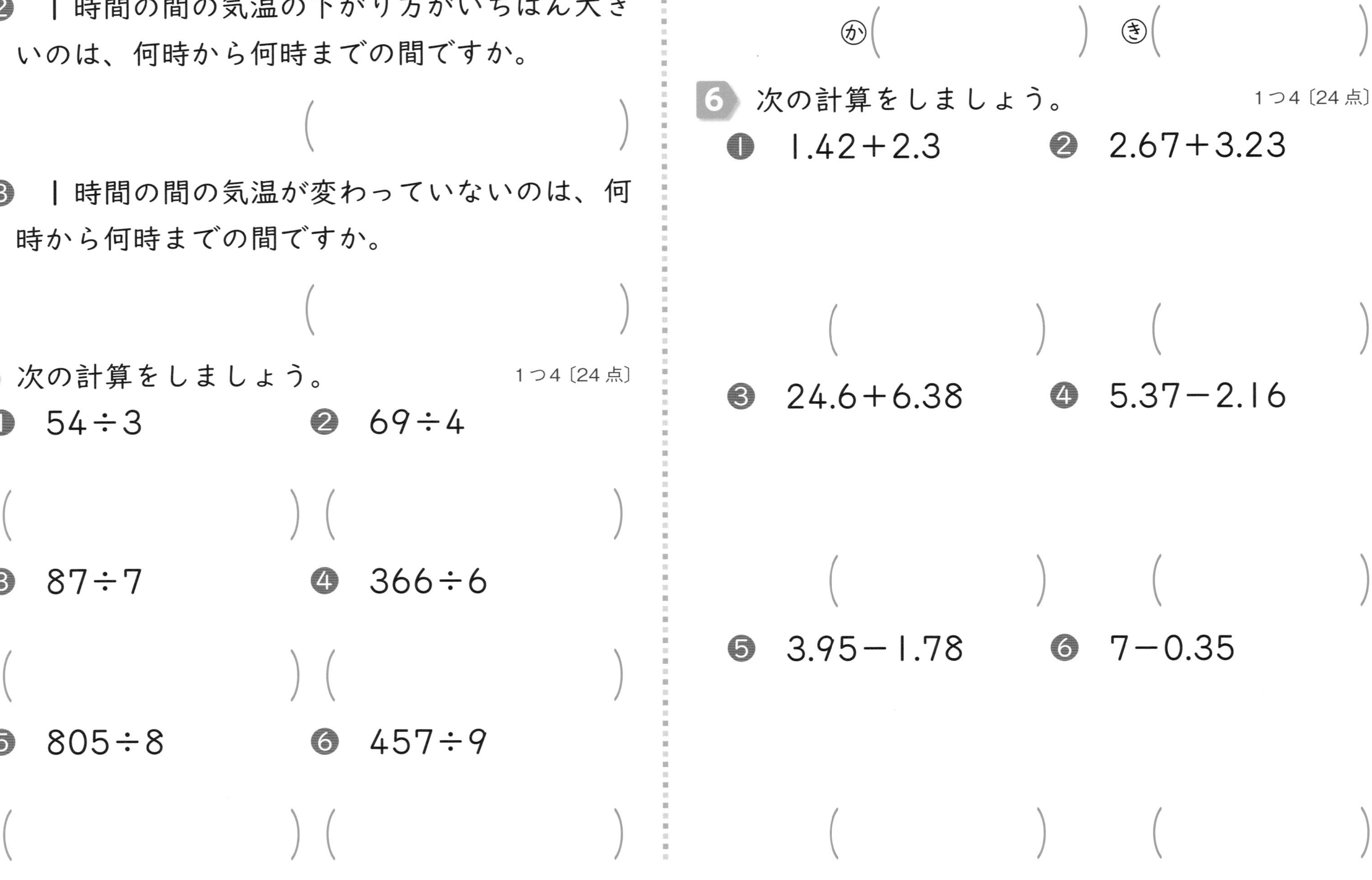

❷ Ｉ時間の間の気温の下がり方がいちばん大きいのは、何時から何時までの間ですか。

(　　　　)

❸ Ｉ時間の間の気温が変わっていないのは、何時から何時までの間ですか。

(　　　　)

3 次の計算をしましょう。 1つ4〔24点〕

❶ 54÷3 (　　　　)

❷ 69÷4 (　　　　)

❸ 87÷7 (　　　　)

❹ 366÷6 (　　　　)

❺ 805÷8 (　　　　)

❻ 457÷9 (　　　　)

ⓚ(　　　　) ⓚ(　　　　)

6 次の計算をしましょう。 1つ4〔24点〕

❶ 1.42+2.3 (　　　　)

❷ 2.67+3.23 (　　　　)

❸ 24.6+6.38 (　　　　)

❹ 5.37−2.16 (　　　　)

❺ 3.95−1.78 (　　　　)

❻ 7−0.35 (　　　　)

( )

③ 124×25

( )

④ 102×56

( )

3 右の表は、りんご１このねだんが、スーパー㋐とスーパー㋑でどれだけ高くなったかを表したものです。スーパー㋐とスーパー㋑では、どちらがねだんが高くなったといえますか。〔10点〕

スーパー㋐と㋑のねだんくらべ

	もとのねだん	いまのねだん
スーパー㋐	120円	240円
スーパー㋑	60円	180円

( )

答え( )

5 ある店のおにぎり１この重さは115gです。このおにぎり284この重さは約(やく)何kgですか。上から１けたのがい数にして見積(みつ)もりましょう。〔10点〕

( )

6 米が17.5kgあります。この米を3kgずつふくろにつめると、何ふくろできて何kgあまりますか。1つ6〔12点〕

式

答え( )

3 １こ150円のりんごと１こ200円のなし、30円の箱があります。次の式はどんな買い物をするときの代金を求める式かをかきましょう。また、そのときの代金も求めましょう。 1つ4〔16点〕

❶ 150×4＋30

（　　　）

代金（　　　）

❷ (150＋200＋30)×4

（　　　）

代金（　　　）

4 電柱の高さの８倍が、マンションの高さの64mです。電柱の高さは何mですか。 1つ4〔8点〕

式

答え（　　　）

❶ 4.3×6 （　　　）

❷ 3.14×8 （　　　）

❸ 0.57×26 （　　　）

❹ 62.54×40 （　　　）

❺ 14.8÷8 （　　　）

❻ 83.2÷32 （　　　）

❼ 4.98÷6 （　　　）

❽ 9÷12 （　　　）

●勉強した日　月　日

実力判定テスト

冬休みのテスト①

時間30分

名前　　とく点　／100点

おわったらシールをはろう

教科書　㊤102～137ページ、㊦2～55ページ　答え　46ページ

1 次の計算をしましょう。 1つ4〔16点〕

① 48÷16　② 854÷32

(　　)(　　)

③ 165÷29　④ 5658÷46

(　　)(　　)

2 わり算のせいしつを使って、次の計算をしましょう。 1つ4〔8点〕

① 6000÷50　② 48万÷6万

(　　)(　　)

5 たて36m、横50mの長方形の形をした公園の面積は何m^2ですか。また、何aですか。

式　1つ5〔10点〕

答え(　　、　　)

6 次の計算の答えを、上から1けたのがい数にして、見積もりましょう。 1つ5〔10点〕

① 493×711

(　　)

② 18963÷387

(　　)

7 次の計算をしましょう。わり算はわり切れるまでしましょう。 1つ4〔32点〕

●勉強した日　月　日

冬休みのテスト②

時間30分

名前　　とく点　／100点

おわったらシールをはろう

教科書　㊤102～137ページ、㊦2～55ページ　答え　46ページ

1 次の計算をしましょう。　1つ5〔20点〕

❶ 398÷28　（　　）

❷ 623÷43　（　　）

❸ 792÷78　（　　）

❹ 4200÷600　（　　）

2 次の計算をしましょう。　1つ6〔24点〕

❶ 42－63÷7　（　　）

❷ 14×8－(54－28)　（　　）

4 次の図形の面積を求めましょう。　1つ6〔24点〕

❶

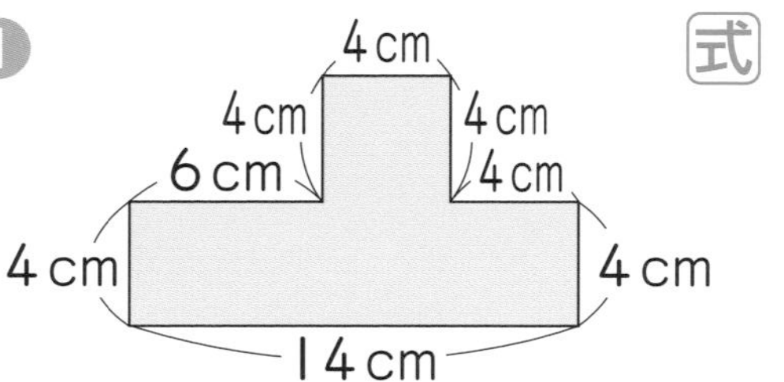

式

答え（　　）

❷

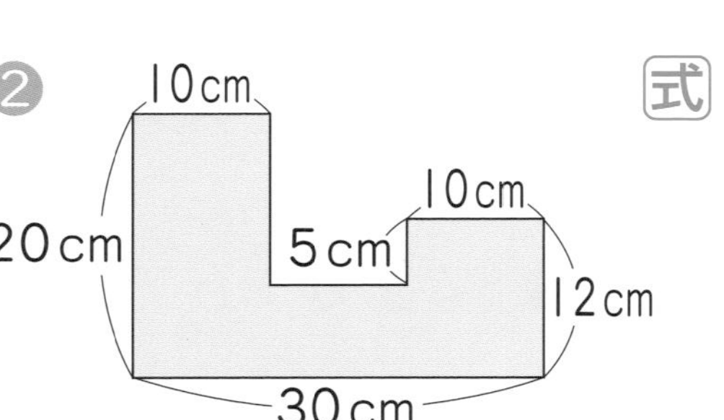

式

●勉強した日　　月　　日

実力判定テスト

学年末のテスト①

時間 30分

名前　　とく点　　/100点

おわったらシールをはろう

教科書　㊤10～140ページ、㊦2～109ページ　　答え　47ページ

1 0から9までの10まいのカードをすべて使って、10けたの数をつくりました。　1つ5〔10点〕

4　2　5　0　3　6　1　8　7　9

❶ いちばん左の数字は何の位(くらい)ですか。（　　　　　）

❷ 2は、何が2こあることを表していますか。（　　　　　）

2 次のような直線をかきましょう。　1つ6〔12点〕

❶ 点A(エー)を通って、直線㋐に垂直(すいちょく)な直線

❷ 点Aを通って、直線㋐に平行な直線

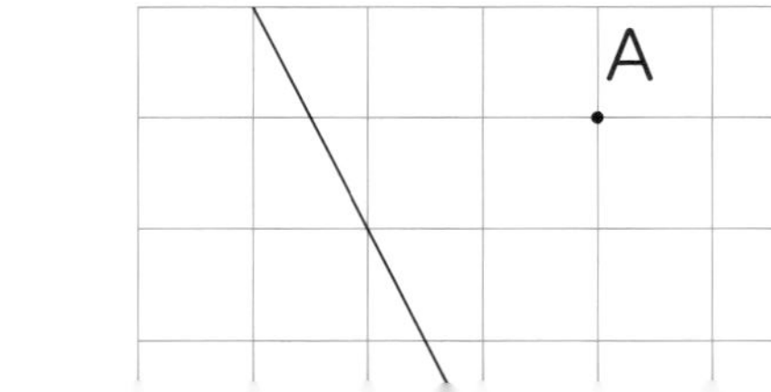

5 右の表は、4年生84人について、ハンカチとティッシュの持ち物調べをしたものです。　1つ5〔10点〕

持ち物調べ　（人）

		ハンカチ		合計
		ある	ない	
ティッシュ	ある	㋐	㋑	46
	ない	㋒	14	㋓
合計		52	㋔	㋕

❶ 表のあいているところに、数字をかきましょう。

❷ 両方ともある人と両方ともない人とでは、どちらが何人多いですか。

（　　　　　）

6 1こ120円のなしを買います。　1つ6〔18点〕

❶ 買う数と代金の関係(かんけい)を表に整理します。表のあいているところに数をかきましょう。

なしを買う数と代金

学年末のテスト②

●勉強した日　　月　　日

名前　　　とく点　　／100点

おわったらシールをはろう

教科書　㊤10～140ページ、㊦2～109ページ　答え　47ページ

1 Ⅰ組の三角じょうぎを使ってできる、㋐、㋑の角度は何度ですか。　1つ5〔10点〕

❶

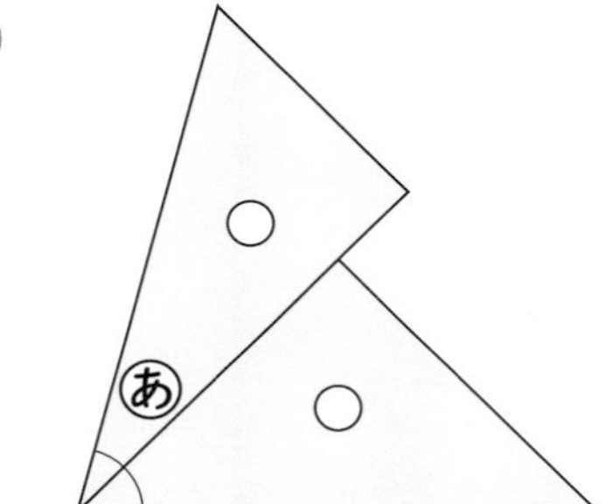

❷

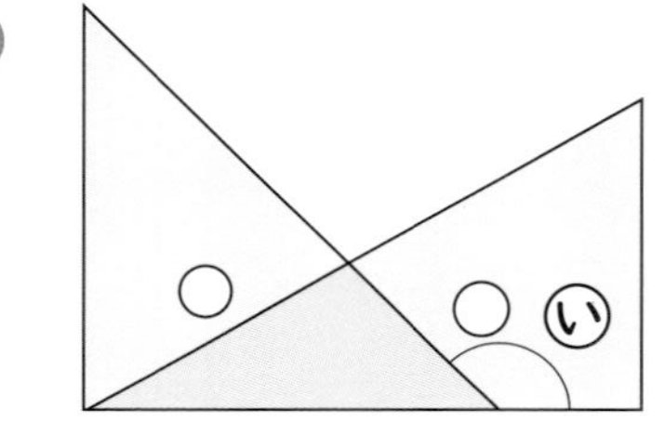
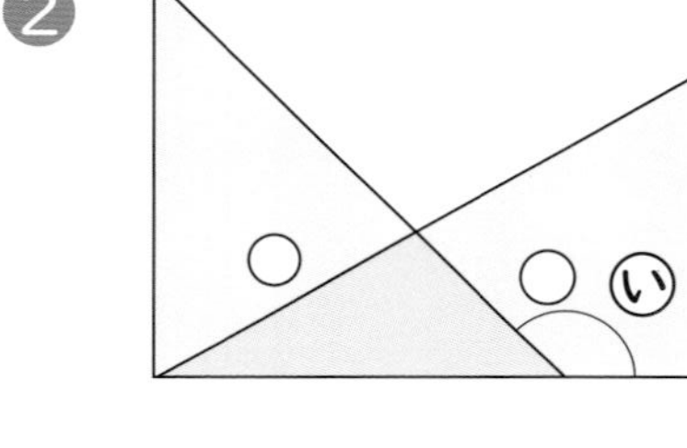

（　　　）　（　　　）

2 次の図形の面積を求めましょう。　1つ5〔10点〕

式

10m
10m
20m
20m
30m

5 計算をしましょう。　1つ6〔24点〕

❶ $\frac{4}{5}+\frac{6}{5}$　（　　　）

❷ $1\frac{3}{4}+3\frac{2}{4}$　（　　　）

❸ $\frac{9}{8}-\frac{5}{8}$　（　　　）

❹ $2\frac{1}{7}-\frac{5}{7}$　（　　　）

6 正三角形のⅠ辺の長さと、まわりの長さの関係について調べます。　1つ6〔24点〕

❶ Ⅰ辺の長さをⅠcm、2cm、3cm、…とふやしていくと、まわりの長さはどのように変わるかを、下の表に整理します。表のあいているところに数をかきましょう。

正三角形の１辺の長さとまわりの長さ

答え（　　　　）

3 次の計算の答えを、百の位(くらい)までのがい数にして、見積(みつ)もりましょう。 1つ5〔10点〕

❶ 489＋119

（　　　　）

❷ 885−287−512

（　　　　）

4 右の表は、4年3組の26人について、平泳ぎとクロールができるかできないかを調べたものです。表のあいているところに、数字をかきましょう。 〔10点〕

平泳ぎとクロール調べ　(人)

		平泳ぎ		合計
		できる	できない	
クロール	できる	㋐	㋑	㋒
	できない	㋓	3	10
合計		16	㋔	26

1辺の長さ　(cm)	1	2	3	4	5
まわりの長さ(cm)					

❷ 1辺の長さを○cm、まわりの長さを△cmとして、○と△の関係を式に表しましょう。

（　　　　）

❸ 1辺の長さが12cmのとき、まわりの長さは何cmですか。（　　　　）

❹ まわりの長さが144cmのとき、1辺の長さは何cmですか。（　　　　）

7 たて2cm、横3cm、高さ1cmの直方体のてん開図をかきましょう。ただし、1つの方がんは1辺が1cmの正方形です。 〔12点〕

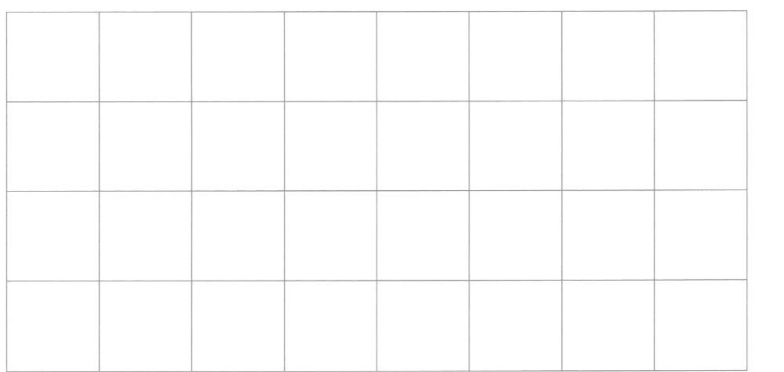

3 色紙をあきらさんは117まい、ちかさんは65まい持っています。あきらさんはちかさんの何倍の色紙を持っていますか。 1つ5〔10点〕

式

答え（　　）

4 次の計算をしましょう。わり算はわり切れるまでしましょう。 1つ5〔30点〕

❶ 5.68＋1.45　（　　）

❷ 9－3.43　（　　）

❸ 2.63×7　（　　）

❹ 84.6÷18　（　　）

❺ $3\frac{4}{5}+1\frac{3}{5}$　（　　）

❻ $3-\frac{7}{15}$　（　　）

買う数(こ)	1	2	3	4	5
代金　(円)					

❷ 買う数を○こ、代金を△円として、○と△の関係を式に表しましょう。

（　　）

❸ なしを12こ買うとき、代金は何円ですか。

（　　）

7 右の直方体について、答えましょう。 1つ5〔10点〕

❶ ㋐の面と平行な面はどれですか。

（　　）

❷ 頂点(ちょうてん)Aを通って、辺ABと垂直な辺(へん)はどれですか。

（　　）

式　　　　1つ5〔10点〕

答え（　　　）

4 みかさんのたん生日に、1こ670円のケーキと1こ260円のおかしをそれぞれ1こずつ買うことにしました。友だち3人で代金を等分すると、1人分は何円になりますか。（　）を使って、1つの式にかいて求(もと)めましょう。　　1つ5〔10点〕

（式…　　　　答え…　　　）

5 長さが40cmの白いゴムひもをいっぱいまでのばしたら120cmまでのび、長さが20cmの黒いゴムひもをいっぱいまでのばしたら100cmまでのびました。白いゴムひもと黒いゴムひもでは、どちらがよくのびるといえるでしょうか。

〔10点〕

（　　　）

（　　　）

9 5.2Lのオレンジジュースを、24人で等分すると、1人分は何Lになりますか。上から2けたのがい数で求めましょう。　　1つ5〔10点〕

式

答え（　　　）

10 家から図書館までは4kmあります。$\frac{2}{3}$kmは歩き、残(のこ)りは電車に乗ります。電車に乗るのは何kmですか。

式　　　　1つ5〔10点〕

答え（　　　）

3 水……花びんに 2.28 L はいっています。 1つ5〔20点〕

❶ 水はあわせて、何 L ありますか。

式

答え（　　　　　）

❷ 水のかさのちがいは、何 L ですか。

式

答え（　　　　　）

4 折(お)り紙が 481 まいあります。この折り紙を 13 人で同じ数ずつ分けると、1 人分は何まいになりますか。 1つ5〔10点〕

式

答え（　　　　　）

7 同じコイン 9 まいの重さをはかったら 47.7g ありました。 1つ5〔20点〕

❶ コイン 1 まいの重さは何 g ですか。

式

答え（　　　　　）

❷ コイン 16 まい分の重さは何 g ですか。

式

答え（　　　　　）

8 $2\frac{5}{7}$ L のジュースがあります。そこへ $\frac{3}{7}$ L のジュースをたすと、ジュースは全部で何 L になりますか。 1つ5〔10点〕

式

答え（　　　　　）

●勉強した日　　月　　日

実力判定テスト

まるごと 文章題テスト①

時間 30分

名前　　とく点　　/100点

おわったら シールを はろう

いろいろな文章題にチャレンジしよう！

答え 48ページ

1 0、2、4、5、9の5この数字を1回ずつ使ってできる5けたの整数のうち、3番目に小さい数をつくりましょう。〔10点〕

（　　　　　）

2 4年生は137人います。長いす1きゃくに6人ずつすわっていくと、みんながすわるには、長いすが何きゃくいりますか。1つ5〔10点〕

式

答え（　　　　　）

5 あきらさんのお兄さんが持っているシールのまい数は24まいで、これはあきらさんのまい数の4倍です。また、あきらさんのまい数は、妹のまい数の3倍です。妹はシールを何まい持っていますか。1つ5〔10点〕

式

答え（　　　　　）

6 面積が$128m^2$で、横の長さが16mの長方形の形をした畑があります。たての長さは何mですか。1つ5〔10点〕

式

答え（　　　　　）

文章題テスト②

●勉強した日　月　日

時間 30分

名前　とく点 /100点

おわったら シールを はろう

いろいろな文章題にチャレンジしよう！

答え 48ページ

1 276cm のはり金を、8cm ずつに切ると、8cm のはり金は何本できて、何cm あまりますか。

式　1つ5〔10点〕

答え（　　　）

2 640g の箱に 3.52kg のりんごを入れると、全体の重さは何kg になりますか。　1つ5〔10点〕

式

答え（　　　）

3 色紙が 735 まいあります。けんたさんのクラスの 36 人で同じ数ずつ分けると、1人分は何まいになって、何まいあまりますか。

6 ゆみさんの体重は 30kg、弟の体重は 24kg です。ゆみさんの体重は、弟の体重の何倍ですか。

式　1つ5〔10点〕

答え（　　　）

7 1辺が 300m の正方形の形をした公園の面積は何a ですか。また、何ha ですか。　1つ5〔10点〕

式

答え（　　、　　）

8 1こ 182 円のアイスクリームを 29 こ買うと、代金は約何円になりますか。上から1けたのがい数にして見積もりましょう。　〔10点〕

教科書ワーク

答えとてびき

「答えとてびき」は、とりはずすことができます。

啓林館版 算数4年

使い方

まちがえた問題は、もういちどよく読んで、なぜまちがえたのかを考えましょう。正しい答えを知るだけでなく、なぜそうなるかを考えることが大切です。

1 一億をこえる数

2・3ページ きほんのワーク

きほん1 一億、一、千

答え 一億二千六百五十三万三千四百六

1 ❶ 四億三千百八十一万五千百七十六
❷ 八千二百六十五億四千三百万七千

きほん2 千億、一兆、75、3084

答え 七十五兆三千八十四億

2 ❶ 六十四兆千三百億五百二十万
❷ 百五十四兆二千三百八十億

3 ❶ 12303900000000
❷ 5000200040000
❸ 3200000000000

きほん3 答え 4、6000、46、460、46

4 ❶ 600億、6000億、6億、6000万
❷ 20兆、200兆、2000億、200億

てびき

2 ❶ 右から4けたごとに区切ります。

兆 億 万
64|1300|0520|0000

3 ❶ 兆 億 万
12|3039|0000|0000

❷ 1兆を5こ　5000000000000
1億を2こ　200000000
1万を4こ　40000
あわせて　5000200040000

❸ 1000億を10こ集めると、位が1つ上がって1兆になるので、1000億を32こ集めると、3兆2000億になります。

たしかめよう!

4 どんな数でも、各位の数字は、
10倍するごとに位が1つずつ上がります。
10でわるごとに位が1つずつ下がります。

4・5ページ きほんのワーク

きほん1 9、1

答え 999876543210、100023456789

1 9987654321O

きほん2 95、23　答え 95、23

2 ❶ 82兆　❷ 69億

きほん3 9860000　答え 9860000

3 ❶ 846000　❷ 8460000
❸ 846億　❹ 846兆

きほん4 5、2　答え 81026

4 ❶
```
    216
  × 445
   1080
   864
  864
  96120
```
❷
```
     97
  × 364
    388
   582
  291
  35308
```
❸
```
    538
  × 106
   3228
  538
  57028
```

てびき

2 ❶ 兆をもとにするので、
48兆＋34兆＝82兆です。
❷ 億をもとにするので、
123億−54億＝69億です。

3 ❶ 470×1800＝47×18×1000
＝846000
❷ 4700×1800＝47×18×10000
＝8460000
❸ 1万×1万＝1億だから
47万×18万＝47×18×1億
＝846億

④ １万×１億＝１兆だから

47万×18億＝47×18×1兆

＝846兆

4 ③

```
  538            538
×106           ×106
 3228           3228
 000     ⟹    538
538            57028
57028
```

まん中の000はかかずに省けます。

6ページ 練習のワーク①

1 ① 二千六十八億五千九十万八千

② 七兆二百九億九千五百万四千七百

2 ① 2兆(2000000000000)

② 2兆8060億(2806000000000)

③ 3兆6000億(3600000000000)

④ 1000

⑤ 1230

3 10023456789

4 ① 110772

② 165624

③ 4536000

④ 4050000

てびき 1 右から4けたごとに区切ります。

① 億 万

206850908000

② 兆 億 万

7020995004700

2 ④ 整数は、位が１つ上がるごとに10倍になります。

１兆…1000000000000

10億… 1000000000

10億から１兆は、位が３つ上がるので、

10×10×10＝1000より、1000倍。

⑤ 1230000000＝1230×1000000と考えます。

3 いちばん上の位を0からはじめることはできないので１にして、あとは小さい数字から順にならべます。

4 ①

```
   724
  ×153
  2172
 3620
 724
110772
```

②

```
   206
  ×804
   824
 1648
165624
```

③ 6300×720＝63×72×1000

＝4536000

④ 450×9000＝45×9×10000

＝4050000

7ページ 練習のワーク②

1 ① 109000860000

② 3052003000000

③ 2400000000000

④ 6000708000000

2 あ 9300万

い １億800万

う １億1500万

え １億2000万

3 ① 5兆7000億(5700000000000)

② 9000億(900000000000)

4 ① 13120000

② 131200000

③ 1312億

④ 1312兆

1 ① 億 万

109000860000

② 兆 億 万

3052003000000

③ 24を20と4に分けて考えます。

1000億を20こ集めた数は2兆

1000億を4こ集めた数は4000億

あわせて2兆4000億

数字でかくと、2400000000000です。

④ １兆を6こ 6000000000000

１億を7こ 700000000

100万を8こ 8000000

あわせて 6000708000000

2 問題の数直線は、いちばん小さい１目もりの大きさが100万になっています。

3 ① 位が2つずつ上がるので、5兆7000億

② 位が2つずつ下がるので、9000億

4 ① 1600×8200＝16×82×10000

＝13120000

② １万×10＝100000だから

16万×820

＝16×82×100000

＝131200000

③ １万×１万＝１億だから

16万×82万

＝16×82×１億

＝1312億

④ １億×10000＝１兆だから

16億×820000＝16×82×１億×１万

＝1312×１兆＝1312兆

8ページ まとめのテスト❶

1 ❶ 500億　❷ 9500億
❸ 1兆1500億

2 ❶ 1000倍　❷ 10000倍
❸ 100000倍

3 ❶ 200570500000
❷ 804000000
❸ 2000500080000
❹ 108000000000000
❺ 34094000000000

4 ❶ 85万　❷ 85億
❸ 85兆　❹ 8億5000万

2 ❶ 100000000
100000

位が3つ上がるので、
10×10×10＝1000より、
1000倍になります。

❷ 10000000000
1000000

位が4つ上がるので、10×10×10×10＝10000より、10000倍になります。

❸ 10000000000000
100000000

位が5つ上がるので、10×10×10×10×10＝100000より、100000倍になります。

3 ❶ 二千五億七千五十万　億　万
200570500000

9ページ まとめのテスト❷

1 ❶ 2000000001
❷ 999999999999

2 ❶ <　❷ >
❸ >　❹ <

3 ❶ 350兆(350000000000000)
❷ 92兆(92000000000000)
❸ 84億(8400000000)
❹ 1500億(150000000000)
❺ 6億400万(604000000)
❻ 2703万(27030000)

4 1023456879

5 ❶
```
     372
   ×476
    2232
   2604
  1488
  177072
```
❷
```
     597
   ×812
    1194
    597
  4776
  484764
```
❸
```
     209
   ×708
    1672
  1463
  147972
```
❹
```
      63
   ×915
     315
     63
    567
   57645
```

てびき

1 ❷ 1兆は13けたの数なので、1小さい数は12けたでいちばん大きい数になります。

2 ❸ 上から3けたが同じなので、上から4けた目の千万の位の数でくらべます。

❹ 数の大小は、まずけた数を調べます。左の数は8けたの数で、右の数は9けたの数なので、右の数のほうが大きくなります。

4 いちばん小さい整数…1023456789
2番目に小さい整数…1023456798

❷ 折れ線グラフ

10・11ページ きほんのワーク

きほん1 17、1、2、2、21
答え 17、1、2、2、21

1 ❶ 22度
❷ 午後2時、29度
❸ 午後4時から午後6時までの間

きほん2 気温、直線

答え

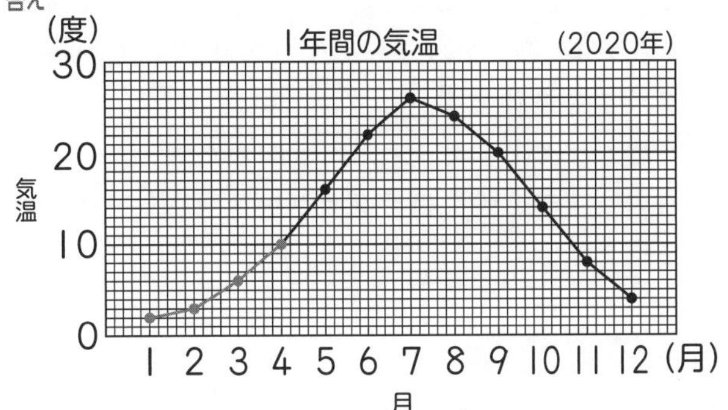

2

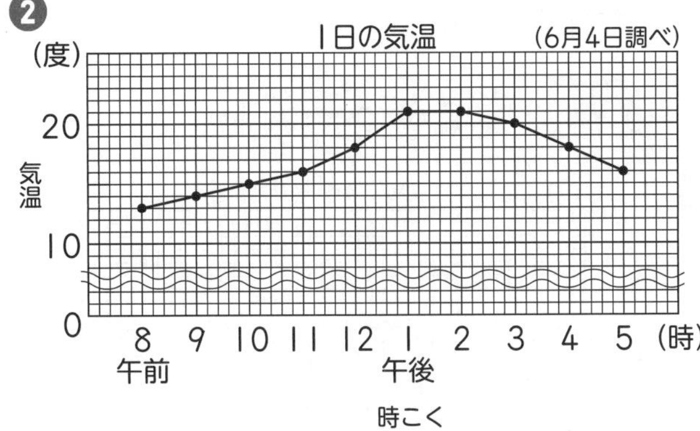

てびき ❶ ❸ 線のかたむきが右下に下がっているところは、気温が下がっています。2つの時間のうち、線のかたむきが急なところは午後4時から午後6時までの間です。
❷ 10度より低い気温のときがないので、〰の印を使って、10度までの目もりを省くことができます。表題もわすれずにかきましょう。

たしかめよう!
❶ 折れ線グラフでは、線のかたむきで、変わり方がわかり、線のかたむきが急なところほど、変わり方が大きいことを表しています。

12ページ 練習のワーク

1 あ、う
2 ❶ 月…8月
気温…32度
❷ 月…12月
こう水量…40mm
❸ 気温…20度
こう水量…120mm
❹ 2月から6月の間

てびき ❶ えは、いろいろな場所の気温なので、折れ線グラフにはむいていません。いやおは、ぼうグラフにするとくらべやすくなります。
❷ 折れ線グラフとぼうグラフが1つになったグラフもあります。
左のたてのじくと折れ線グラフが気温、
右のたてのじくとぼうグラフがこう水量を表しています。

たしかめよう!
❷ 折れ線グラフは、線のかたむきで変わり方のようすがわかります。

13ページ まとめのテスト

1

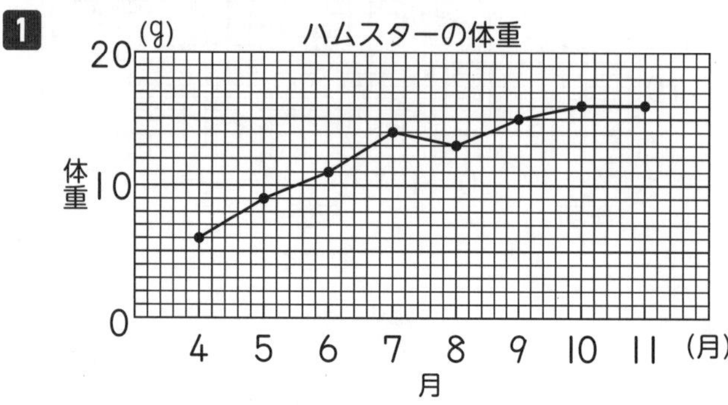

2 ❶ 19、23
❷

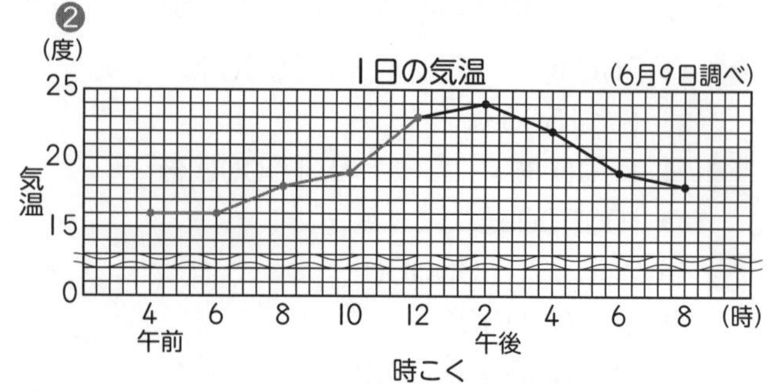

3 正しくない

てびき **3** 2つの折れ線グラフのたての1目もりが表す大きさがそろっていないことに注意しましょう。
あといの折れ線グラフを見ると、3月から4月までの間で売れた数は、理科事典が12さつ、絵本が14さつふえています。理科事典のほうが絵本よりふえ方が小さいので、正しくありません。

3 1けたでわるわり算の筆算

14・15ページ きほんのワーク

きほん1 6、1、1、3、13　　答え 13
1 式 96÷8=12　　答え 12こ
2 ❶ 13　❷ 12　❸ 45　❹ 25
きほん2 76、2
3➡1➡6➡8、1、6、0　　答え 38
3

```
❶    15      ❷    27      ❸    15      ❹    28
  3)45         2)54         4)60         3)84
    3            4            4            6
    15           14           20           24
    15           14           20           24
     0            0            0            0

❺    37      ❻    15      ❼    46
  2)74         5)75         2)92
    6            5            8
    14           25           12
    14           25           12
     0            0            0
```

てびき ❶ 1人分の数を求めるので、わり算で計算し、式は96÷8です。
96を10のまとまりと6に分けて計算します。10のまとまり9こを8人で分けると、
9÷8=1あまり1より、
1人分は、1まとまり(10こ)で、1まとまりあまります。あまった1まとまり(10こ)と6こをあわせた16こを8人で分けると、
16÷8=2より、1人分は2こです。
1まとまり(10こ)と2こをあわせて、1人分は12こになります。

16・17ページ きほんのワーク

きほん1 95、4

2➡1、5➡3、3　23、3　　答え 23、3

❶ ❶
```
  29
2)59
  4
  19
  18
   1
```
❷
```
  18
5)92
  5
  42
  40
   2
```
❸
```
  19
4)78
  4
  38
  36
   2
```
たしかめ 2×29+1=59　たしかめ 5×18+2=92　たしかめ 4×19+2=78

きほん2 3➡9　　答え 23

❷ ❶
```
  24
2)48
  4
   8
   8
   0
```
❷
```
  20
4)82
  8
   2
   0
   2
```
❸
```
  30
3)91
  9
   1
   0
   1
```
この部分は、かかずに省くことができます。

きほん3 1➡4➡8、3　　答え 148 あまり 3

❸ ❶
```
  157
5)785
  5
  28
  25
   35
   35
    0
```
❷
```
  113
6)679
  6
   7
   6
   19
   18
    1
```
❸
```
  114
8)912
  8
  11
   8
   32
   32
    0
```
てびき ❸ ❷ 筆算のとちゅう、ひいて0になるときは、その0はかかずに、となりの数をおろして計算を進めます。

18・19ページ きほんのワーク

きほん1 1➡0、0➡7、1　　答え 107 あまり 1

❶ ❶
```
  309
3)927
  9
   27
   27
    0
```
❷
```
  107
8)856
  8
   56
   56
    0
```
❸
```
  106
6)640
  6
   40
   36
    4
```
❹
```
  208
2)417
  4
   17
   16
    1
```
きほん2 6➡9、3　　答え 69 あまり 3

❷ ❶
```
   67
2)134
  12
   14
   14
    0
```
❷
```
   77
4)310
  28
   30
   28
    2
```
❸
```
   54
7)378
  35
   28
   28
    0
```
❹
```
   34
3)102
   9
   12
   12
    0
```
❺
```
   90
6)542
  54
    2
```
❻
```
   50
9)453
  45
    3
```
❸ 式 574÷7=82　　答え 82円

きほん3 10、8、18　　答え 18

❹ ❶ 13　❷ 11　❸ 49　❹ 17

てびき ❷ (3けた)÷(1けた)の筆算で、百の位に商がたたないときは、十の位の数までふくめた数のわり算を考えます。

❺ 筆算の最後の2はわる数の6より小さいので、あまりになります。

このとき、商の一の位に0をかきわすれないようにしましょう。

❸ 7本分の代金 ÷ 本数 = 1本分のねだん だから、式は574÷7です。

筆算は、右のようになります。
```
   82
7)574
  56
   14
   14
    0
```
❹ ❶ 39を30と9に分けて考えます。

30÷3=10
9÷3= 3　あわせて 13

❸ 98を80と18に分けて考えます。

80÷2=40
18÷2= 9　あわせて 49

20ページ 練習のワーク❶

❶ ❶
```
  15
5)79
  5
  29
  25
   4
```
❷
```
  17
3)51
  3
  21
  21
   0
```
❸
```
  30
2)61
  6
   1
```
❹
```
  133
7)932
  7
  23
  21
   22
   21
    1
```
❺
```
  205
4)820
  8
   20
   20
    0
```
❻
```
   41
6)248
  24
    8
    6
    2
```
❷ 式 83÷5=16 あまり 3

答え 16本できて、3cm あまる。

❸ 式 144÷3=48　　答え 48人

てびき

❷ [全体の長さ]÷[1本分の長さ]＝[できる数]だから、式は 83÷5 です。筆算は、右のようになります。

```
   16
5)83
  5
  33
  30
   3
```

❸ [全部の数]÷[バスの数]＝[1台分の数]だから、式は 144÷3 です。筆算は、右のようになります。

```
   48
3)144
  12
   24
   24
    0
```

21ページ 練習のワーク❷

1 ❶
```
   14
6)85
  6
  25
  24
   1
```
たしかめ 6×14＋1＝85

❷
```
   18
5)94
  5
  44
  40
   4
```
たしかめ 5×18＋4＝94

❸
```
   104
4)418
  4
   18
   16
    2
```
たしかめ 4×104＋2＝418

❹
```
   50
6)305
  30
    5
```
たしかめ 6×50＋5＝305

2 ❶ 19　❷ 32　❸ 39

3 式 186÷7＝26 あまり 4

答え 26 箱できて、4 こあまる。

てびき

❷ わられる数を 2 つに分けて考えます。

❷ 96 を 90 と 6 に分けて考えます。
90÷3＝30
6÷3＝ 2　あわせて 32

❸ 78 を 60 と 18 に分けて考えます。
60÷2＝30
18÷2＝ 9　あわせて 39

22ページ まとめのテスト❶

1 ❶
```
   22
3)66
  6
   6
   6
   0
```
❷
```
   147
5)739
  5
  23
  20
   39
   35
    4
```
❸
```
   200
3)602
  6
    2
```
❹
```
    97
7)685
  63
   55
   49
    6
```

2 答え 218 あまり 3
たしかめ 4×218＋3＝875

3 式 90÷6＝15

答え 15 こ

4 式 153÷9＝17

答え 17 本

5 式 215÷5＝43

答え 43 きゃく

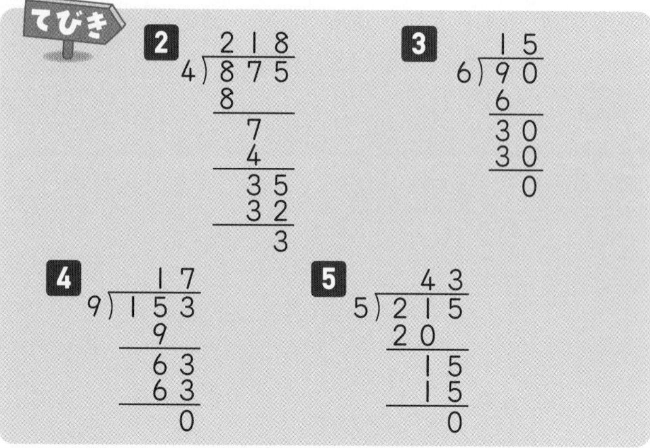

23ページ まとめのテスト❷

1 1、2、3

2 ❶
```
   11
5)59
  5
   9
   5
   4
```
❷
```
   11
8)95
  8
  15
   8
   7
```
❸
```
   259
3)777
  6
  17
  15
   27
   27
    0
```
❹
```
   109
6)657
  6
   57
   54
    3
```
❺
```
    58
7)406
  35
   56
   56
    0
```
❻
```
    91
9)827
  81
   17
    9
    8
```

3 式 74÷6＝12 あまり 2

答え 12 束できて、2 本あまる。

4 式 132÷5＝26 あまり 2
26＋1＝27

答え 27 日

てびき

1 わられる数のいちばん左の位の数が、わる数より小さいときには、次の位からわり算をはじめるので、□にあてはまる数は、0 より大きく 4 より小さい数になります。

4 あまった 2 ページをよむために、もう 1 日必要です。

たしかめよう!

(3けた)÷(1けた)の筆算も
[たてる]→[かける]→[ひく]→[おろす]のくり返しでできます。

④ 角とその大きさ

24・25ページ きほんのワーク

きほん1 角、4 答え ㋑

❶ ㋐の角、㋓の角

❷ 3こ分

❸ ㋑→㋓→㋒→㋐

きほん2 分度器 答え 60

❹ ❶ 75° ❷ 140°

❺ ❶ 40° ❷ 80° ❸ 115°

てびき ❶ それぞれの角に三角じょうぎの直角のところをあててみて、直角より小さい角をみつけます。

❷ 問題の角に三角じょうぎの直角のところをあてていくと、ちょうど3こ分になるので、この角の大きさは、直角の3こ分です。

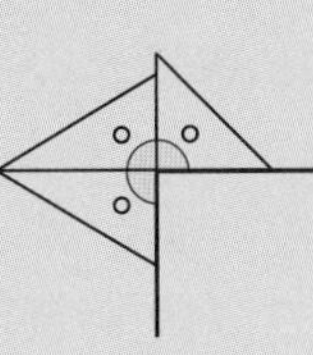

❺ 辺の長さが短くて角の大きさがはかりにくいときは、辺をのばしてからはかります。

たしかめよう!
度(°)は、角の大きさの単位です。
角の大きさのことを角度ともいいます。
直角は90°です。

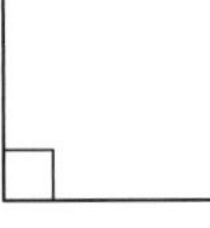

26・27ページ きほんのワーク

きほん1 答え 180、120

❶ ㋐ 105° ㋑ 150°

きほん2 50、130 答え 230

❷ ❶ 200° ❷ 300° ❸ 345°

きほん3 答え

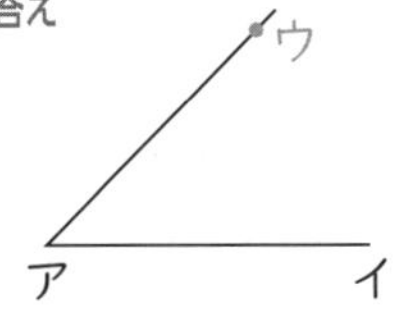

❸ ❶

❸

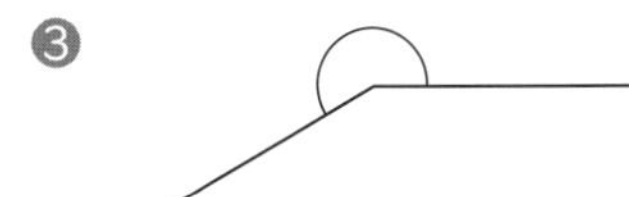

きほん4 答え

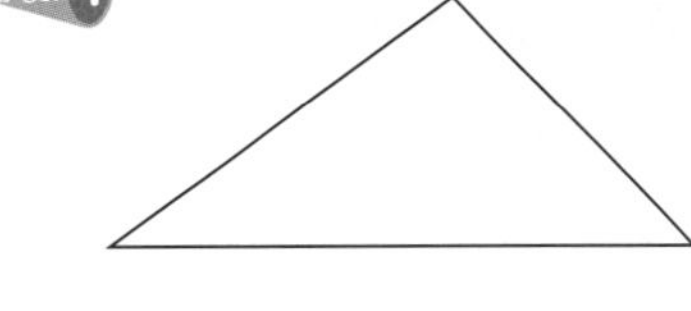

❹

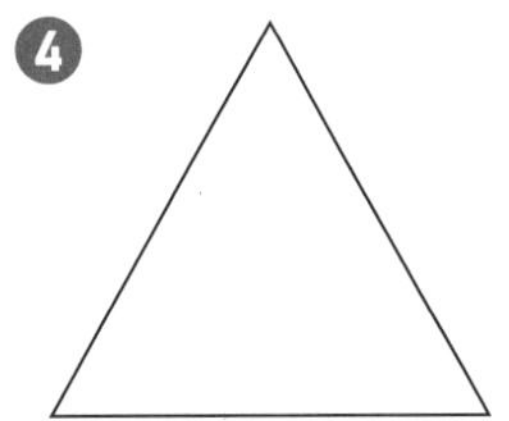

てびき ❶ ㋐ 45°+60°=105°
㋑ 180°−30°=150°

❷ 180°をこえる角の大きさは、分度器の180°よりどれだけ大きいかや360°よりどれだけ小さいかを考えます。
❶は、180°+20°か、360°−160°で求めます。
❷は、180°+120°か、360°−60°で求めます。
❸は、180°+165°か、360°−15°で求めます。

❸ ❸ 180°+30°か、360°−150°と考えて、角をかきます。

❹ 3cmの辺をかいてから、両はしの点を頂点として、60°の角をかきます。

28ページ 練習のワーク

❶ ❶ 90 ❷ 180、2
❸ 360、4

❷ ㋐ 120° ㋑ 60°
㋒ 120°

❸ ❶ 120° ❷ 270°

❹

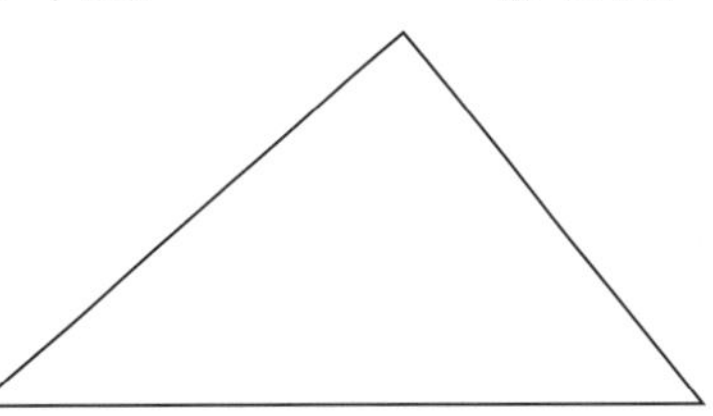

てびき ❸ 時計の長いはりは、5分(数字から数字の間1こ分)で30°まわります。
❶ 20分はその4こ分だから、30°×4=120°
❷ 45分はその9こ分だから、30°×9=270°

まとめのテスト

1 ❶ 50°　❷ 350°　❸ 240°

2 ❶　❷

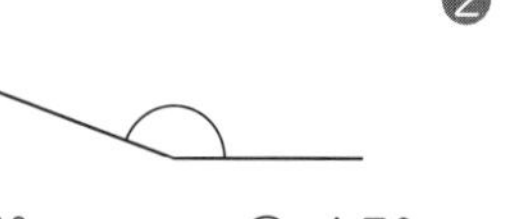

3 ㋐ 75°　㋑ 15°

4 ❶ 120°　❷ 110°　❸ 120°
❹ 40°　❺ 90°　❻ 70°

5

てびき

3 ㋐ 45°＋30°＝75°
㋑ 45°−30°＝15°

5 長さがわかっている4cmの辺に目をつけます。両はしの点を頂点とすると、㋐の角の大きさは30°です。

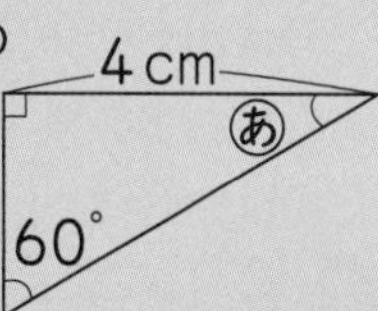

三角形のかき方は、長さ4cmの辺をかいてから、両はしの点を頂点として、90°の角と30°の角をかき、交わった点を頂点としてかきます。

5 垂直・平行と四角形

30・31ページ きほんのワーク

きほん1 垂直

答え ㋒

❶ 直線㋓、直線㋕、直線㋖

きほん2 平行、㋐、㋒、平行

答え ㋐、㋒

❷ 直線㋕、直線㋖

きほん3 答え

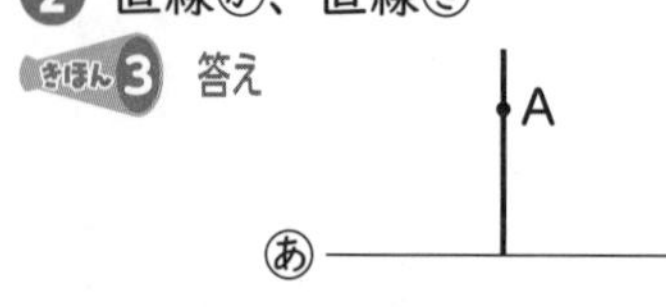
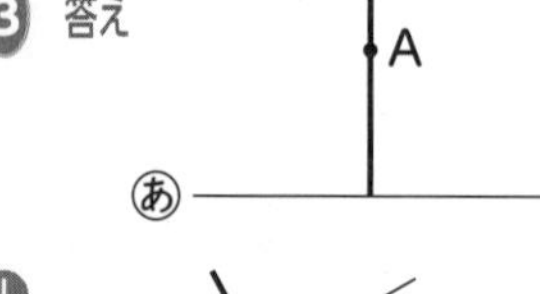

❸ ❶　❷

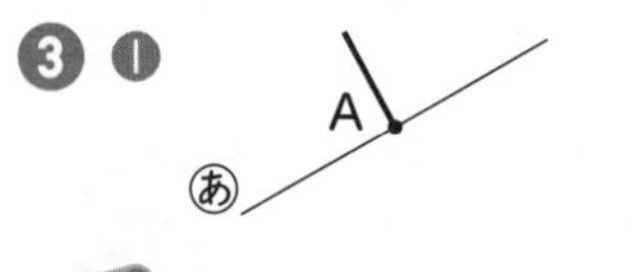
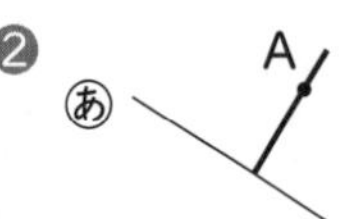

きほん4 答え

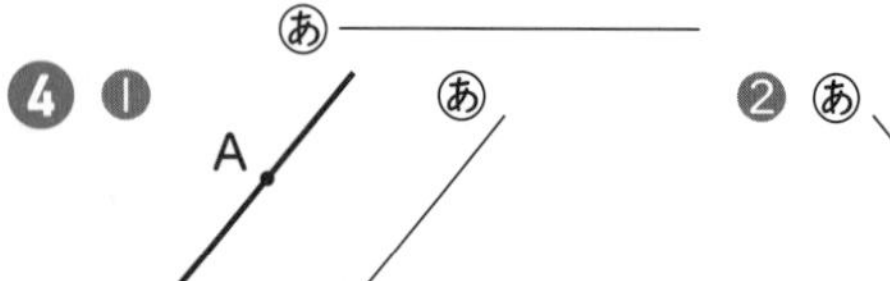

❹ ❶　❷

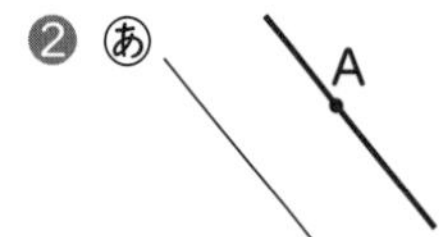

てびき

❶ 直線㋖を直線㋐までのばすと、垂直であることがわかります。三角じょうぎの直角のところをあてて、たしかめましょう。

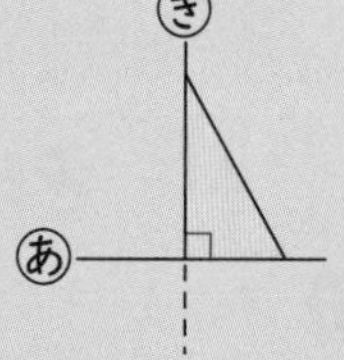

❷ 直線㋐に、直線㋓と直線㋕と直線㋖が垂直なので、直線㋓と直線㋕と直線㋖は平行です。

たしかめよう!

❶ 2本の直線が交わってできる角が直角のとき、この2本の直線は垂直であるといいます。
また、2本の直線が交わっていなくても、直線をのばすと、交わって直角ができるときも、この2本の直線は垂直であるといいます。

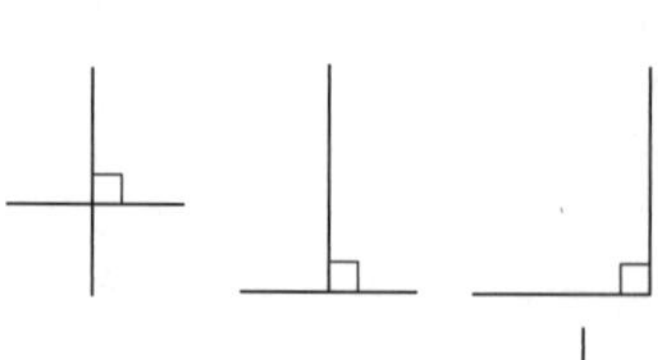

❷ 1本の直線に垂直な2本の直線は平行であるといいます。

32・33ページ きほんのワーク

きほん1 答え

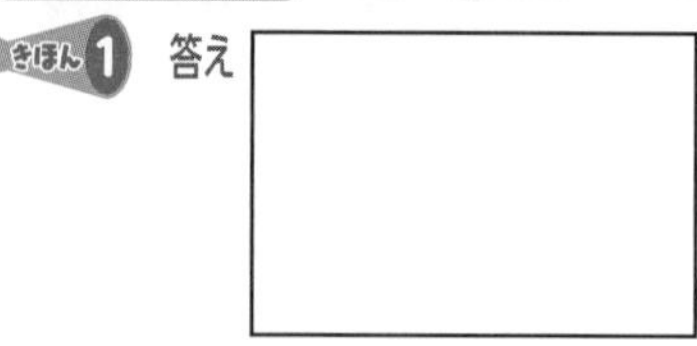

❶

きほん2 ㋒、㋓、㋔

答え ㋒、㋓、㋔

❷

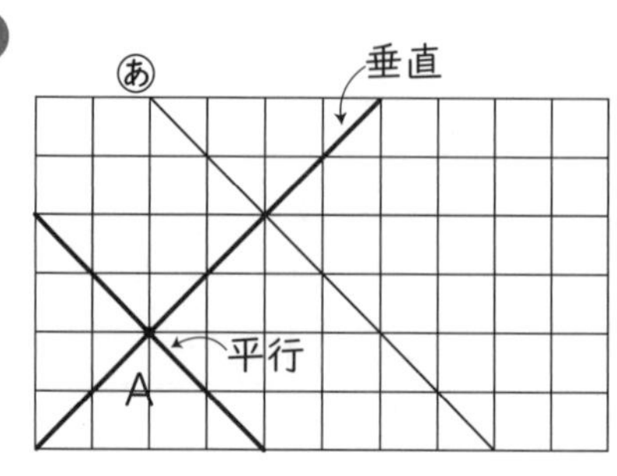

きほん3 台形、平行四辺形

答え あ、お、え、か

3 ❶ 台形

❷ 1組

4 辺AD…9cm　辺CD…7cm

角A…112°　角D…68°

5

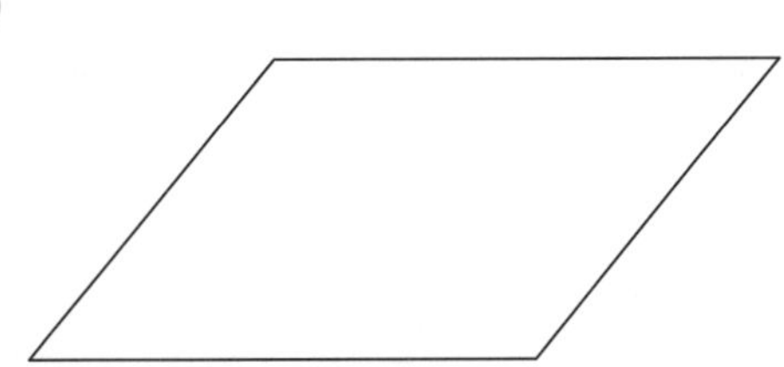

てびき

1（例）

1 長さ4cmの辺をかき、その両はしに垂直な直線をかく。

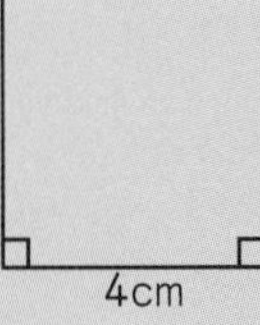

2 左はしの頂点から4cmをはかって、もう1つの頂点をきめ、そこからはじめの4cmの辺に平行な直線をかく。

2 方がん紙は正方形がならんでいるので、直線あのように、正方形の頂点から頂点へななめに通る直線は、ぎゃく方向のななめの直線と垂直です。また、同じ方向のななめの直線とは平行です。

3 ❶ 点線あで切ると、右の図のように、三角形と四角形ができます。できた四角形は、向かいあう1組の辺が平行だから、台形です。

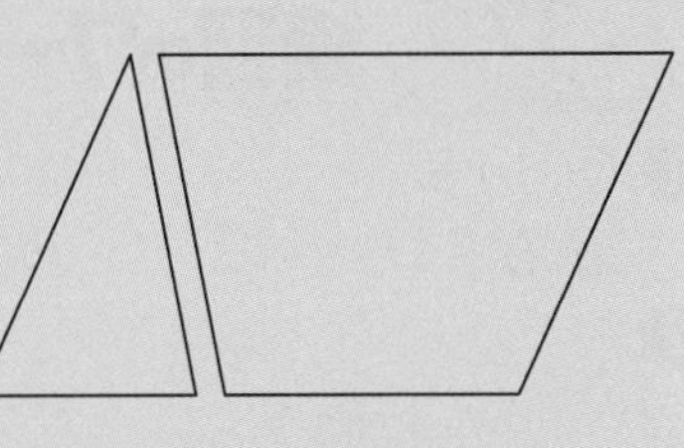

4 平行四辺形の向かいあう2組の辺の長さはそれぞれ等しいので、辺ADの長さは9cm、辺CDの長さは7cmです。

また、向かいあう2組の角の大きさもそれぞれ等しいので、角Aの大きさは112°、角Dの大きさは68°です。

5 1 4cmの辺をかいて、間の角が130°になるように、3cmの辺をかきます。

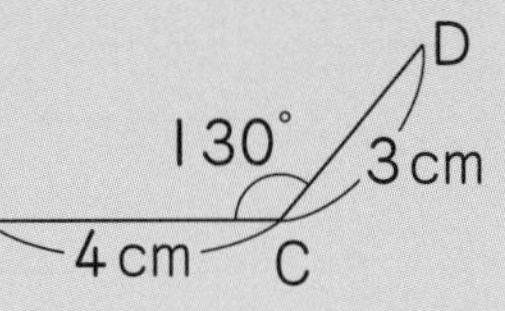

2 頂点Dから、辺BCと平行な直線をかき、次に、頂点Bから、辺CDと平行な直線をかき、2つの直線が交わった点を頂点Aとします。

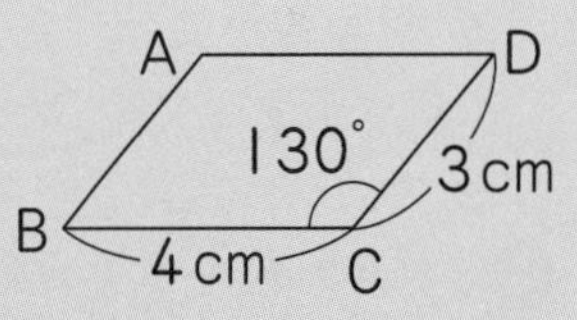

または、コンパスを使って、頂点Bから3cmのところに印をつけ、次に、頂点Dから4cmのところに印をつけます。印の交わった点を頂点Aとします。

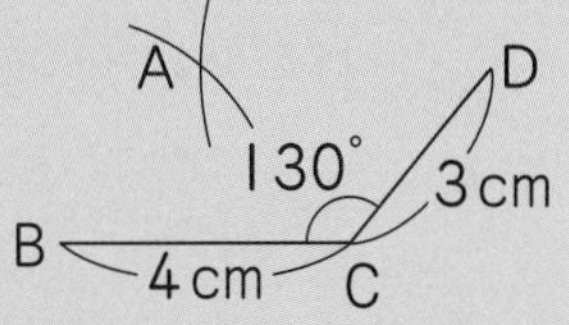

たしかめよう!

向かいあう1組の辺が平行な四角形を**台形**といいます。

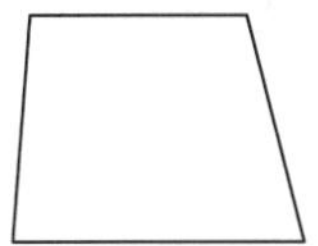

向かいあう2組の辺がどちらも平行になっている四角形を**平行四辺形**といいます。

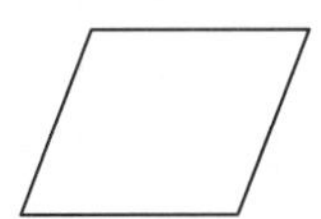

平行四辺形の向かいあう辺の長さは等しくなっています。また、向かいあう角の大きさも等しくなっています。

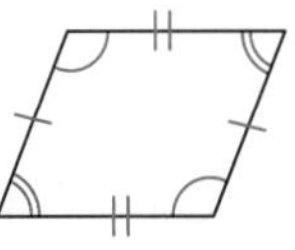

※同じ印は、辺の長さや角の大きさが等しいことを表しています。

34・35ページ きほんのワーク

きほん1 ひし形、辺、角

答え BC、C

1 辺AB…3.5cm

辺CD…3.5cm

辺AD…3.5cm

角A…105°

角B…75°

2 右の図

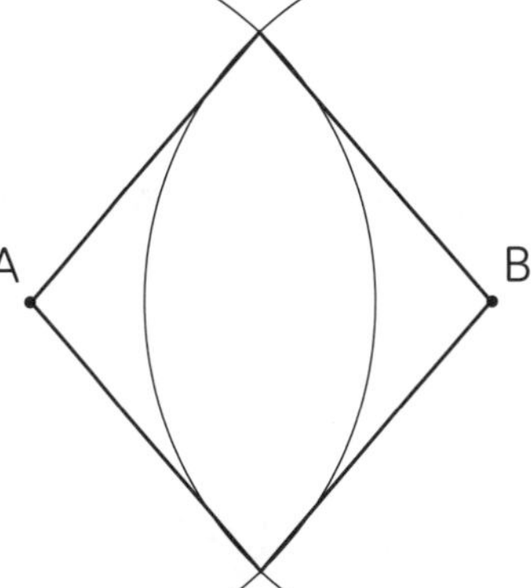

きほん2 対角線

答え 正方形、ひし形、長方形

3 ❶ ○　❷ ×　❸ ○　❹ ×

4 ❶ 直角三角形　❷ 平行四辺形

てびき

3 ❷ 正方形の対角線は垂直に交わりますが、長方形は垂直に交わりません。

④ 対角線が交わった点から、4つの頂点までの長さがすべて等しい四角形は、長方形と正方形です。

❹ ② AとCを結んだ対角線で切ったとき、

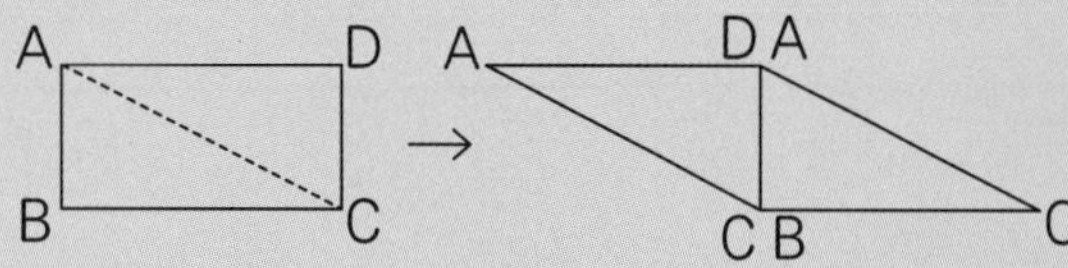

BとDを結んだ対角線で切ったとき、

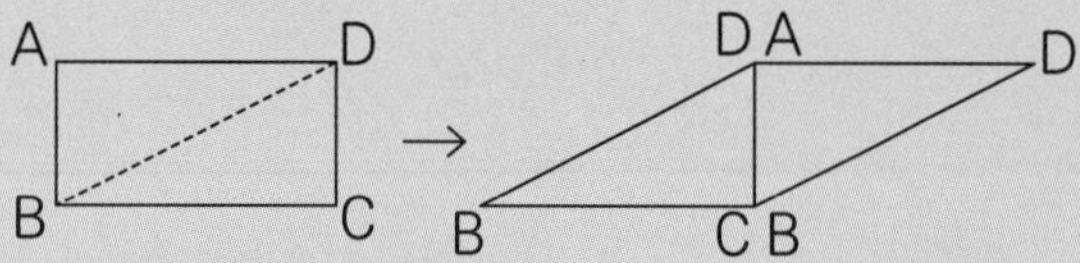

どちらも向かいあう2組の辺が平行になるので、平行四辺形ができます。

たしかめよう!

❶ 辺の長さがすべて等しい四角形を**ひし形**といいます。
ひし形の向かいあう辺は平行です。また、向かいあう角の大きさは等しくなっています。

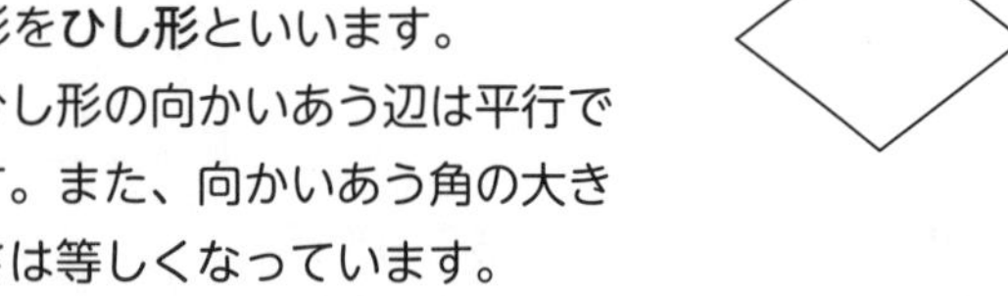

❸ 四角形の対角線のとくちょう

平行四辺形…2本の対角線は、それぞれのまん中の点で交わる。

ひし形…2本の対角線は、それぞれのまん中の点で垂直に交わる。

長方形…2本の対角線の長さは等しく、それぞれのまん中の点で交わる。

正方形…2本の対角線の長さは等しく、それぞれのまん中の点で垂直に交わる。

36ページ 練習のワーク❶

❶ ① 90
② 垂直
③ 平行

❷

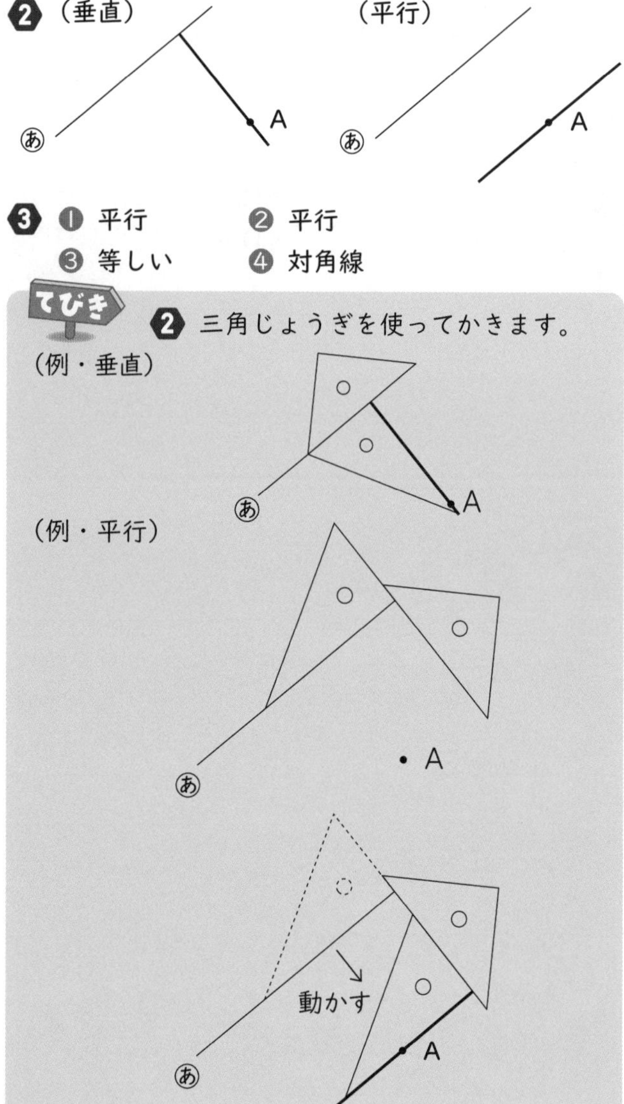

❸ ① 平行　② 平行
③ 等しい　④ 対角線

てびき
❷ 三角じょうぎを使ってかきます。

37ページ 練習のワーク❷

❶ ㋒ 118°　㋓ 118°
㋔ 62°　㋕ 118°

❷

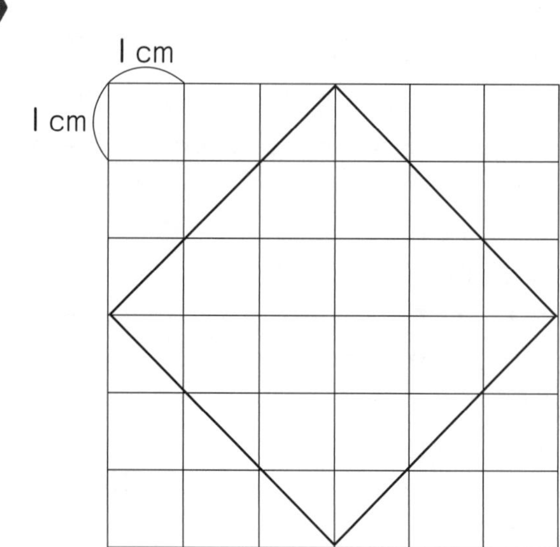

❸

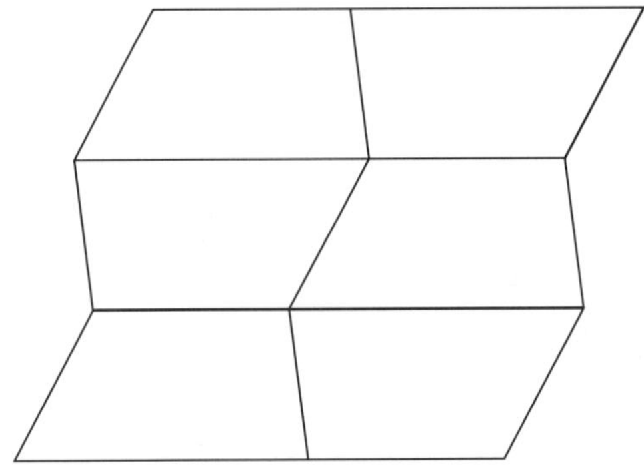

てびき ❶ 一直線の角の大きさは 180° だから、角㋒や角㋓の大きさは 180°−62°=118° になります。
直線㋐と直線㋑は平行だから、㋒と㋕の角の大きさは等しくなります。
❷ それぞれのまん中の点で垂直に交わる２本の対角線をかいて、４つの頂点を直線で結ぶと、正方形がかけます。

たしかめよう!
❸ 右の図のように、たすと 180° になる角があります。
■+★ = 180°
●+▲ = 180°
また台形をしきつめると１つの頂点に４つの角が集まります。

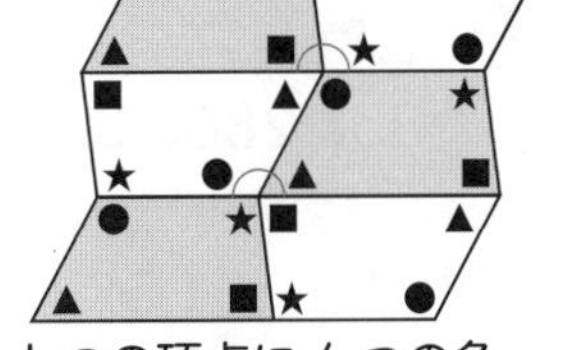

38ページ まとめのテスト❶

1 ❶ 垂直　❷ 平行　❸ 垂直
❹ ない　❺ ない　❻ ある

2 ❶ 60°　❷ 120°

3 ❶ ❷

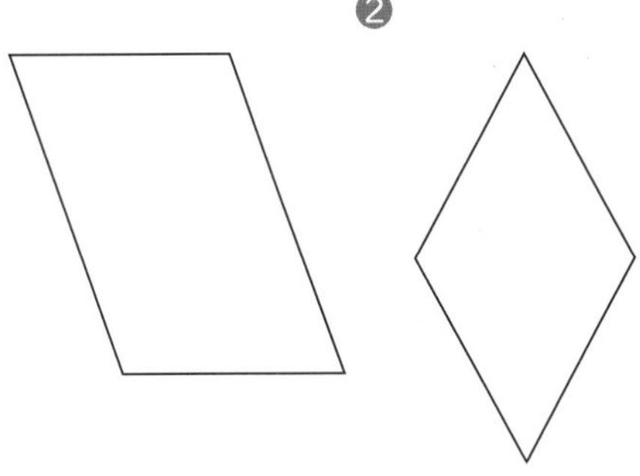

❸ ❹

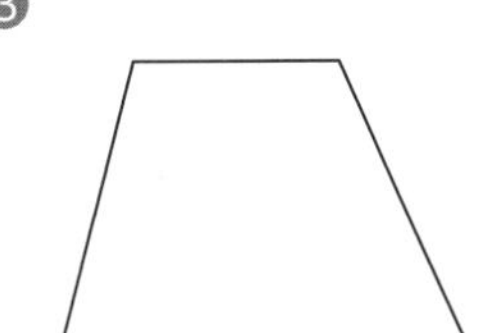

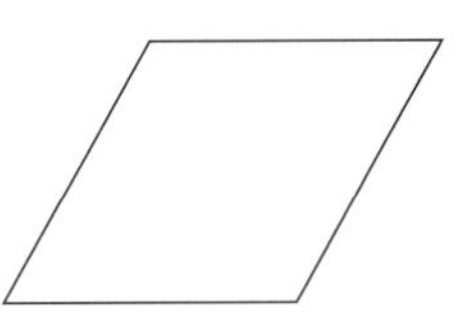

てびき **2** ❶ 直線㋒と直線㋓が平行だから、角㋔は 60° の角と等しくなります。

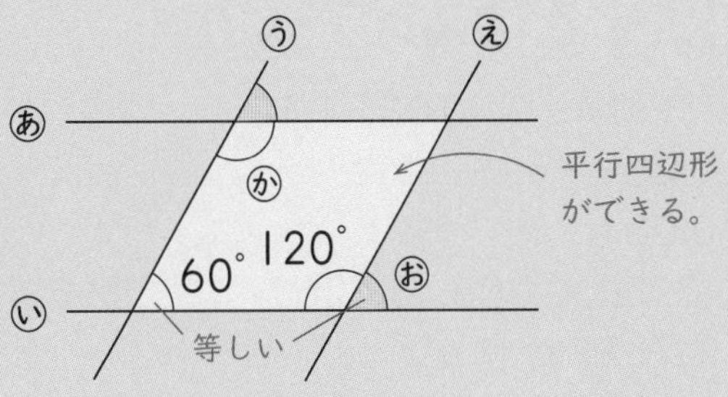

❷ ４本の直線㋐、㋑、㋒、㋓でできる四角形は平行四辺形だから、向かいあう角の大きさが等しいので、角㋕の大きさは 120° です。

たしかめよう!
右の図のように、平行な直線に別の直線をひいてできる角の大きさは、等しくなります。
このせいしつを使うと、次のようにしても、平行な直線をかくことができます。

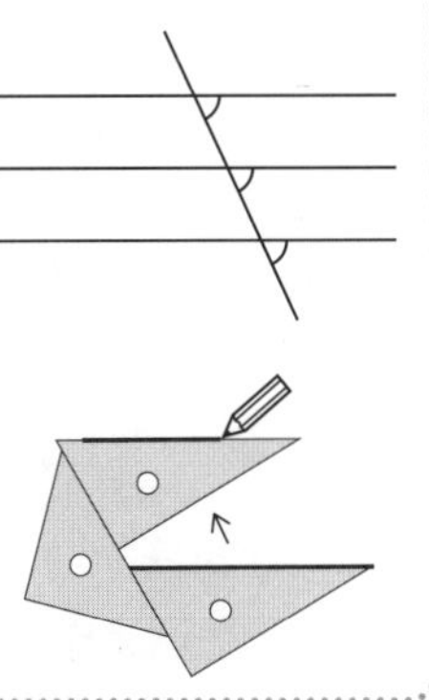

39ページ まとめのテスト❷

1 垂直…直線㋒と直線㋔
平行…直線㋐と直線㋓

2 ❶ 平行　❷ 垂直　❸ 80

3 ㋐ 正方形　㋑ ひし形　㋒ 平行四辺形
㋓ 台形　㋔ 長方形

4 ❶ ㋐、㋑、㋓、㋔　❷ ㋐、㋔
❸ ㋐、㋔　❹ ㋐、㋑

てびき **2** ❶ 直線㋓に垂直な２本の直線㋐と直線㋑は平行です。
❷ 直線㋐と直線㋓が交わってできる角が直角だから、この２本の直線は垂直です。
❸ 直線㋐と直線㋑、直線㋒と直線㋔はそれぞれ平行なので、向かいあう２組の辺がどちらも平行になり、平行四辺形ができています。平行四辺形の向かいあう角の大きさは等しいので、角㋕の大きさは 80° です。

⑥ 小数

40・41ページ きほんのワーク

きほん1 4、0.4、3、0.03、1.43　答え 1.43

❶ ❶ 1.25 L
　❷ 0.08 L

きほん2 0.02、0.006、3.426　答え 3.426

❷ ❶ 1.782 kg
　❷ 1.403 L

きほん3 6、3、7、5　答え 6、3、7、5

❸ ❶ 9324 こ
　❷ $\frac{1}{1000}$ の位（小数第３位）

きほん4 1、1　答え 48、480、0.48、0.048

❹ 10 倍した数…31.9
　100 倍した数…319
　10 でわった数…0.319
　100 でわった数…0.0319

てびき ❶ 0.1 L のますを 10 等分した 1 目もりの大きさは、0.1 L の $\frac{1}{10}$ で 0.01 L を表しています。

❶ 水のかさは、
1 L　の 1 こ分で 1 L
0.1 L　の 2 こ分で 0.2 L
0.01 L の 5 こ分で 0.05 L
あわせて 1.25 L です。

❷ 水のかさは、0.01 L の 8 こ分で 0.08 L です。

❷ ❶ 1000g は 1kg なので、100g は 0.1kg、10g は 0.01kg、1g は 0.001kg です。
782g は、
0.1kg　の 7 こ分で 0.7kg
0.01kg　の 8 こ分で 0.08kg
0.001kg の 2 こ分で 0.002kg
あわせて 0.782kg です。

❷ 1000mL＝1 L なので、100mL＝0.1 L、10mL＝0.01 L、1mL＝0.001 L です。
1403mL は 1000mL と 400mL と 3mL をあわせたかさだから、1.403 L です。

❸ ❶ 0.001 が　4 こで 0.004
0.001 が　24 こで 0.024
0.001 が　324 こで 0.324
0.001 が 9324 こで 9.324
になります。

❷ 位取りは、次のようになっています。

9.	3	2	4
一の位	$\frac{1}{10}$ の位	$\frac{1}{100}$ の位	$\frac{1}{1000}$ の位

❹ 小数も整数と同じように、各位の数字は、10 倍するごとに位が 1 つずつ上がり、10 でわるごとに位が 1 つずつ下がります。
10 でわるときは、3 の左に 0 をかきたして小数点を 1 つ左にうつすので、0.319 になります。100 でわるときは、さらに左に 0 をかきたして、小数点をうつします。

42・43ページ きほんのワーク

きほん1 小さい　答え 1.619、1.63

❶ 7.16＞7.158

❷

ふくしゅう ❶ 0.9　❷ 2.3　❸ 0.7　❹ 0.6

きほん2 2.86
35、286、321
1.1、0.11　答え 3.21

❸ 式 2.86－0.35＝2.51　答え 2.51 kg

きほん3 4、2、5
1、0、6　答え 4.25、1.06

❹ ❶ 7.22　❷ 5.27　❸ 10.3
　❹ 0.96　❺ 1.74　❻ 2.7

てびき ❶ 小数の大小も、整数と同じように、大きい位からくらべます。
7.16 と 7.158 の大小は $\frac{1}{100}$ の位の 6 と 5 の大きさでくらべればよいので、7.16 のほうが大きい数とわかります。

❷ 問題の数直線は 0 と 0.1 の間を 10 等分しているので、いちばん小さい 1 目もりの大きさは 0.1 の $\frac{1}{10}$ で 0.01 です。

❸ みかんの重さからかごの重さをひくので、式は 2.86－0.35 です。

❹ ❶
$$\begin{array}{r} 5.04 \\ +\,2.18 \\ \hline 7.22 \end{array}$$

❷
$$\begin{array}{r} 2.00 \\ +\,3.27 \\ \hline 5.27 \end{array}$$

2 を 2.00 と考えて、位をそろえる。

❸ $$\begin{array}{r} 7.32 \\ +\ 2.98 \\ \hline 10.30 \end{array}$$

小数点より右の終わりにある0は、かかずにとるので、答えは 10.3

❹ $$\begin{array}{r} 4.37 \\ -\ 3.41 \\ \hline 0.96 \end{array}$$

一の位は 3−3=0 だから、答えの一の位に 0 をかいてから小数点をうつので、答えは 0.96

❺ $$\begin{array}{r} 5.00 \\ -\ 3.26 \\ \hline 1.74 \end{array}$$

5 を 5.00 と考えて、位をそろえる。

❻ $$\begin{array}{r} 4.84 \\ -\ 2.14 \\ \hline 2.70 \end{array}$$

小数点より右の終わりにある0は、かかずにとるので、答えは 2.7

たしかめよう!

小数のたし算やひき算は、位をそろえれば、整数のときと同じように計算できます。

44ページ 練習のワーク❶

❶ ❶ 1.326kg　❷ 7.89km
❸ 3950m　❹ 53500g

❷ ❶ 0.18　❷ 0.845
❸ 42.07　❹ 0.5318

❸ 式 1.78+2.65=4.43　答え 4.43kg

❹ 式 3.8−0.27=3.53　答え 3.53L

てびき

❶ ❶❹は、1000g=1kg、100g=0.1kg、10g=0.01kg、1g=0.001kg を、
❷❸は、1000m=1km、100m=0.1km、10m=0.01km、1m=0.001km を使います。
❸ 0.95km=950m です。一の位の 0 をわすれないよう、注意します。
❹ 0.5kg=500g だから、53.5kg は (53kg=)53000g と 500g をあわせて 53500g になります。

❷ ❶ 0.01 が 10 こで 0.1、8 こで 0.08 だから、あわせて 0.18 です。
❷ 0.1 が 8 こで 0.8、0.001 が 45 こで 0.045 だから、あわせて 0.845 です。
❸ 10 倍すると位が 1 つずつ上がるので、42.07 です。
❹ 100 でわると位が 2 つずつ下がるので、0.5318 です。

❸ 全体の重さは、
[つぼの重さ]+[みその重さ]
で求めるので、式は 1.78+2.65 です。

$$\begin{array}{r} 1.78 \\ +\ 2.65 \\ \hline 4.43 \end{array}$$

❹ 残りのかさは、
[全体のかさ]−[飲んだかさ]
で求めるので、
式は 3.8−0.27 です。
3.8 は 3.80 と考えて位をそろえて計算します。

$$\begin{array}{r} 3.80 \\ -\ 0.27 \\ \hline 3.53 \end{array}$$

たしかめよう!

❶ 単位の関係

1g=0.001kg	1m=0.001km
10g=0.01kg	10m=0.01km
100g=0.1kg	100m=0.1km

45ページ 練習のワーク❷

❶ ❶ 2.6m　❷ 2.78m

❷ ❶ 9、0.0009　❷ 0.0682、682

❸ ❶ <　❷ >

❹ ❶ 7.76　❷ 7.03　❸ 8
❹ 2.95　❺ 0.46　❻ 5.88

てびき

❶ 問題の数直線のいちばん小さい1目もりの大きさは、10cm を 10 等分しているので、1cm です。
❶ 2m60cm なので、2.6m になります。
❷ 2m78cm なので、2.78m になります。

❷ ❶ 100 倍すると位が 2 つずつ上がり、小数点が右へ 2 つうつります。（0.09）
100 でわると位が 2 つずつ下がるので、小数点が左へ 2 つうつります。（0.0009）
左に 0 をかきたして、小数点をうつします。

❹ 筆算をするときは、位をそろえてかきます。

❶ $$\begin{array}{r} 3.57 \\ +\ 4.19 \\ \hline 7.76 \end{array}$$
❷ $$\begin{array}{r} 6.08 \\ +\ 0.95 \\ \hline 7.03 \end{array}$$
❸ $$\begin{array}{r} 5.84 \\ +\ 2.16 \\ \hline 8.00 \end{array}$$
❹ $$\begin{array}{r} 8.32 \\ -\ 5.37 \\ \hline 2.95 \end{array}$$
❺ $$\begin{array}{r} 7.29 \\ -\ 6.83 \\ \hline 0.46 \end{array}$$
❻ $$\begin{array}{r} 9.00 \\ -\ 3.12 \\ \hline 5.88 \end{array}$$

たしかめよう!

❸ 小数の大小は、整数と同じように、大きい位の数字からくらべるとわかります。

46ページ まとめのテスト❶

1 ❶ 59743　❷ 1.024

2 301.24

3 ❶ 2.28　❷ 11.07　❸ 12.35
❹ 5.3　❺ 6.34　❻ 0.89
❼ 2.64　❽ 4.22

4 式 5.43+11.87=17.3
答え 17.3kg

てびき

1 次のように考えます。

❶ 50 は0.001 を 50000 こ、
9 は0.001 を 9000 こ、
0.7 は0.001 を 700 こ、
0.04 は0.001 を 40 こ、
0.003 は0.001 を 3 こ
集めた数なので、59.743 は0.001 を 59743 こ集めた数になります。

❷ 0.001 が 1000 こで 1、20 こで 0.02、4 こで 0.004 だから、あわせて 1.024

3
❶ 1.29 + 0.99 = 2.28
❷ 6.00 + 5.07 = 11.07
❸ 9.40 + 2.95 = 12.35
❹ 4.38 + 0.92 = 5.30
❺ 7.02 − 0.68 = 6.34
❻ 3.45 − 2.56 = 0.89
❼ 4.54 − 1.90 = 2.64
❽ 8.00 − 3.78 = 4.22

4 5430g を kg の単位になおしてから、計算します。
5430g=5.43kg
5.43 + 11.87 = 17.30

47ページ まとめのテスト②

1 ❶ 0.276 ❷ 0.224
❸ 4、2、7、6 ❹ 4276

2 ❶ 8.93、8.92、8.9
❷ 2.408、2.41、2.411

3 式 7−0.94=6.06
6.06−0.66=5.4 答え 5.4m

4 ❶ 式 2.58+0.78=3.36 答え 3.36L
❷ 式 2.58−0.78=1.8 答え 1.8L

てびき

1 ❷ ひき算で求めます。
4.5−4.276=0.224
❸ 4.276 を 4 と 0.2 と 0.07 と 0.006 をあわせた数と考えます。
❹ 0.001 が 10 こで 0.01、100 こで 0.1、1000 こで 1 になるので、
4.276 は、0.001 を 4276 こ集めた数になります。

2 ❶ 8.95 — 8.94
(0.01 小さい)
右にならぶ数は、左にならぶ数より 0.01 小さくなっています。

❷ 2.407 — □ — 2.409
(0.001 大きい)(0.001 大きい)(0.002 大きい)
右にならぶ数は、左にならぶ数より 0.001 大きくなっています。

3 単位をそろえてから計算します。
また、はじめに、使った紙テープの長さの合計を求めてから、残りを計算することもできます。
0.94+0.66=1.6、7−1.6=5.4

4 ❶ 全部の水のかさは、
[ポットの水のかさ]+[入れた水のかさ]
で求めるので、
式は 2.58+0.78 です。
2.58 + 0.78 = 3.36

❷ 残りのかさは、
[ポットの水のかさ]−[使った水のかさ]
で求めるので、式は 2.58−0.78 です。小数点より右にある終わりの 0 はかかずにとるので、答えは 1.8 になります。
2.58 − 0.78 = 1.80

たしかめよう!

3 長さの単位
100cm …… 1m
10cm …… 1m の $\frac{1}{10}$ …… 0.1m
1cm …… 1m の $\frac{1}{100}$ …… 0.01m

⑦ 2けたでわるわり算の筆算

48・49ページ きほんのワーク

きほん1 ÷、20、3 答え 3

1 ❶ 9 ❷ 3 ❸ 5

きほん2 4、4、20 答え 4 あまり 20

2 ❶ 1 あまり 10 ❷ 4 あまり 30
❸ 5 あまり 10 ❹ 5 あまり 10
❺ 9 あまり 40 ❻ 8 あまり 60

きほん3 ÷、22 3➡6、6➡0 答え 3

3 ❶ 48÷12=4(12×4=48、あまり 0)
❷ 54÷27=2(27×2=54、あまり 0)
❸ 344÷43=8(43×8=344、あまり 0)

きほん4 ÷、42、40
8➡3、3、6、1、4 答え 8、14

4 ❶ 278÷46=6(46×6=276、あまり 2)
❷ 113÷37=3(37×3=111、あまり 2)
❸ 448÷53=8(53×8=424、あまり 24)

てびき

1 10 の何こ分で考えます。
❶ 270÷30 の商は、27÷3 の商と同じだから、9 です。
❷ 210÷70 の商は、21÷7 の商と同じだから、3 です。
❸ 100÷20 の商は、10÷2 の商と同じだから、5 です。

❷ あまりの大きさに注意しましょう。
① 6÷5＝1 あまり 1 より、
60÷50＝1 あまり 10 です。
② 27÷6＝4 あまり 3 より、
270÷60＝4 あまり 30 です。
③ 36÷7＝5 あまり 1 より、
360÷70＝5 あまり 10 です。
④ 11÷2＝5 あまり 1 より、
110÷20＝5 あまり 10 です。
⑤ 85÷9＝9 あまり 4 より、
850÷90＝9 あまり 40 です。
⑥ 70÷8＝8 あまり 6 より、
700÷80＝8 あまり 60 です。
❸ ③ 344 を 340、43 を 40 とみると
344÷43 → 340÷40
と考えることができるので、
さらに、わられる数とわる数を 10 でわって
34÷4 にすると、商の見当がつけやすくなります。

たしかめよう!
2 けたでわるときも、1 けたでわる筆算と同じように、
たてる→かける→ひくの順に計算します。

50・51 ページ きほんのワーク

きほん1　1、8、4、0　　答え 7

❶ ①
```
      6
13)78
   78
    0
```
②
```
       7
35)245
   245
     0
```
③
```
       7
28)196
   196
     0
```

きほん2　3、8、7、3、9　　答え 9 あまり 39

❷ ①
```
       9
35)315
   315
     0
```
②
```
       8
14)112
   112
     0
```
③
```
       7
29)203
   203
     0
```

きほん3　2、7➡3、0　　答え 23

❸ ①
```
      34
29)986
   87
   116
   116
     0
```
②
```
      25
34)870
   68
   190
   170
    20
```
③
```
      18
42)796
   42
   376
   336
    40
```

きほん4　1➡0、4、7➡4、7　　答え 10 あまり 47

❹ ①
```
      10
40)439
   40
    39
```
②
```
      60
13)791
   78
    11
```
③
```
      50
17)850
   85
     0
```

てびき
❶ ① 78 を 70、13 を 10 とみて、
70÷10 から商の見当を 7 とつけます。
見当をつけた商が大きすぎたときは、1 小さい商をたてます。
② 245 を 240、35 を 30 とみて、
240÷30 から商の見当を 8 とつけます。
❸❹ わり切れないときは、商とあまりがわり算の答えになります。あまりはわる数より小さくなることに注意しましょう。

52・53 ページ きほんのワーク

きほん1　2、4➡1、9➡3、0
答え 213

❶ ①
```
       294
28)8232
   56
    263
    252
     112
     112
       0
```
②
```
        91
35)3185
   315
     35
     35
      0
```
③
```
       105
49)5192
   49
     292
     245
      47
```

きほん2　4536、216
1、2、1、6、2、1、6、0　　答え 21

❷ ①
```
          38
263)9994
    789
    2104
    2104
       0
```
②
```
          29
172)4988
    344
    1548
    1548
       0
```
③
```
          63
103)6491
    618
     311
     309
       2
```

きほん3　18、3
答え 3

❸ ① 4　② 9　③ 5　④ 5

きほん4　750、3000
答え 30

❹ ① 28　② 8　③ 32

てびき
❶❷ 大きな数のわり算の筆算では、商のたつ位に注意します。
❶ ①
```
     □
28)8232
```
商は百の位からたちます。
❷ ①
```
         □
263)9994
```
商は十の位からたちます。

❸ ❶ わられる数とわる数をそれぞれ 100 でわっても商は同じになるので、
800÷100=8、200÷100=2 より、
800÷200=8÷2=4
❷ わられる数とわる数をそれぞれ 10 でわっても商は同じになるので、
360÷10=36、40÷10=4 より、
360÷40=36÷4=9
❸ わられる数とわる数をそれぞれ 100 でわっても商は同じになるので、
3500÷100=35、700÷100=7 より、
3500÷700=35÷7=5
❹ わられる数とわる数をそれぞれ 1 万でわっても商は同じになるので、
40 万÷1 万=40、8 万÷1 万=8 より、
40 万÷8 万=40÷8=5

❹ ❶
```
(例)7000÷250
     ↓÷10  ↓÷10
    700 ÷ 25
     ↓×4   ↓×4
   2800÷100=28
```
❷
```
(例)1200÷150
    ↓÷10  ↓÷10
    120÷15
    ↓×2   ↓×2
    240÷30=8
```
❸
```
(例)4000 ÷ 125
      ↓×8    ↓×8
   32000 ÷ 1000=32
```

たしかめようǃ

❹ 25×4=100 や 125×8=1000 などを覚えておくと、くふうしてわり算をすることができます。

54ページ 練習のワーク❶

❶ ❶ 7　❷ 12 あまり 10
❷ ❶ 4　❷ 2 あまり 23
❸ 8 あまり 9　❹ 9
❺ 8　❻ 8
❸ ❶ 33　❷ 218 あまり 6
❸ 172　❹ 12 あまり 8
❹ 式 784÷23=34 あまり 2
答え 1 人分は 34 まいになって、2 まいあまる。
❺ ❶ 6　❷ 22

てびき ❶ 10 の何こ分で考えます。
❶ 140÷20 の商は 14÷2 の商と同じだから、7 です。
❷ 73÷6=12 あまり 1 より、
730÷60=12 あまり 10 です。

❷ ❶
```
     4
19)76
   76
    0
```
❷
```
     2
24)71
   48
   23
```
❸
```
      8
18)153
   144
     9
```
❹
```
      9
33)297
   297
     0
```
❺
```
      8
56)448
   448
     0
```
❻
```
      8
47)376
   376
     0
```
❸ ❶
```
     33
29)957
   87
    87
    87
     0
```
❷
```
      218
23)5020
   46
    42
    23
    190
    184
      6
```
❸
```
      172
25)4300
   25
   180
   175
     50
     50
      0
```
❹
```
        12
416)5000
    416
     840
     832
       8
```
❹ 1 人分の数を求めるので、わり算で計算し、式は 784÷23 です。
筆算は、右のようになります。
```
     34
23)784
   69
    94
    92
     2
```
❺ ❷
```
(例)5500÷250
     ↓÷10  ↓÷10
    550 ÷ 25
     ↓×4   ↓×4
   2200 ÷100
```
```
(例)5500÷250
     ↓÷10  ↓÷10
    550 ÷ 25
     ↓÷5   ↓÷5
    110 ÷ 5
```
答えは、どちらも 22 になります。
このほかにも、わり算のせいしつを使ってくふうして計算してみましょう。

55ページ 練習のワーク❷

❶ ❶
```
      8
29)232
   232
     0
```
❷
```
      7
45)352
   315
    37
```
❸
```
     23
17)405
   34
    65
    51
    14
```
❹
```
     30
32)978
   96
    18
```
❺
```
      153
56)8568
   56
   296
   280
    168
    168
      0
```
❻
```
        46
144)6680
    576
     920
     864
      56
```

❷ 式 590÷80＝7 あまり 30

答え 7 さつ買えて、30 円あまる。

たしかめ 80×7＋30＝590

❸ 式 600÷25＝24　答え 24 束

てびき ❶ わられる数とわる数を何十の数とみて、商の見当をつけます。

❷ 買える数は、
全部の金がく ÷ 1 さつのねだん で求めるので、
式は 590÷80 です。
10 をもとにして考えるので、
59÷8＝7 あまり 3 より、
590÷80＝7 あまり 30 になります。
あまりの大きさに気をつけましょう。

❸「同じ数ずつ分ける」ときもわり算を使うので、
式は 600÷25 です。

```
 600 ÷  25
  ↓×4   ↓×4
2400 ÷ 100 ＝ 24
```

たしかめよう!

❸ 600÷25 を筆算で計算すると、右のようになります。

```
     2 4
2 5)6 0 0
    5 0
    1 0 0
    1 0 0
        0
```

56ページ まとめのテスト❶

1

❶
```
     3
1 6)5 6
    4 8
      8
```

❷
```
       6
4 6)2 7 6
    2 7 6
        0
```

❸
```
     4 1
2 1)8 6 4
    8 4
      2 4
      2 1
        3
```

❹
```
       2 4 1
2 9)6 9 8 9
    5 8
    1 1 8
    1 1 6
        2 9
        2 9
          0
```

❺
```
        6 2
4 2)2 6 0 4
    2 5 2
        8 4
        8 4
          0
```

❻
```
           2 3
2 3 5)5 4 0 5
      4 7 0
        7 0 5
        7 0 5
            0
```

2 8、9

3 式 432÷36＝12　答え 12 まい

4 式 208÷55＝3 あまり 43
3＋1＝4　答え 4 台

5 式 8846÷28＝315 あまり 26
答え 1 人分は 315cm になって、26cm あまる。

てびき **2** (3 けた)÷(2 けた)の筆算で、商が 2 けたになるのは、わられる数の上から 2 けたの数が、わる数と等しいか大きいときです。
わる数が、73 なので、
□にあてはまる数は 8、9 です。

3 1 人分の数を求めるので、わり算で計算し、
式は 432÷36 です。
筆算は、右のようになります。

```
       1 2
3 6)4 3 2
    3 6
      7 2
      7 2
        0
```

4 すべてのバスに 55 人ずつ乗せていきます。バスの数は、わり算で計算し、
式は 208÷55 です。
筆算は、右のようになります。
バスが 3 台では、あまりの 43 人が乗れなくなるので、もう 1 台必要です。

```
         3
5 5)2 0 8
    1 6 5
      4 3
```

5 単位を cm にしてから計算します。
88m46cm＝8846cm
を同じ長さに分けるので、
わり算で計算し、
式は 8846÷28 です。
筆算は、右のようになります。

```
       3 1 5
2 8)8 8 4 6
    8 4
      4 4
      2 8
      1 6 6
      1 4 0
        2 6
```

57ページ まとめのテスト❷

1 ❶ 9　❷ 5
❸ 38

2 ❶ 9　❷ 17
❸ 9 あまり 47　❹ 3 あまり 51
❺ 20 あまり 8　❻ 211 あまり 15
❼ 31　❽ 9 あまり 16
❾ 23 あまり 6

3 式 402÷67＝6
答え 6 回

4 式 538÷22＝24 あまり 10
答え 24 箱できて、10 こあまる。
たしかめ 22×24＋10＝538

てびき **1** ❶ わられる数とわる数をそれぞれ 100 でわっても商は変わらないので、
6300÷100＝63、700÷100＝7
より、6300÷700＝63÷7＝9
❷ わられる数とわる数をそれぞれ 8 でわっても商は変わらないので、
80÷8＝10、
16÷8＝2 より、
80÷16＝10÷2＝5

❸ 9500 ÷ 250
↓÷10　↓÷10
950 ÷ 25
↓×4　↓×4
3800 ÷ 100＝38

2 ❶
```
      9
57)513
   513
     0
```
❷
```
     17
48)816
   48
   336
   336
     0
```
❸
```
      9
83)794
   747
    47
```
❹
```
      3
64)243
   192
    51
```
❺
```
     20
47)948
   94
     8
```
❻
```
     211
33)6978
   66
    37
    33
     48
     33
     15
```
❼
```
      31
75)2325
   225
     75
     75
      0
```
❽
```
        9
241)2185
    2169
      16
```
❾
```
       23
346)7964
    692
    1044
    1038
       6
```
3 運ぶ回数を求めるので、わり算で計算し、式は 402÷67 です。筆算は、右のようになります。
```
      6
67)402
   402
     0
```
4 できた箱の数と、あまったおかしのこ数を求めるので、わり算で計算し、式は 538÷22 です。筆算は右のようになります。
```
     24
22)538
   44
    98
    88
    10
```

8 式と計算の順じょ

58・59 ページ きほんのワーク

きほん1 240、70、190　答え 190
❶ 式 1000－(180＋770)＝50
答え 50 円

きほん2 120、3、510
120、3、360、510　答え 510
❷ 式 230＋360÷2＝410
答え 410 円

きほん3 32、7、39　答え 39
❸ ❶ 28　❷ 3
❸ 99　❹ 7
❹ ❶ 46　❷ 8
❸ 22　❹ 32
きほん4 22、176、272、96、176　答え＝
❺ (210＋50)×6＝260×6＝1560
210×6＋50×6＝1260＋300＝1560

てびき

❶ ことばの式は、
出したお金－ノートと問題集の代金＝おつり
だから、式は 1000－(180＋770) です。
( )の中をさきに計算するので、
1000－(180＋770)＝1000－950＝50
より、おつりは 50 円です。

❷ りんごのねだん＋なしのねだん＝全部の代金
だから、( )を使って 1 つの式にかくと
230＋(360÷2) です。(360÷2) の( )は省くことができるので、
230＋360÷2＝230＋180＝410 より、
410 円です。

❸ ❶ 20＋4×2＝20＋8＝28
❷ 75－12×6＝75－72＝3
❸ 59＋240÷6＝59＋40＝99
❹ 13－90÷15＝13－6＝7

❹ ❶ 8×6－4÷2＝48－2＝46
❷ 8×(6－4)÷2＝8×2÷2＝16÷2＝8
❸ (8×6－4)÷2＝(48－4)÷2＝44÷2＝22
❹ 8×(6－4÷2)＝8×(6－2)＝8×4＝32

たしかめよう!

❶～❹ 計算の順じょ
・ふつう、左から順にします。
・( )があるときは、( )の中をさきにします。
・＋、－と、×、÷とでは、×、÷をさきにします。

❺ ( )を使った式のきまり
(■＋●)×▲＝■×▲＋●×▲
(■－●)×▲＝■×▲－●×▲

60・61 ページ きほんのワーク

きほん1 100、177 答え 177

❶ ❶ 133 ❷ 145 ❸ 158
❹ 399

きほん2 25、4、100、300 答え 300

❷ ❶ 1100 ❷ 1600 ❸ 23000

きほん3 4、4、4、1500、60、1440
答え 1440

❸ ❶ 855 ❷ 1836 ❸ 2991

きほん4 ÷、7 答え 7

❹ ❶ 38 ❷ 104 ❸ 9
❹ 81

てびき ❶ ❶ 25+15=40 になるから、( )を使って、さきに計算します。
93+25+15=93+(25+15)
=93+40=133
❷ 18+82=100 になるから、( )を使って、さきに計算します。
18+45+82=18+82+45
=(18+82)+45=100+45=145
❸ 71+29=100 になるから、( )を使って、さきに計算します。
71+58+29=71+29+58
=(71+29)+58=100+58=158
❹ 13+137=150 になるから、( )を使って、さきに計算します。
13+249+137=13+137+249
=(13+137)+249=150+249=399

❷ ❶ 25×4=100 を使います。
25×44=25×(4×11)
=(25×4)×11=100×11=1100
❷ 50×2=100 を使います。
50×32=50×(2×16)
=(50×2)×16=100×16=1600
❸ 8×125=1000 を使います。
23×8×125=23×(8×125)
=23×1000=23000

❸ ❶ 95 は 100−5 であることから考えます。
95×9=(100−5)×9
=100×9−5×9=900−45=855
❷ 102 は 100+2 であることから考えます。
102×18=(100+2)×18
=100×18+2×18=1800+36=1836
❸ 997 は 1000−3 であることから考えます。
997×3=(1000−3)×3
=1000×3−3×3
=3000−9=2991

❹ □にあてはまる数は、ぎゃくの計算で求めます。
❶ □ →(16 をたす) 54 / 16 をひく　□=54−16=38
❷ □ →(28 をひく) 76 / 28 をたす　□=76+28=104
❸ □ →(5 をかける) 45 / 5 でわる　□=45÷5=9
❹ □ →(3 でわる) 27 / 3 をかける　□=27×3=81

たしかめよう!

❶ たし算の計算のきまり
■+●=●+■
(■+●)+▲=■+(●+▲)
※このきまりは、小数にもあてはまります。

❷ かけ算の計算のきまり
■×●=●×■
(■×●)×▲=■×(●×▲)

❸ 計算のきまり
(■+●)×▲=■×▲+●×▲
(■−●)×▲=■×▲−●×▲

62 ページ 練習のワーク

❶ ❶ 84 ❷ 8
❸ 46 ❹ 34
❺ 15 ❻ 162

❷ 式 200−40×3=80 答え 80 円

❸ ❶ 1000 ❷ 680
❸ 520

❹ ❶ ㋒ ❷ ㋑
❸ ㋐

てびき ❶ 計算の順じょに気をつけて計算します。
❶ かけ算をさきにするので、
4+16×5=4+80=84 です。
❷ ( )の中をさきに計算するので、
96÷(2×6)=96÷12=8 です。
❸ わり算をさきにするので、
40+30÷5=40+6=46 です。
❹ わり算をさきにするので、
41−21÷3=41−7=34 です。
❺ わり算をさきにするので、
32÷4+21÷3=8+7=15 です。

❻ かけ算、わり算をさきにするので、
29×6−84÷7=174−12=162です。

2 おつりは、出したお金−工作用紙の代金で求めるから、式は200−40×3です。
かけ算をさきに計算するので、
200−40×3=200−120=80より、
80円です。

3 ❶（　）の中をさきに計算するので、
(120+80)×5=200×5=1000です。
❷ かけ算をさきにするので、
120×5+80=600+80=680です。
❸ かけ算をさきにするので、
120+80×5=120+400=520です。

4 ❶ ジュースとゼリーを組にして5組買ったときの代金を表しています。
❷ ジュースを5本とゼリーを1こ買ったときの代金を表しています。
❸ ジュースを1本とゼリーを5こ買ったときの代金を表しています。

たしかめよう!

計算のきまり
■+●=●+■
(■+●)+▲=■+(●+▲)
■×●=●×■
(■×●)×▲=■×(●×▲)
(■+●)×▲=■×▲+●×▲
(■−●)×▲=■×▲−●×▲

63ページ まとめのテスト

1 ❶ 47　❷ 187
❸ 1200　❹ 3640
❺ 384　❻ 6900
❼ 17910　❽ 43000

2 ❶ 9　❷ 23
❸ 35　❹ 21

3 ❶ −　❷ ÷

4 式 230+70×6=650
答え 650円

5 式 (550+170)÷3=240
答え 240円

6 式 600÷2+110×5=850
答え 850円

1 ❶ 17+9+21=17+(9+21)
=17+30=47
❷ 23+87+77=23+77+87
=(23+77)+87=100+87=187
❸ 25×48=25×(4×12)
=(25×4)×12=100×12=1200
❹ 104×35=(100+4)×35
=100×35+4×35
=3500+140=3640
❺ 4×96=4×(100−4)
=4×100−4×4=400−16=384
❻ 5×69×20=5×20×69
=(5×20)×69=100×69=6900
❼ 995×18=(1000−5)×18
=1000×18−5×18
=18000−90=17910
❽ 8×43×125=8×125×43
=(8×125)×43=1000×43=43000

2 ❶ (7×3+6)÷3=(21+6)÷3=27÷3
=9
❷ 7×3+6÷3=21+2=23
❸ 7×(3+6÷3)=7×(3+2)=7×5=35
❹ 7×(3+6)÷3=7×9÷3=63÷3=21

3 ❶ 6×5=30、2×3=6より、
30□6=24だから、□の中に−を入れます。
❷ 4□4が1になればよいので、□に÷を入れます。

4 コンパスのねだん+えん筆6本の代金=全部の代金だから、式は230+70×6です。かけ算をさきにするので、
230+70×6=230+420=650より、
650円です。

5 ケーキとチョコレートの代金の合計÷3=1人分の代金だから、式は(550+170)÷3です。（　）の中をさきに計算するので、
(550+170)÷3=720÷3=240より、
240円です。

6 えん筆半ダースの代金+ノート5さつの代金=全部の代金だから、
式は600÷2+110×5です。わり算、かけ算をさきにするので、
600÷2+110×5=300+550=850
より、850円です。えん筆は半ダースだから、代金は半分にすることに注意しましょう。

たしかめよう!

1 25×4=100や125×8=1000
などを覚えておくと、くふうして計算をすることができます。

9 割合

64・65ページ きほんのワーク

きほん1 100、6、21、6、21　答え アサガオ

❶ 式 112÷28＝4　答え 4 倍

❷ 式 赤のゴムひも…17×2＝34
青のゴムひも…11×3＝33
答え 赤のゴムひも

❸ ❶ 式 48÷2＝24　答え 24cm
❷ 式 24÷3＝8　答え 8cm

きほん2 2、44、44、11
8、8、11　答え 11

❹ 式 5×2＝10　300÷10＝30　答え 30g
(別のとき方)
式 300÷2＝150　150÷5＝30
答え 30g

❺ 式 2×3＝6　18÷6＝3　答え 3dL
(別のとき方)
式 18÷3＝6　6÷2＝3　答え 3dL

てびき ❶ 白いテープの長さが赤いテープの何倍かを求めるときは、わり算で計算します。「28cm の 4 倍が 112cm」というのは、「28cm を 1 としたとき、112cm が 4 にあたる長さ」といいかえることができます。この「○倍にあたるかを表した数」のことを割合といいます。

❷ のばしたときの長さを求めてくらべます。

赤のゴムひも　もとの長さ（17cm）―2倍→ のばした長さ（□cm）

青のゴムひも　もとの長さ（11cm）―3倍→ のばした長さ（□cm）

❸ ❶ もとにする量を求めるので、わり算で計算します。

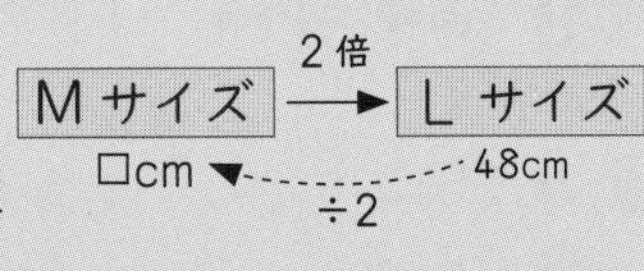

❷ ❶よりMサイズの直径は24cm です。もとにする量を求めるので、わり算で計算します。

Sサイズ（□cm）―3倍→ Mサイズ（24cm）　÷3

❹ 図に表して考えると、次のようになります。

いちご（□g）―5倍→ レモン（□g）―2倍→ りんご（300g）

りんごの重さがいちごの重さの何倍になるかを考えます。
5 倍の 2 倍だから、5×2＝10 より、10 倍です。
(別のとき方) 1 つずつもどしていくと、
300÷2＝150、
150÷5＝30 より、
30g です。

❺ 図に表して考えると、次のようになります。

コップ（□dL）―2倍→ 水とう（□dL）―3倍→ ペットボトル（18dL）

ペットボトルにはいっている水の量がコップにはいる水の量の何倍になるかを考えます。
2 倍の 3 倍だから、2×3＝6 より、6 倍になります。
(別のとき方) 1 つずつもどしていくと、
18÷3＝6、6÷2＝3 より、3dL です。

66ページ 練習のワーク

❶ ❶ 何人…56 人　何倍…8 倍
❷ 何人…56 人　何倍…5 倍
❸ 大なわとび

❷ 式 27÷3＝9　答え 9 まい

❸ 式 2×4＝8　56÷8＝7　答え 7m
(別のとき方)
式 56÷4＝14　14÷2＝7　答え 7m

てびき ❶ ❶ 大なわとびを希望する人の数は 64－8＝56 より、56 人ふえて、64÷8＝8 より、8 倍になりました。

はじめの数（8人）―□倍→ 今日の数（64人）

❷ 全員リレーを希望する人の数は 70－14＝56 より、56 人ふえて、70÷14＝5 より、5 倍になりました。

はじめの数（14人）―□倍→ 今日の数（70人）

❸ ふえた人数は 56 人で同じですが、はじめの数がちがうので、今日の数がはじめの数の何倍になっているかでくらべて、割合の大きい 8 倍になった大なわとびのほうがふえたといえます。

❷ 妹がもっているカードのまい数を 1 とするとき、りんさんがもっているカードのまい数は 3 にあたるので、妹がもっているカードのまい数は、わり算で求めます。

妹（□まい）―3倍→ りんさん（27まい）

❸ 図に表して考えると、次のようになります。

家（□m）―2倍→ 学校（□m）―4倍→ マンション（56m）

マンションの高さが家の高さの何倍になるかを考えます。

2倍の4倍だから、2×4=8より、8倍です。
（別のとき方） 1つずつもどしていくと、
56÷4=14
14÷2=7より、7mです。

67ページ まとめのテスト

1 ❶ 式 150÷50=3 答え 3倍
❷ 式 200÷100=2 答え 2倍
❸ じゃがいも

2 ❶ 式 90×6=540 答え 540g
❷ 式 540÷2=270 答え 270g

3 式 110÷5=22 22÷2=11 答え 11こ
（別のとき方）
式 2×5=10 110÷10=11 答え 11こ

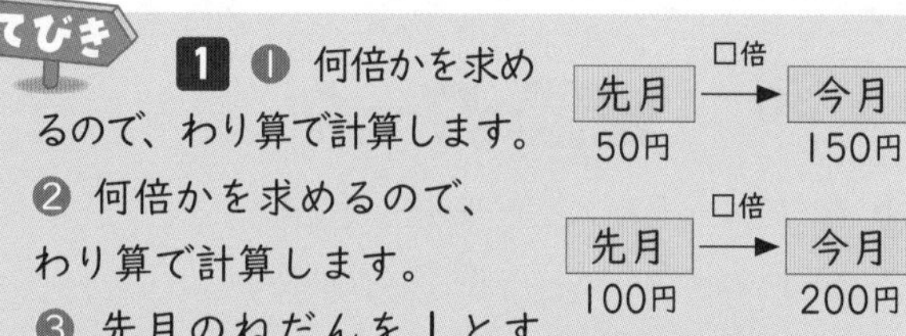

てびき **1** ❶ 何倍かを求めるので、わり算で計算します。
❷ 何倍かを求めるので、わり算で計算します。
❸ 先月のねだんを1とするとき、今月のねだんは、じゃがいもが3、玉ねぎが2にあたるので、じゃがいものほうが、ね上がりしているといえます。

2 図に表して考えると、次のようになります。

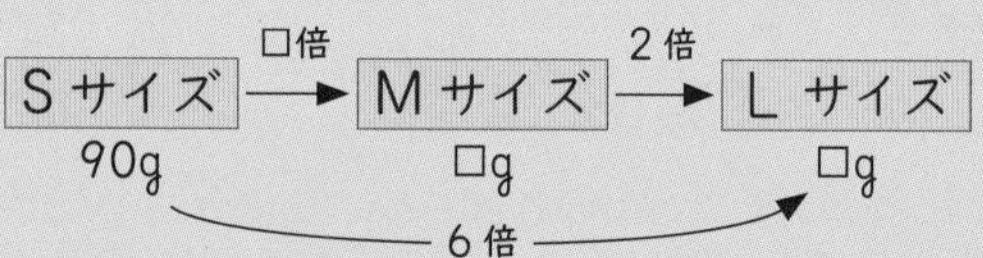

❶ 90gを1とするときの、6にあたる重さを求めるので、90×6を計算します。
❷ Mサイズの重さを1とするとき、2にあたる重さがLサイズの540gだから、1にあたる重さは、わり算で540÷2の計算をして求めます。

3 図に表して考えると、次のようになります。

ふくろ —2倍→ 箱 —5倍→ かん
□こ　□こ　110こ

箱入りのクッキーの数を求めてから、ふくろ入りのクッキーの数を求めると、110÷5=22、22÷2=11になります。
（別のとき方） かん入りのクッキーの数がふくろ入りのクッキーの数の何倍になるかを考えてから求めると、2×5=10、110÷10=11になります。

たしかめよう！
2 ❷かいた図を見て、□×2=540とかけ算の式をつくると、わかりやすくなります。

そろばん

68・69ページ きほんのワーク

きほん1 2、6、3、256.3 答え 256.3

❶ ❶

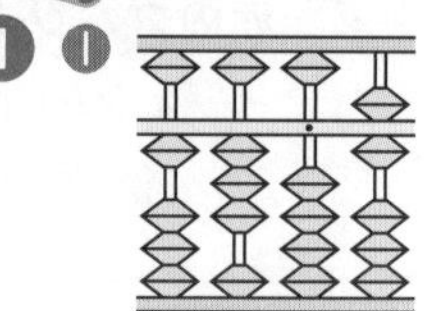

❷

❸

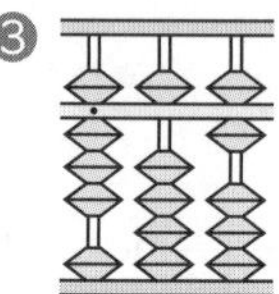

❹

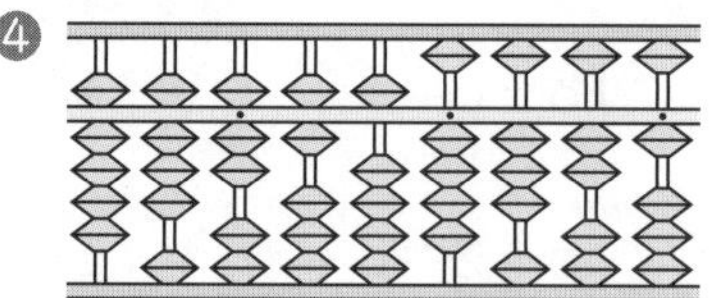

きほん2 答え 14.2

❷ ❶ 2.1
❷ 9.7

きほん3 答え 4.76

❸ ❶ 1.29 ❷ 2.88

❹ ❶ 60億 ❷ 83兆
❸ 59億 ❹ 47兆

❺ ❶ 97 ❷ 34
❸ 8.1

⑩ 面積

70・71ページ きほんのワーク

きほん1 面積、1cm²、11、11、10、1、1、12
答え ㋑

❶ ❶ 20こ ❷ 20cm²
❸ 25cm² ❹ ㋒が5cm²広い。

きほん2 15、25、15、25、375、375、
18、18、18、324、324
答え 375、324

❷ ❶ 式 12×24=288
答え 288cm²
❷ 式 30×30=900
答え 900cm²

❸ ❶ 式 3×5=15
答え 15cm²
❷ 式 2×2=4
答え 4cm²

てびき ① ❶ 1 cm^2 の正方形が 20 こならんでいます。

❷ 1 cm^2 の正方形が 20 こ分で、20 cm^2 です。

❸ 1 cm^2 の正方形が 25 こならんでいます。

❹ ㋐と㋑の面積は、1 cm^2 の正方形 5 こ分のちがいがあります。

② 長方形や正方形の面積は、たての長さを表す数と横の長さを表す数をかけあわせて求めることができます。また、長さの単位が cm のときは、面積の単位は cm^2 になります。

③ ❶ たての長さが 3 cm、横の長さが 5 cm の長方形です。

❷ 1 辺の長さが 2 cm の正方形です。

たしかめよう!

面積の公式

長方形の面積＝たて×横
＝横×たて

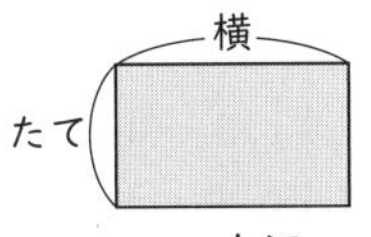

正方形の面積＝1 辺×1 辺

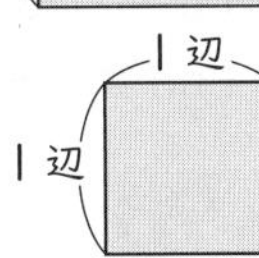

72・73 ページ きほんのワーク

きほん1 6、3、5、8、8、3

答え 42

① ❶

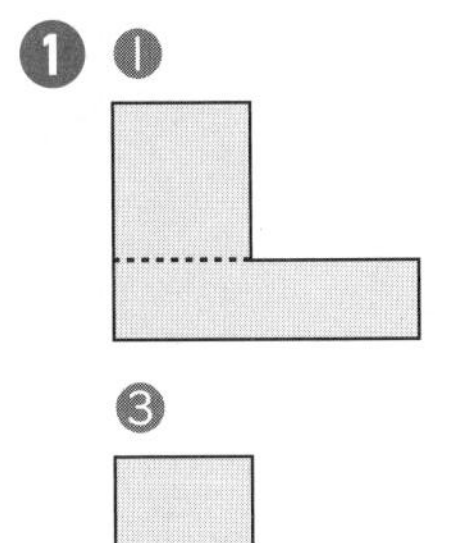

❷

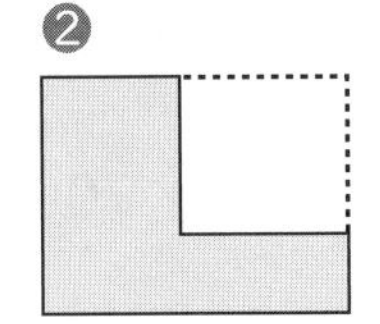

❸

きほん2 5、4、20

答え 20

② ❶ 式 10×8＝80

答え 80 m^2

❷ 式 7×7＝49

答え 49 m^2

きほん3 4、6、24

答え 24

③ 式 2×3＝6

答え 6 km^2、6000000 m^2

きほん4 1 a、1 ha、150、400

答え 60000、600、6

④ 式 800×800＝640000

答え 6400 a、64 ha

てびき ① 面積は 190 cm^2 です。いろいろな面積の求め方を使い分けられるようになりましょう。

❶は、横に線を入れて、2 つの長方形に分けて面積を求めます。

❷は、長方形をつぎたして、外側の大きい長方形の面積を考え、つぎたした小さい長方形の面積をひいて求めます。

❸は、たてに線を入れて、2 つの長方形に分けて面積を求めます。

② たてや横の長さを m ではかることが多い教室や花だんなどの面積の単位は、m^2 を使います。

③ 1 km^2＝1 km×1 km なので、
1 辺が 1 km＝1000 m の正方形の面積を単位にします。

④ 800×800＝640000＝6400×100
＝64×10000 で、
1 a＝10 m×10 m＝100 m^2、
1 ha＝100 m×100 m＝10000 m^2＝100 a
だから、
640000 m^2＝6400 a＝64 ha になります。

たしかめよう!

② 1 m^2＝1 m×1 m

③ 1 km^2＝1 km×1 km
＝1000 m×1000 m
＝1000000 m^2

④ 1 a＝10 m×10 m
＝100 m^2
1 ha＝100 m×100 m
＝10000 m^2
＝100 a

74 ページ 練習のワーク①

① ❶ 式 25×17＝425

答え 425 cm^2

❷ 式 16×16＝256

答え 256 m^2

❸ 式 4×8＝32

答え 32 km^2

② 式 54÷9＝6

答え 6 cm

③ 式 8×12−2×3＝90

答え 90 cm^2

❹ 式 200×200＝40000

答え 400a、4ha

てびき ❶ 辺の長さの単位によって、面積の単位も変わります。
長さの単位がcmのときはcm^2、
長さの単位がmのときはm^2、
長さの単位がkmのときはkm^2になります。
❷ たての長さを□cmとして、長方形の面積の公式にあてはめると、□×9＝54になります。□にあてはまる数は、わり算で求めます。
❸ 大きい長方形の面積から小さい長方形の面積をひいて求めます。また、3つの長方形に分けて、面積を求めることもできます。
8×(12−3)＋4×3＋2×3＝90より、
90cm^2

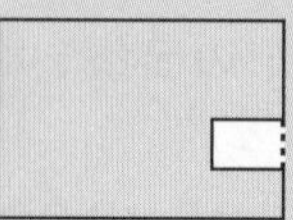
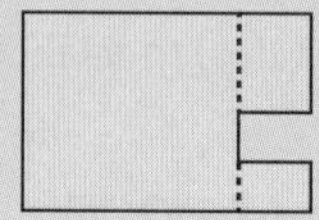

❹ 40000m^2＝400a＝4haです。

たしかめよう!
1辺が10mの正方形の面積が1a、
1辺が100mの正方形の面積が1haです。
1辺の長さが10倍になると、面積は100倍になるという関係があります。
1a＝100m^2、1ha＝10000m^2です。

75ページ 練習のワーク❷

❶ ❶ 1cm^2 ❷ 1cm^2
❸ 1cm^2

❷ 式 6×6＝36
36÷4＝9

答え 9cm

❸ ❶ 60000 ❷ 3000000
❸ 90 ❹ 250000

❹ ❶ 式 50×30＝1500

答え 15a

❷ 式 400×2000＝800000

答え 80ha

てびき ❶ 三角形をうつして考えます。

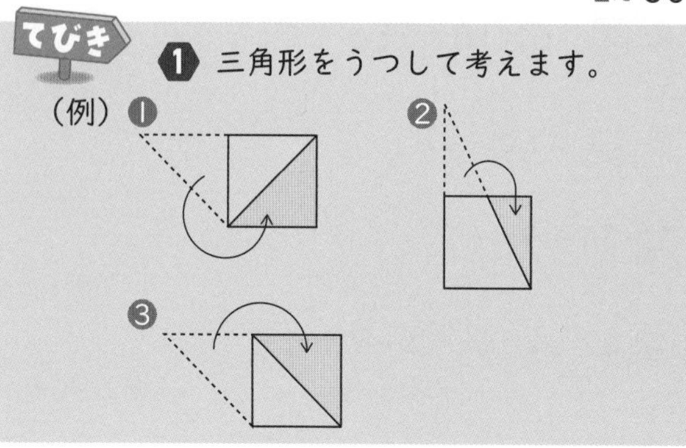

❷ 1辺が6cmの正方形の面積は36cm^2で、この面積に等しい長方形の横の長さを□cmとして、長方形の面積の公式にあてはめると、4×□＝36になります。□にあてはまる数は、わり算で求めます。
❹ ❶ 100m^2＝1aより、1500m^2＝15a
❷ 面積を求めるときは、たてと横の長さの単位をそろえます。
2km＝2000mより、
400×2000＝800000
800000m^2＝8000a＝80ha

たしかめよう!
❷ たて×横＝長方形の面積より、長方形の横の長さは長方形の面積÷たてで求めることができます。
❸❹ 面積の単位
1m^2＝10000cm^2
1km^2＝1000000m^2
1a＝100m^2
1ha＝10000m^2＝100a

76ページ まとめのテスト❶

1 ❶ 式 80×100＝8000

答え 8000cm^2

❷ 式 20÷4＝5 5×5＝25

答え 25m^2

❸ 式 25×12＝300

答え 3a

❹ 式 700×700＝490000

答え 49ha

2 ❶ 式 18×12＋10×10＝316

答え 316cm^2

❷ 式 4×3＋(4−3)×2＋4×2＝22

答え 22m^2

❸ 式 13×26−6×6＝302

答え 302m^2

3 式 84÷14＝6

答え 6m

てびき **1** ❶ 横の長さの単位をcmにそろえます。1m＝100cmだから、面積は80×100＝8000より、8000cm^2です。
❷ 正方形の池のまわりの長さが20mだから、1辺の長さは20÷4＝5より、5mです。
❸ 100m^2＝1aより、300m^2＝3a
❹ 490000m^2＝4900a＝49ha

2 ❶ たてに線を入れて、2つの長方形に分けて面積を求めます。また、長方形をつぎたして、外側の大きい長方形の面積から、つぎたした小さい長方形の面積をひいて求めることもできます。

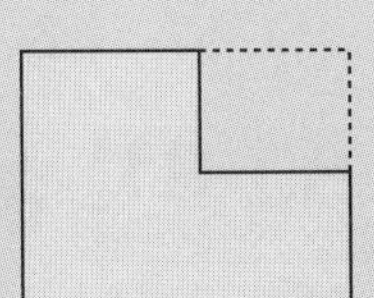

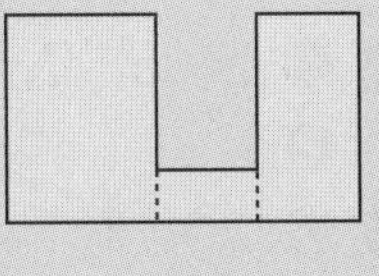

18×22－8×10＝316 より、316cm^2 です。

❷ たてに線を入れて、3つの長方形に分けて面積を求めます。また、長方形をつぎたして、外側の大きい長方形の面積から、つぎたした小さい長方形の面積をひいて求めることもできます。

4×7－3×2＝22 より、22m^2 です。

❸ 外側の長方形の面積から、中にある正方形の面積をひいて求めます。

3 たての長さを□m として、長方形の面積の公式にあてはめると、□×14＝84 になります。

□にあてはまる数は、わり算で求めます。

たしかめよう!

2 ［図］のような図形の面積は、分けたり、つぎたしたりして考えれば、長方形や正方形の面積の公式を使って求めることができます。

77ページ まとめのテスト❷

1 ❶ 280000cm^2　❷ 9m^2

2 ❶ 5　❷ 300

❸ 8000

3 式 50÷2＝25

25－9＝16

9×16＝144　答え 144m^2

4 式 12×4＝48

2×(6＋4＋16)＝52

48＋52＝100　答え 100cm^2

5 式 18－3＝15

34－3＝31

15×31＝465　答え 465m^2

てびき

1 ❶ たての長さの単位をcmにします。7m＝700cm だから、長方形の面積の公式にあてはめると、700×400＝280000 より、280000cm^2 です。

❷ 1辺の長さの単位をmにします。

300cm＝3m だから、正方形の面積の公式にあてはめると、3×3＝9 より、9m^2 です。

2 ❶ 横の長さの単位をmにします。

900cm＝9m だから、長方形の面積の公式にあてはめると、□×9＝45 になります。

❷ 辺の長さの単位がどちらもmなので、面積の単位をm^2 にします。360a＝36000m^2 だから、長方形の面積の公式にあてはめると、120×□＝36000 になります。

❸ 長方形のたての長さは、面積の公式から、24÷3＝8 より、8km です。問題の図では、たての長さが□m となっているので、8km ではなく、単位をmにして答えることに注意しましょう。8km＝8000m

3 長方形のまわりの長さは、たての長さと横の長さのそれぞれ2つ分だから、たての長さと横の長さの和は 50÷2＝25 より、25m です。横の長さは 25－9＝16 より、16m なので、長方形の面積は 9×16＝144 より、144m^2 です。

4 次の図のように、横に線を入れて、2つの長方形に分けて面積を求めます。

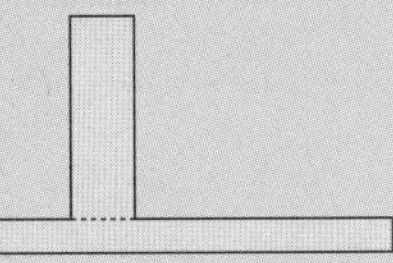

5 次の図のように、道をはしによせると、たての長さが(18－3)m、横の長さが(34－3)m の長方形ができます。この長方形の面積が、道をのぞいた土地の面積に等しくなります。

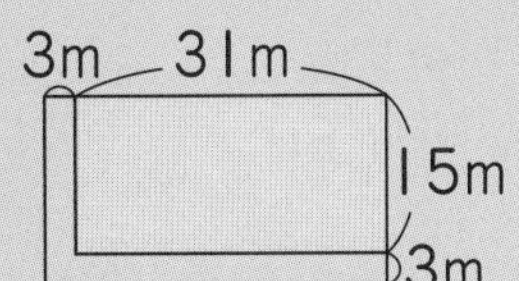

たしかめよう!

4 たてに線を入れて3つの長方形に分けて面積を求めることもできます。

また、長方形をつぎたして、大きな長方形の面積から、つぎたした2つの小さな長方形の面積をひいて求めることもできます。

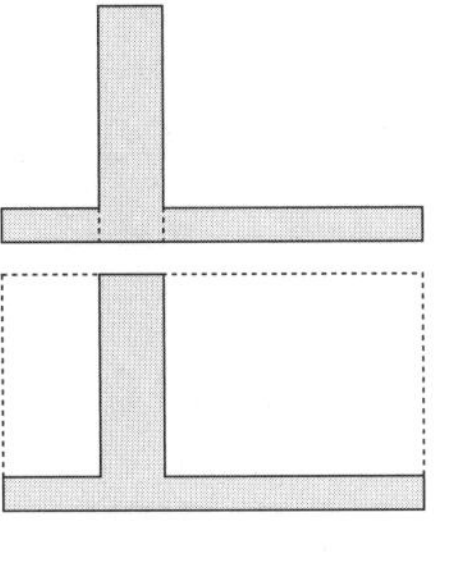

⑪ がい数とその計算

78・79ページ きほんのワーク

きほん1 23000、24000

答え 23000、24000

❶ ❶ Ⓐあ 4万　　Ⓔえ 5万
❷ Ⓘい 約4万　Ⓤう 約5万
Ⓞお 約5万

❷ A市…約18万人　B市…約6万人
C市…約13万人　D市…約9万人

きほん2 四捨五入、6、3

答え 284000、280000

❸ ❶ 3000　❷ 1000
❸ 45000　❹ 25000

❹ ❶ 740000　❷ 270000
❸ 3100000　❹ 9000000

てびき ❶ 41500、43920 などは4万に近い数で、45550、47260、48700 などは5万に近い数です。

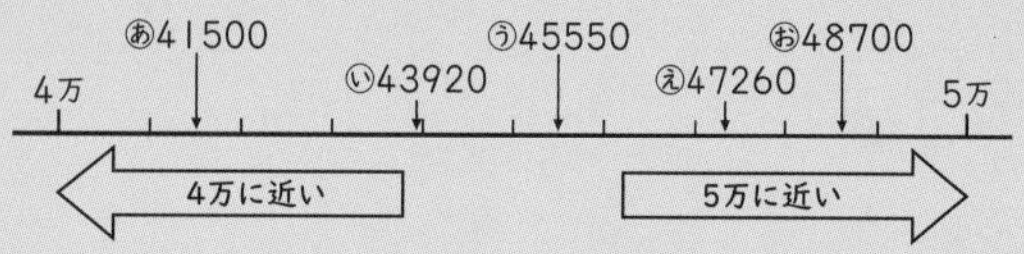

❷ 約何万人と、一万の位までのがい数にするので、そのすぐ下の千の位の数字を見て、何万に近いか考えます。

❸ 千の位までのがい数にするので、すぐ下の百の位を四捨五入します。
このときの四捨五入では、1000 にたりないあまりの数を、
0とみることを　切り捨て
1000 とみることを　切り上げ
といいます。

❶ 2647 → 3000　❷ 1487 → 1000
❸ 45001 → 45000　❹ 24899 → 25000

❹ 上から2けたのがい数にするときは、上から3つ目の位を四捨五入します。

❶ 741105 → 740000　❷ 265816 → 270000
❸ 3092814 → 3100000　❹ 8975132 → 9000000

たしかめよう!

四捨五入のしかた

がい数で表したい位のすぐ下の位の数字が
0、1、2、3、4のときは切り捨てます。
5、6、7、8、9のときは切り上げます。

80・81ページ きほんのワーク

きほん1 205、214

答え 205、214

❶ ❶ 5、6、7、8、9
❷ 4

❷ Ⓐあ、Ⓤう、Ⓞお

❸ 2750 以上 2850 未満

きほん2

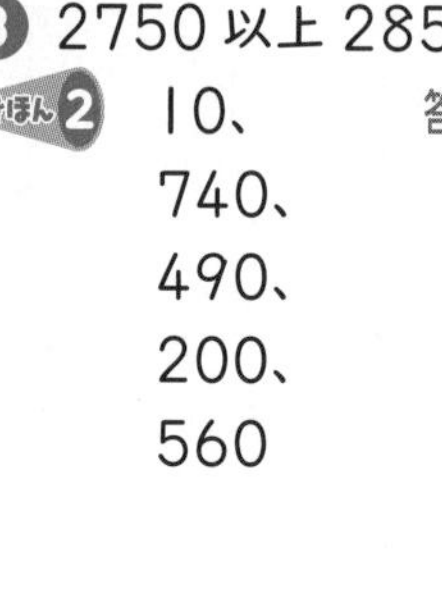

答え

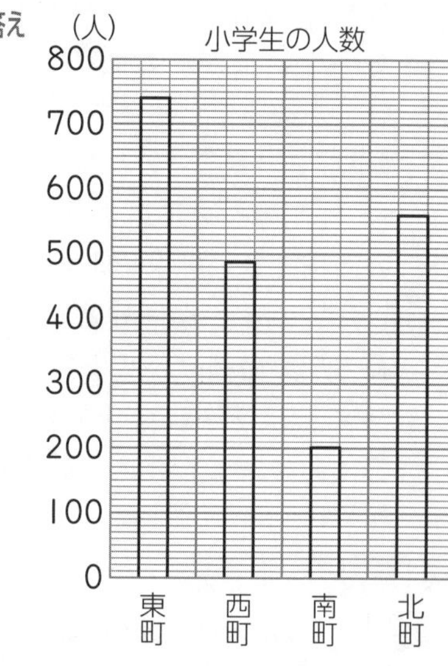

❹ ❶

❷

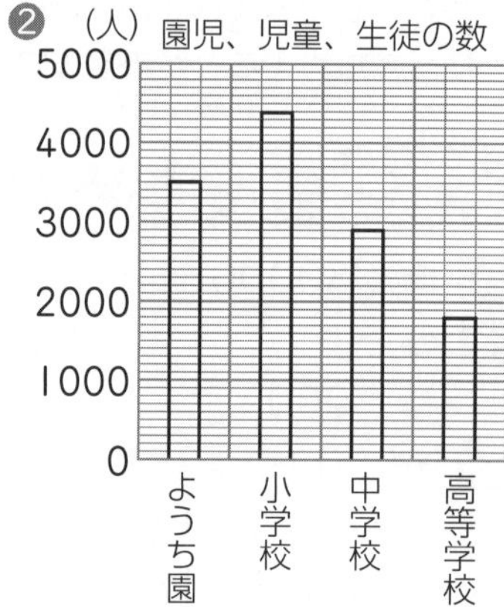

てびき ❶ ❶ 百の位の数字が4なので、切り上げて 7500 になるときを考えます。十の位の数字が5、6、7、8、9であれば、切り上げて 7500 になります。
❷ 十の位の数字が6だから切り上げるので、百の位は4にきまります。

❷ 千の位を四捨五入して 230000 になるのは、225000 以上 235000 未満の数だから、そのはんいにあるのはⒶあ、Ⓤう、Ⓞおです。

❸ 百の位までのがい数にするので、そのすぐ下の位を四捨五入します。
❹ グラフ用紙のたてのじくの１目もりは100人になっています。

たしかめよう!
❸ 十の位を四捨五入して2800になる数のはんいは「2750以上2850未満」と表せます。
以上…その数に等しいか、それより大きい数
未満…その数より小さい数
(その数ははいらない)
以下…その数に等しいか、それより小さい数

82・83ページ きほんのワーク

きほん1 31、18、49
31、18、13
答え 49、13

❶ ❶ 60000 ❷ 630000
❸ 60000 ❹ 130000

きほん2 200、200、80000
答え 80000

❷ 約40kg

きほん3 60000、200、60000、200、300
答え 300

❸ 約20か月分

てびき ❶ 四捨五入して一万の位までのがい数にしてから、計算します。
❶ 13825 46217
↓ ↓
10000＋50000＝60000
❷ 251296 378140
↓ ↓
250000＋380000＝630000
❸ 99541 42687
↓ ↓
100000－40000＝60000
❹ 730640 597138
↓ ↓
730000－600000＝130000

❷ かけられる数もかける数も上から１けたのがい数にしてから計算します。
それぞれ、十の位を四捨五入すると、
375→400、102→100だから、
400×100＝40000
40000g＝40kgになります。

❸ わられる数を上から２けた、わる数を上から１けたのがい数にしてから計算します。
4022→4000、182→200だから、
4000÷200＝20より、20か月になります。

たしかめよう!
❶ 和や差を、ある位までのがい数で求めたいときは、それぞれの数を、求めようと思う位までのがい数にしてから計算します。
また、がい数についての計算をがい算といいます。

84ページ 練習のワーク

❶ Ⓘ、㊁
❷ ❶ 約102000さつ ❷ 約19000さつ
❸ ❶ 9000 ❷ 10000
❸ 900000 ❹ 300
❹ 買える。

てびき ❶ がい数で表すことが多いものは、
・くわしい数がわかっていても、目的におうじて、およその数で表せばよいとき
・グラフ用紙の目もりの関係で、くわしい数をそのまま使えないとき
・ある時点の人口など、くわしい数をつきとめるのがむずかしいとき
などです。㋐や㋒は、がい数で表すものではありません。

❷ 約何万何千さつと、千の位までのがい数にするので、そのすぐ下の百の位を四捨五入してから計算します。
43627→44000、25395→25000
32816→33000
❶ 44000＋25000＋33000＝102000
❷ 44000－25000＝19000

❸ ❶ 千の位までのがい数にするので、
3961→4000、4823→5000だから、
4000＋5000＝9000
❷ 千の位までのがい数にするので、
18148→18000、7724→8000だから、
18000－8000＝10000
❸ 上から１けたのがい数にするので、
28580→30000、32→30だから、
30000×30＝900000
❹ わられる数は上から２けた、わる数は上から１けたのがい数にするので、
89698→90000、298→300だから、
90000÷300＝300

❹ 切り上げて百の位までのがい数にするので、
480 → 500、130 → 200
250 → 300　だから、
500＋200＋300＝1000
切り上げたときの和が 1000 円なので、
1000 円で買えます。

たしかめよう!

❹ 480 のような数を、百の位までのがい数にするのに、100 にたりないあまりの数を 100 とみて、500 にすることを**切り上げ**といいます。
また、0 とみて、400 にすることを**切り捨て**といいます。

85ページ　まとめのテスト

1 150 以上 249 以下

2 ❶ Ⓐ 3100　　Ⓘ 6600
　Ⓤ 4800　　Ⓔ 5400

❷

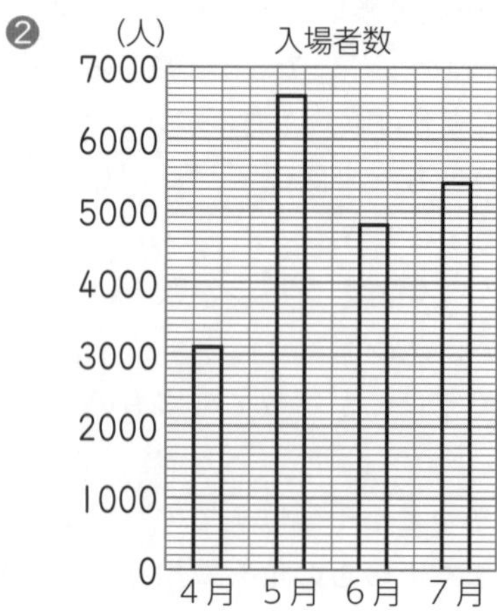

3 約 5700m

4 約 2100 円

てびき

2 ❶ 百の位までのがい数にするので、それぞれ十の位を四捨五入します。
❷ 1目もりは、100 人です。

3 四捨五入で、百の位までのがい数にして、歩いた道のりの合計を見積もります。
1365 → 1400 、1233 → 1200
874 → 900、906 → 900
740 → 700、560 → 600 だから、
1400＋1200＋900＋900＋700＋600
＝5700 より、5700m になります。

4 かけられる数もかける数も上から 1 けたのがい数にして、積の見積もりをします。
74 → 70、28 → 30 だから、
70×30＝2100 より、2100 円になります。

たしかめよう!

1 十の位を四捨五入して 200 になる整数のはんいは「150 以上 249 以下」と表せます。
以上…その数に等しいか、それより大きい数
未満…その数より小さい数
　(その数ははいらない)
以下…その数に等しいか、それより小さい数

100　150　200　250　300
100になる はんい　200になる はんい　300になる はんい

見方・考え方を深めよう（1）

86・87ページ　学びのワーク

きほん1　980、980、140
答え 140

❶ 式 378－162＝216
216÷27＝8　答え 8 こ

❷ ❶ なし 1 こ —9 をかける→ なし 9 こ 代金 —100 をひく→ 980 円

❷ 式 980＋100＝1080
1080÷9＝120　答え 120 円

きほん2　5、5、140
答え 140

❸ 式 11－2＝9
9×5＝45　答え 45 こ

❹ 式 18－4＝14
14×6＝84
84＋4＝88　答え 88 こ

❺ 式 4＋14＝18
18×26＝468　答え 468 まい

てびき

❶ となりのクラスの人たちがつくったかざりの数 162 こをひくと、はるとさんのクラスの 27 人がつくった数になります。
❷ ❷ 代金を 100 円安くしてもらって、980 円はらったので、なし 9 この代金は 980＋100＝1080 より、1080 円です。
❸ ただしさんのくりの数 11 こは、お兄さんからもらった 2 こをたした数です。はじめに分けられた数は 11 こより 2 こ少なくなります。
❹ さえさんのあめの数 18 こは、もらった 4 こをたした数です。はじめに分けられた数は 18 こより 4 こ少ない(18－4＝)14 こになります。はじめにふくろにはいっていたあめの数は、(14×6)こではなく、その積にあまった 4 こをたした数になることに注意しましょう。

❺ ひろきさんは、残っている4まいにきのうまでに終わらせた14まいをたした数だけプリントをもらったことになります。

⑫ 小数のかけ算とわり算

88・89ページ きほんのワーク

きほん1 4、4、12、1.2

答え 1.2

❶ ❶ 0.6　❷ 3.5
　❸ 2.4　❹ 4

きほん2 100、100、0.18

答え 0.18

❷ ❶ 0.12　❷ 0.3
　❸ 0.98　❹ 1

きほん3 10、10、1、1、2➡.

答え 11.2

❸ ❶
```
   6.7
 ×   8
  53.6
```
❷
```
  1.88
 ×   4
  7.52
```
❸
```
   4.5
 ×   6
  27.0
```
❹
```
  0.24
 ×   3
  0.72
```

きほん4 7、6、6、7➡.

答え 67.2

❹ ❶
```
    7.6
  × 24
   304
  152
  182.4
```
❷
```
    6.14
  ×   37
    4298
   1842
   227.18
```
❸
```
    3.8
  × 85
    190
   304
   323.0
```
❹
```
   0.95
  ×  60
   57.00
```

てびき ❶ ❶ 0.3は0.1の3こ分だから、
0.3×2は、0.1の(3×2)こ分になるから、
0.3×2=0.1×6=0.6
❷ 0.5は0.1の5こ分だから、
0.5×7は、0.1の(5×7)こ分になるから、
0.5×7=0.1×35=3.5
❸ 0.3は0.1の3こ分だから、
0.3×8は、0.1の(3×8)こ分になるから、
0.3×8=0.1×24=2.4
❹ 0.8は0.1の8こ分だから、
0.8×5は、0.1の(8×5)こ分になるから、
0.8×5=0.1×40=4
❷ ❶ 0.04を100倍して、
4×3の計算をすると12で、
この12を100でわると答えです。
❷ 0.05を100倍して、
5×6の計算をすると30で、
この30を100でわると答えです。
小数点より右の終わりにある0はとります。
❸ 0.14を100倍して、
14×7の計算をすると98で、
この98を100でわると答えです。
❹ 0.25を100倍して、
25×4の計算をすると100で、
この100を100でわると答えです。
❸ ❹ 筆算では、一の位に0をかいて、答えを0.72とします。
```
  0.24
 ×   3
  0.72
```

たしかめよう!
❶ 0.1の何こ分かを考えて計算します。
❸❹ 小数に整数をかける筆算は、小数点を考えないで右にそろえてかいて、整数と同じように計算し、最後に積に小数点をうちます。小数点より右の終わりにある、0をとることや、小数点のうちわすれに注意しましょう。

90・91ページ きほんのワーク

きほん1 3.6、36、36、4、0.9、10、10

答え 0.9

❶ ❶ 0.1　❷ 0.9
　❸ 0.07　❹ 0.4
　❺ 0.06　❻ 0.04

きほん2 .➡8、2、4、0　答え 1.8

❷ ❶
```
    1.5
 5)7.5
   5
   25
   25
    0
```
❷
```
     6.3
 4)25.2
   24
    12
    12
     0
```
❸
```
    1.48
 3)4.44
   3
   14
   12
    24
    24
     0
```

きほん3 1.92、0
3、2、1、8、1、2、1、2、0

答え 0.32

❸ ❶
```
    0.17
 4)0.68
     4
     28
     28
      0
```
❷
```
    0.033
 5)0.165
     15
      15
      15
       0
```
❸
```
    0.014
 7)0.098
      7
      28
      28
       0
```

きほん4 .➡7、2、3、8、0

答え 2.7

❹ ❶
```
       1.9
 45)85.5
    45
    405
    405
      0
```
❷
```
       0.7
 69)48.3
    483
      0
```
❸
```
       0.04
 73)2.92
    292
      0
```

てびき ❶ ❶ 0.3 は 0.1 の 3 こ分だから、
0.3÷3 は、0.1 の(3÷3)こ分になるから、
0.3÷3＝0.1
または、0.3÷3 のかわりに、わられる数を 10 倍した 3÷3 の計算をして、その商 1 を 10 でわって 0.1 と求めることもできます。
❷ 8.1 は 0.1 の 81 こ分だから、
8.1÷9 は、0.1 の(81÷9)こ分になるから、
8.1÷9＝0.9
または、8.1÷9 のかわりに、わられる数を 10 倍した 81÷9 の計算をして、その商 9 を 10 でわって 0.9 と求めることもできます。
❸ 0.56 は 0.01 の 56 こ分だから、
0.56÷8 は、0.01 の(56÷8)こ分になるから、0.56÷8＝0.07
または、0.56÷8 のかわりに、
わられる数を 100 倍した 56÷8 の計算をして、その商 7 を 100 でわって
0.07 と求めることもできます。
❹ 2 は 0.1 の 20 こ分だから、
2÷5 は、0.1 の(20÷5)こ分になるから、
2÷5＝0.4
または、2÷5 のかわりに、わられる数を 10 倍した 20÷5 の計算をして、その商 4 を 10 でわって 0.4 と求めることもできます。
❺ 0.3 は 0.01 の 30 こ分だから、
0.3÷5 は、0.01 の(30÷5)こ分になるから、
0.3÷5＝0.06
または、0.3÷5 のかわりに、
わられる数を 100 倍した 30÷5 の計算をして、その商 6 を 100 でわって
0.06 と求めることもできます。
❻ 0.4 は 0.01 の 40 こ分だから、
0.4÷10 は、0.01 の(40÷10)こ分になるから、0.4÷10＝0.04
または、0.4÷10 のかわりに、
わられる数を 100 倍した 40÷10 の計算をして、その商 4 を 100 でわって 0.04 と求めることもできます。

92・93 ページ きほんのワーク

きほん1 2、5

答え 12、2.5

❶ ❶ 14 あまり 1.4
たしかめ…4×14＋1.4＝57.4
❷ 5 あまり 2.6
たしかめ…3×5＋2.6＝17.6
❸ 4 あまり 8.5
たしかめ…17×4＋8.5＝76.5

きほん2 28.4、8、5、4、0

答え 3.55

❷ ❶ 0.75　❷ 0.15
❸ 0.025

きほん3 $\frac{1}{100}$、$\frac{1}{100}$
6、1、8、2➡6、1、8、2➡7

答え 1.7

❸ ❶ 2.3、2　❷ 1.9、2
❸ 0.8、0.8

きほん4 90、20

答え 4.5

❹ 式 150÷600＝0.25　答え 0.25 倍

てびき ❶ あまりの小数点は、わられる数の小数点にそろえてうちます。また、たしかめは わる数 × 商 ＋ あまり ＝ わられる数 の式にあてはめて計算します。

❶
```
     14
 4)57.4
   4
   17
   16
    1.4
```
❷
```
     5
 3)17.6
   15
    2.6
```
❸
```
      4
 17)76.5
    68
     8.5
```

❷ わり算では、0 をつけたして計算を続けることができます。

❶
```
     0.75
 6)4.5
   42
    30
    30
     0
```
❷
```
      0.15
 16)2.4
    16
     80
     80
      0
```
❸
```
      0.025
 52)1.30
    104
     260
     260
       0
```

❸ わり算でわり切れないときには、商をがい数で表すことがあります。$\frac{1}{10}$ の位までのがい数

で表すときは、$\frac{1}{100}$ の位を四捨五入します。

❶
```
   2.3 3
6)1 4
  1 2
    2 0
    1 8
      2 0
      1 8
        2
```
❷
```
       1.8 8
1 8)3 4
    1 8
    1 6 0
    1 4 4
      1 6 0
      1 4 4
        1 6
```
❸
```
      0.8 3
1 9)1 5.9 2
    1 5 2
        7 2
        5 7
        1 5
```
また、上から 1 けたのがい数で表すときは、上から 2 つ目の位を四捨五入します。

❸の商のように、一の位が 0 の小数では、0 を 1 けた目とするのではなく、$\frac{1}{10}$ の位を 1 けた目とすることに注意しましょう。

たしかめよう!

❹ もとにする大きさの何倍かを表す数は、小数になることもあります。
0.25 倍というのは、もとにする大きさを 1 としたとき、その 0.25 にあたる大きさを表します。

94ページ 練習のワーク❶

❶ ❶ 16.8 ❷ 110.5
❸ 705.6 ❹ 11.9
❺ 1.05 ❻ 2.6
❼ 0.21 ❽ 1.25

❷ ❶ 式 59.1÷3=19.7
答え 19.7kg

❷ 式 59.1÷3=19 あまり 2.1
答え 19 こできて、2.1kg あまる。

❸ 式 15.3×4=61.2
答え 61.2cm

てびき ❶ 筆算は、次のようになります。

❶
```
   2.4
×    7
  1 6.8
```
❷
```
     1.7
×   6 5
    8 5
  1 0 2
  1 1 0.5
```
❸
```
    7.8 4
×     9 0
  7 0 5.6 0
```
❹
```
   5.9 5
×      2
  1 1.9 0
```
❺
```
   1.0 5
4)4.2
  4
    2 0
    2 0
      0
```
❻
```
       2.6
1 6)4 1.6
    3 2
      9 6
      9 6
        0
```
❼
```
      0.2 1
4 5)9.4 5
    9 0
      4 5
      4 5
        0
```
❽
```
   1.2 5
8)1 0
   8
   2 0
   1 6
     4 0
     4 0
       0
```
❷ ❶ 3 等分するので、式は 59.1÷3 です。筆算は、右のようになります。

```
   1 9.7         1 9
3)5 9.1       3)5 9.1
  3             3
  2 9           2 9
  2 7           2 7
    2 1           2.1
    2 1
      0
```
❷ 3kg のかたまりが何こできるかを求めるので、商は一の位まで求め、19 とします。
最後の 21 は、0.1 の 21 こ分を表していて、あまりの小数点はわられる数の小数点にそろえてうつので、2.1 になります。あまりがわる数の 3 より小さいことをたしかめましょう。

❸ 横の長さはたての長さの 4 倍だから、15.3×4 の計算をします。

たしかめよう!

❶ わり算では、0 をつけたして計算を続けることができます。
❷ あまりの小数点は、わられる数の小数点にそろえてうちます。

95ページ 練習のワーク❷

❶ ❶
```
   4.5 2
×      3
  1 3.5 6
```
❷
```
     2.7 6
×      5 9
   2 4 8 4
 1 3 8 0
 1 6 2.8 4
```
❸
```
   0.8 5
×    8 0
  6 8.0 0
```
❷ ❶ 0.135 ❷ 2.05
❸ 1.45 ❹ 0.425

❸ ❶ 1.57、1.6 ❷ 0.43、0.43

❹ 式 320÷200=1.6
答え 1.6 倍

てびき ❷ わり算では、0 をつけたして計算を続けることができます。

❶
```
      0.1 3 5
1 4)1.8 9
    1 4
      4 9
      4 2
        7 0
        7 0
          0
```
❷
```
      2.0 5
1 6)3 2.8
    3 2
        8 0
        8 0
          0
```

❸
```
   1.4 5
6)8.7
  6
  2 7
  2 4
    3 0
    3 0
      0
```
❹
```
   0.4 2 5
8)3.4
  3 2
    2 0
    1 6
      4 0
      4 0
        0
```

3 $\frac{1}{100}$ の位までのがい数で表すときは、$\frac{1}{1000}$ の位の数字を四捨五入します。また、上から２けたのがい数で表すときは、上から３つ目の位を四捨五入します。

4 ゼリーのねだんを１として、わり算で求めます。

ゼリー（200円）―□倍→ ケーキ（320円）

96ページ まとめのテスト❶

1

❶
```
   7.2
×    7
  5 0.4
```
❷
```
   0.7
× 4 5
    3 5
  2 8
  3 1.5
```
❸
```
   0.3 6
×    1 6
   2 1 6
   3 6
   5.7 6
```
❹
```
      1.8 5
×       6 4
      7 4 0
  1 1 1 0
  1 1 8.4 0
```
❺
```
   1.3
7)9.1
  7
  2 1
  2 1
    0
```
❻
```
       4.6 5
1 8)8 3.7
    7 2
    1 1 7
    1 0 8
        9 0
        9 0
          0
```
❼
```
   1.0 2 4
5)5.1 2
  5
    1 2
    1 0
      2 0
      2 0
        0
```
❽
```
   0.0 8 1
8)0.6 4 8
    6 4
        8
        8
        0
```

2 式 22.5÷6＝3.75
3.75×15＝56.25　　答え 56.25g

3 式 3.4÷12＝0.283…
答え 約 0.28 L、約 0.3 L

4 式 540÷600＝0.9
答え 0.9倍

てびき

1 ❹ 小数点より右の終わりにある０はかかずにとって、答えは 118.4 とします。
❻❼わり切れるまで０をつけたしてわり続けます。

2 ５円玉６まいで 22.5g だから、１まいでは、22.5÷6＝3.75 より、3.75g です。
５円玉 15 まい分の重さは、
3.75×15＝56.25 より、56.25g です。

```
   3.7 5
6)2 2.5
  1 8
    4 5
    4 2
      3 0
      3 0
        0
```
```
    3.7 5
×     1 5
  1 8 7 5
  3 7 5
  5 6.2 5
```

3 $\frac{1}{100}$ の位までのがい数で表すときは、$\frac{1}{1000}$ の位を四捨五入します。
また、上から１けたのがい数で表すときは、上から２つ目の $\frac{1}{100}$ の位を四捨五入します。

```
      0.2 8 3
1 2)3.4
    2 4
    1 0 0
      9 6
        4 0
        3 6
          4
```

4 ジュースの量を１として、わり算で求めます。

ジュース（600mL）―□倍→ お茶（540mL）

たしかめよう!

3 わり算でわり切れなかったり、けた数が多くなるときには、商をがい数で表すことがあります。

97ページ まとめのテスト❷

1

❶
```
   6.9 2
×      7
  4 8.4 4
```
❷
```
    0.5 6
×     3 9
    5 0 4
  1 6 8
  2 1.8 4
```
❸
```
    1.3 5
×     4 8
  1 0 8 0
  5 4 0
  6 4.8 0
```
❹
```
   0.0 5 2
9)0.4 6 8
    4 5
      1 8
      1 8
        0
```
❺
```
     0.0 3
2 7)0.8 1
      8 1
        0
```
❻
```
     0.3 2 5
1 6)5.2
    4 8
      4 0
      3 2
        8 0
        8 0
          0
```

2 ❶ 12 あまり 5.3
たしかめ…6×12＋5.3＝77.3
❷ 3 あまり 19.5
たしかめ…24×3＋19.5＝91.5

3 式 1.46×5＝7.3
答え 7.3m

4 式 339.7÷14＝24 あまり 3.7
24＋1＝25
答え 25 日

てびき

2 あまりの小数点は、わられる数の小数点にそろえてうちます。

①
```
    1 2
 6)7 7.3
   6
   1 7
   1 2
     5.3
```

②
```
       3
 2 4)9 1.5
     7 2
     1 9.5
```

3 はじめのテープの長さは、

```
   1.4 6
 ×     5
   7.3 0
```

1本分の長さ×5で求めることができます。筆算は、右のようになり、小数点より右の終わりにある0はかかずにとって、答えは7.3になります。

4 商は一の位まで求めます。

```
        2 4
 1 4)3 3 9.7
     2 8
       5 9
       5 6
         3.7
```

24日では、さとうは3.7gあまるので、あまりのさとうを使う1日分をたします。

どんな計算になるのかな

98ページ 学びのワーク

きほん1 6、6、6、150　答え 150

① 式 150÷3＝50　答え 約 50m

② 式 1600÷8＝200　答え 約 200こ

③ 式 135×128＝17280　答え 17280こ

てびき

① 図をかいて考えます。

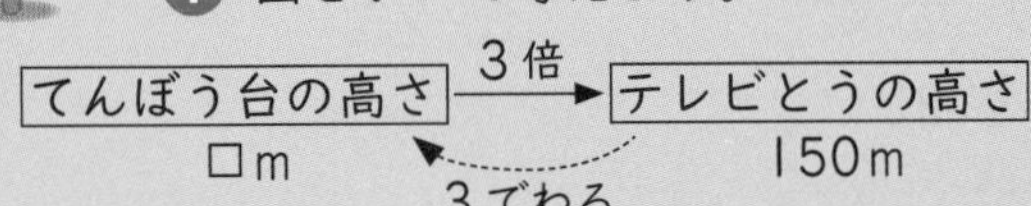

てんぼう台の高さを求める式は150÷3です。

② 図をかいて考えます。

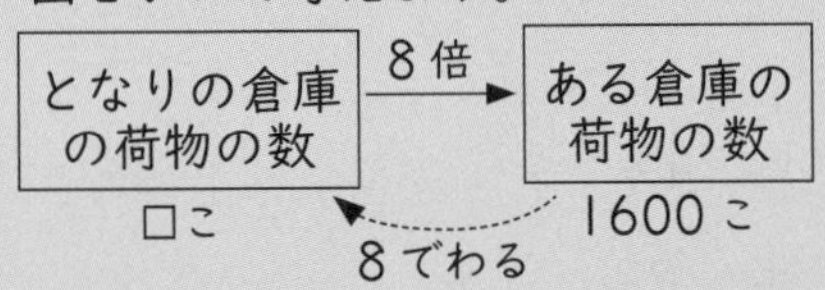

となりの倉庫にはいっている荷物の数を求める式は1600÷8です。

③ ことばの式をかいて考えます。

1箱に入れる品物の数×箱の数＝全部の品物の数だから、式は135×128です。

筆算は、次のようになります。

```
     1 3 5
   × 1 2 8
   1 0 8 0
   2 7 0
 1 3 5
 1 7 2 8 0
```

だれでしょう

99ページ 学びのワーク

きほん1 サッカー、しゅん、はるま、えいた

答え えいた

① 平行四辺形

てびき

① (あ)台形、(い)平行四辺形、(う)ひし形、(え)長方形、(お)正方形として、あてはまるとくちょうがある図形に○をかいて考えます。

	(あ)	(い)	(う)	(え)	(お)
えり			○		○
なおこ		○	○	○	○
あき				○	○
ゆか	○				
さち			○		

まず、表を横に見て、1つの図形にだけ○がかかれた、ゆかさんが台形、さちさんがひし形にきまります。次に、台形やひし形ではない人に×をかいていくと、下のようになります。

	(あ)	(い)	(う)	(え)	(お)
えり	×		⊗		○
なおこ	×	○	⊗	○	○
あき	×		×	○	○
ゆか	○	×	×	×	×
さち	×	×	○	×	×

ここでもういちど、表を横に見て、1つの図形にだけ○がかかれた、えりさんが正方形にきまるので、さらに、表を整理すると下のようになります。

	(あ)	(い)	(う)	(え)	(お)
えり	×	×	⊗	×	○
なおこ	×	○	⊗	⊗	⊗
あき	×	×	×	○	⊗
ゆか	○	×	×	×	×
さち	×	×	○	×	×

これによって、あきさんは長方形、なおこさんは平行四辺形にきまります。

⑬ 調べ方と整理のしかた

100・101ページ きほんのワーク

きほん1 4、10

答え けがの種類と場所別のけが調べ(人)

種類＼場所	校庭	教室	ろうか	体育館	合計
すりきず	正一 6	正 5	0	0	11
打ぼく	下 4	0	0	下 4	8
切りきず	T 2	正一 6	T 2	0	10
ねんざ	0	0	一 1	T 2	3
合計	12	11	3	6	32

❶ 2組

場所とクラス別のけが調べ(人)

クラス＼場所	校庭	教室	ろうか	体育館	合計
1組	1	4	1	2	8
2組	6	2	0	2	10
3組	2	2	2	0	6
4組	3	3	0	2	8
合計	12	11	3	6	32

❷ ❶ 輪投げのとく点(人)

チーム＼とく点	10点	9点	8点	7点	6点	合計
Aチーム	3	2	5	3	1	14
Bチーム	4	5	3	3	0	15
合計	7	7	8	6	1	29

❷ 8点

❸ ❶ ㋐ □　㋑ ○
㋒ △　㋓ 白
㋔ 7　㋕ 3
㋖ 14　㋗ 3
㋘ 11　㋙ 7
㋚ 10　Ⓛ 8
㋜ 25

❷ ○

てびき ❶ クラスごとの合計を見ると、1組が8人、2組が10人、3組が6人、4組が8人なので、けがをした人がいちばん多いのは2組になります。

❷ ❷ Aチームのところを横に見て、いちばん人数の多い5のところを上に見ます。

輪投げのとく点(人)

チーム＼とく点	10点	9点	8点	7点	6点	合計
(Aチーム)	3	2	(5)	3	1	14

❸ ❶ 表の色のところに黒がかいてあるので、㋓は白になります。白が4まい、黒が3まいある形は□なので、㋐は□になります。黒が5まいある形は△なので、㋒は△になります。これより、㋑は○になります。あとは、わかるところから順に表をうめていきます。

❷ ○と△のそれぞれの数の合計は、いちばん下の㋚とⓁにかきます。㋚が10、Ⓛが8なので、○は△より多いです。

たしかめよう!
表にまとめるとき、「正」の字をかいていくと、数をまちがえずに調べられます。また、数え落としがないよう、数えたものには印をつけておきましょう。

102ページ まとめのテスト

1 ❶ 学年別の生まれた月調べ(人)

学年＼月	4〜6月	7〜9月	10〜12月	1〜3月	合計
4年	4	1	2	3	10
5年	2	3	3	2	10
合計	6	4	5	5	20

❷ 7月から9月生まれの4年生

2 ❶ ㋐ 4　㋑ 2
㋒ 1　㋓ 5
㋔ 8　㋕ 3
㋖ 9　㋗ 23

❷ 23こ

❸ 8こ

てびき **1** ❷ 合計らん以外で、いちばん小さい数は1です。1のところを上に見て、7月から9月生まれ、横に見て4年生とわかります。

学年＼月	4〜6月	7〜9月	10〜12月	1〜3月
(4年)	4	(1)	2	3
5年	2	3	3	2

2 ❷ 全部の数は、表の㋗の23です。

❸ ♡の形の数は、表の㋔の8です。

たしかめよう!
表にまとめるときは、たてと横の合計も出して、たしかめもわすれずにしましょう。

見方・考え方を深めよう（2）

103ページ **学びのワーク**

きほん1　17、16、8、8、11

答え　11

1　❶ 24人　❷ 18人

てびき　1 ㋕には、全体の人数の84がはいります。表にはいる数を求めると、次のようになります。

㋓…84−46=38　㋔…84−52=32

㋑…32−14=18　㋐…46−18=28

㋒…38−14=24

❶ ハンカチを持っていて、ティッシュペーパーを持っていない人は、表の㋒にはいるので、24人です。

❷ ティッシュペーパーを持っていて、ハンカチを持っていない人は、表の㋑にはいるので、18人です。

⑭ 分数

104・105ページ **きほんのワーク**

きほん1　$\frac{5}{4}$、$1\frac{1}{4}$、$\frac{8}{4}$

答え　$\frac{2}{4}$、$\frac{4}{4}$、$\frac{5}{4}\left(1\frac{1}{4}\right)$、$\frac{8}{4}$

1　❶ $\frac{1}{3}$、$\frac{5}{7}$、$\frac{7}{9}$

❷ $\frac{7}{7}$、$\frac{14}{9}$、$\frac{6}{5}$

❸ $2\frac{4}{5}$、$1\frac{1}{3}$、$3\frac{1}{2}$

きほん2　2、2、$\frac{1}{5}$

答え　$2\frac{2}{5}$、$\frac{13}{5}$

2　❶ $1\frac{3}{4}$　❷ $3\frac{4}{5}$

❸ 2　❹ $\frac{5}{4}$

❺ $\frac{11}{5}$　❻ $\frac{37}{10}$

きほん3　$3\frac{1}{4}$、$\frac{11}{4}$

答え　>

3　❶ =　❷ >

てびき　2 仮分数を帯分数になおすときは、分子を分母でわったときの商とあまりを考えます。

❶ 7÷4=1 あまり 3

$\frac{7}{4}=1\frac{3}{4}$

❷ 19÷5=3 あまり 4

$\frac{19}{5}=3\frac{4}{5}$

❸ 18÷9=2　わり切れるときは整数になります。

$\frac{18}{9}=2$

帯分数を仮分数になおすときは、分母×整数部分＋分子を計算して、これを分子にします。

❹ 4×1+1=5　$1\frac{1}{4}=\frac{5}{4}$

❺ 5×2+1=11　$2\frac{1}{5}=\frac{11}{5}$

❻ 10×3+7=37　$3\frac{7}{10}=\frac{37}{10}$

3 ❶ 17÷5=3 あまり 2 より、

$\frac{17}{5}$を帯分数にすると、$3\frac{2}{5}$だから、

$\frac{17}{5}=3\frac{2}{5}$

また、5×3+2=17 より、

$3\frac{2}{5}$を仮分数にすると、$\frac{17}{5}$だから、

$\frac{17}{5}=3\frac{2}{5}$

❷ 23÷6=3 あまり 5 より、

$\frac{23}{6}$を帯分数にすると、$3\frac{5}{6}$だから、

$4>3\frac{5}{6}$

また、$\frac{6}{6}=1$ だから、6×4=24 より、

$4=\frac{24}{6}$ になるので、$\frac{24}{6}>\frac{23}{6}$

たしかめよう！

1 真分数…1より小さい分数

仮分数…1に等しいか、1より大きい分数

帯分数…$1\frac{1}{4}$や$2\frac{3}{4}$のように、整数と真分数の和になっている分数

106・107ページ きほんのワーク

きほん1 $\frac{7}{6}$ 答え $\frac{7}{6}$、$1\frac{1}{6}$

❶ ❶ $\frac{11}{9}\left(1\frac{2}{9}\right)$ ❷ $\frac{9}{8}\left(1\frac{1}{8}\right)$

❸ $\frac{14}{7}(2)$ ❹ $\frac{5}{9}$

❺ $\frac{8}{6}\left(1\frac{2}{6}\right)$ ❻ $\frac{5}{5}(1)$

きほん2 14、14、17 答え $\frac{17}{5}$、$3\frac{2}{5}$

❷ ❶ $\frac{11}{7}\left(1\frac{4}{7}\right)$ ❷ $\frac{15}{8}\left(1\frac{7}{8}\right)$

❸ $\frac{40}{9}\left(4\frac{4}{9}\right)$ ❹ $\frac{8}{9}$

❺ $\frac{3}{4}$ ❻ $\frac{10}{6}\left(1\frac{4}{6}\right)$

きほん3 $\frac{2}{4}$、$\frac{3}{6}$、$\frac{4}{8}$

答え $\frac{2}{4}$、$\frac{3}{6}$、$\frac{4}{8}$、$\frac{5}{10}$

❸ ❶ $\frac{6}{10}$ ❷ $\frac{6}{8}$ ❸ $\frac{1}{3}$、$\frac{3}{9}$

てびき ❶ 分母が同じ分数のたし算やひき算は、分母をそのままにして、分子だけを計算します。

❶ 8+3

$\frac{8}{9}+\frac{3}{9}=\frac{11}{9}$

❷ 2+7

$\frac{2}{8}+\frac{7}{8}=\frac{9}{8}$

❸ 6+8

$\frac{6}{7}+\frac{8}{7}=\frac{14}{7}$

$\frac{7}{7}$は1に等しい分数です。

$\frac{14}{7}$は$\frac{7}{7}$の2こ分なので2と表すこともできます。

❹ 16−11

$\frac{16}{9}-\frac{11}{9}=\frac{5}{9}$

❺ 21−13

$\frac{21}{6}-\frac{13}{6}=\frac{8}{6}$

❻ 19−14

$\frac{19}{5}-\frac{14}{5}=\frac{5}{5}$

$\frac{5}{5}$は1に等しい分数です。

❷ ❶ $1\frac{2}{7}+\frac{2}{7}=\frac{9}{7}+\frac{2}{7}=\frac{11}{7}$

❷ $1\frac{1}{8}+\frac{6}{8}=\frac{9}{8}+\frac{6}{8}=\frac{15}{8}$

❸ $\frac{5}{9}+3\frac{8}{9}=\frac{5}{9}+\frac{35}{9}=\frac{40}{9}$

❹ $1\frac{2}{9}-\frac{3}{9}=\frac{11}{9}-\frac{3}{9}=\frac{8}{9}$

❺ $1\frac{1}{4}-\frac{2}{4}=\frac{5}{4}-\frac{2}{4}=\frac{3}{4}$

❻ $2-\frac{2}{6}=\frac{12}{6}-\frac{2}{6}=\frac{10}{6}$

❸ 数直線をたてに見て、大きさの等しい分数をさがします。

たしかめよう!

❶ $\frac{5}{5}$のように、分子と分母が等しい分数は、1に等しいです。

❷ 帯分数を仮分数になおして計算します。

108ページ 練習のワーク❶

❶ ❶ $1\frac{5}{7}$ ❷ 6

❸ $\frac{43}{8}$ ❹ $\frac{16}{9}$

❷ ❶ $\frac{10}{3}\left(3\frac{1}{3}\right)$ ❷ $\frac{14}{4}\left(3\frac{2}{4}\right)$

❸ $\frac{15}{6}\left(2\frac{3}{6}\right)$ ❹ $\frac{32}{8}(4)$

❺ $\frac{41}{9}\left(4\frac{5}{9}\right)$ ❻ $\frac{20}{5}(4)$

❸ ❶ $\frac{5}{4}\left(1\frac{1}{4}\right)$ ❷ $\frac{22}{9}\left(2\frac{4}{9}\right)$

❸ $\frac{12}{7}\left(1\frac{5}{7}\right)$ ❹ $\frac{3}{5}$

❺ $\frac{36}{10}\left(3\frac{6}{10}\right)$ ❻ $\frac{15}{6}\left(2\frac{3}{6}\right)$

❹ 式 $1\frac{4}{7}+\frac{3}{7}=2$

$1\frac{4}{7}-\frac{3}{7}=\frac{8}{7}$ 答え 2kg、$\frac{8}{7}\left(1\frac{1}{7}\right)$kg

てびき ❷ ❸ $1\frac{2}{6}+\frac{7}{6}=\frac{8}{6}+\frac{7}{6}=\frac{15}{6}$

または、$1\frac{2}{6}+\frac{7}{6}=1\frac{2}{6}+1\frac{1}{6}=2\frac{3}{6}$

❹ $\frac{11}{8}+2\frac{5}{8}=\frac{11}{8}+\frac{21}{8}=\frac{32}{8}=4$

または、$\frac{11}{8}+2\frac{5}{8}=1\frac{3}{8}+2\frac{5}{8}=3\frac{8}{8}=4$

❺ $\frac{11}{9}+3\frac{3}{9}=\frac{11}{9}+\frac{30}{9}=\frac{41}{9}$

または、$\frac{11}{9}+3\frac{3}{9}=1\frac{2}{9}+3\frac{3}{9}=4\frac{5}{9}$

❻ $2\frac{3}{5}+1\frac{2}{5}=\frac{13}{5}+\frac{7}{5}=\frac{20}{5}=4$

または、$2\frac{3}{5}+1\frac{2}{5}=3\frac{5}{5}=4$

❸ ❹ $1\frac{4}{5}-\frac{6}{5}=\frac{9}{5}-\frac{6}{5}=\frac{3}{5}$

❺ $4-\frac{4}{10}=\frac{40}{10}-\frac{4}{10}=\frac{36}{10}$

❻ $3\frac{5}{6}-1\frac{2}{6}=\frac{23}{6}-\frac{8}{6}=\frac{15}{6}$

❹ $1\frac{4}{7}+\frac{3}{7}=\frac{11}{7}+\frac{3}{7}=\frac{14}{7}=2$

または、$1\frac{4}{7}+\frac{3}{7}=1\frac{7}{7}=2$

$1\frac{4}{7}-\frac{3}{7}=\frac{11}{7}-\frac{3}{7}=\frac{8}{7}$

109ページ 練習のワーク❷

❶ ❶ $\frac{3}{6}$　❷ 15

❷ ❶ ＞　❷ ＝

❸ ＝　❹ ＜

❺ ＞　❻ ＜

❸ ❶ $\frac{27}{5}\left(5\frac{2}{5}\right)$　❷ $\frac{39}{9}\left(4\frac{3}{9}\right)$

❸ $\frac{15}{3}$(5)　❹ $\frac{26}{6}\left(4\frac{2}{6}\right)$

❺ $\frac{33}{8}\left(4\frac{1}{8}\right)$　❻ $\frac{2}{9}$

❼ $\frac{6}{4}\left(1\frac{2}{4}\right)$　❽ $\frac{23}{7}\left(3\frac{2}{7}\right)$

❹ 式 $3-1\frac{1}{6}=\frac{11}{6}$

答え $\frac{11}{6}\left(1\frac{5}{6}\right)$時間

てびき

❷ ❶～❸ 仮分数か帯分数のどちらかにそろえて、大きさをくらべます。

❺ 分子が7で同じなので、分母が大きい$\frac{7}{8}$のほうが小さい分数になります。

❸ ❶ $\frac{8}{5}+3\frac{4}{5}=\frac{8}{5}+\frac{19}{5}=\frac{27}{5}$

❷ $2\frac{5}{9}+\frac{16}{9}=\frac{23}{9}+\frac{16}{9}=\frac{39}{9}$

❸ $3\frac{2}{3}+1\frac{1}{3}=\frac{11}{3}+\frac{4}{3}=\frac{15}{3}=5$

❹ $2\frac{3}{6}+1\frac{5}{6}=\frac{15}{6}+\frac{11}{6}=\frac{26}{6}$

❺ $5\frac{2}{8}-\frac{9}{8}=\frac{42}{8}-\frac{9}{8}=\frac{33}{8}$

❻ $\frac{14}{9}-1\frac{3}{9}=\frac{14}{9}-\frac{12}{9}=\frac{2}{9}$

❼ $3\frac{1}{4}-1\frac{3}{4}=\frac{13}{4}-\frac{7}{4}=\frac{6}{4}$

❽ $5-1\frac{5}{7}=\frac{35}{7}-\frac{12}{7}=\frac{23}{7}$

❹ $3-1\frac{1}{6}=\frac{18}{6}-\frac{7}{6}=\frac{11}{6}$

110ページ まとめのテスト❶

❶ ❶ $\frac{7}{3}\left(2\frac{1}{3}\right)$　❷ $\frac{11}{4}\left(2\frac{3}{4}\right)$

❸ $\frac{13}{6}\left(2\frac{1}{6}\right)$　❹ $\frac{19}{5}\left(3\frac{4}{5}\right)$

❺ $\frac{41}{9}\left(4\frac{5}{9}\right)$　❻ $\frac{72}{12}$(6)

❷ 式 $1\frac{3}{7}+\frac{8}{7}=\frac{18}{7}$

答え $\frac{18}{7}\left(2\frac{4}{7}\right)$L

❸ ❶ $\frac{15}{9}\left(1\frac{6}{9}\right)$　❷ $\frac{3}{10}$

❸ $\frac{11}{5}\left(2\frac{1}{5}\right)$　❹ $\frac{6}{8}$

❺ $\frac{13}{6}\left(2\frac{1}{6}\right)$　❻ $\frac{9}{4}\left(2\frac{1}{4}\right)$

❹ 式 $1\frac{1}{5}-\frac{2}{5}=\frac{4}{5}$

答え $\frac{4}{5}$km

❺ ❶ $\frac{3}{12}$

❷ $\frac{2}{6}$、$\frac{4}{12}$

❸ $\frac{10}{12}$

てびき

❶ ❷ $2\frac{1}{4}+\frac{2}{4}=\frac{9}{4}+\frac{2}{4}=\frac{11}{4}$

❸ $1\frac{3}{6}+\frac{4}{6}=\frac{9}{6}+\frac{4}{6}=\frac{13}{6}$

❹ $1\frac{1}{5}+\frac{13}{5}=\frac{6}{5}+\frac{13}{5}=\frac{19}{5}$

❺ $\frac{10}{9}+3\frac{4}{9}=\frac{10}{9}+\frac{31}{9}=\frac{41}{9}$

❻ $3\frac{7}{12}+2\frac{5}{12}=\frac{43}{12}+\frac{29}{12}=\frac{72}{12}=6$

または、$3\frac{7}{12}+2\frac{5}{12}=5\frac{12}{12}=6$

❸ ❹ $1\frac{4}{8}-\frac{6}{8}=\frac{12}{8}-\frac{6}{8}=\frac{6}{8}$

❺ 上から4番目の数直線は0と1の間を6等分する目もり、上から5番目の数直線は0と1の間を12等分する目もりがついています。

111ページ　まとめのテスト②

1 ① $\frac{7}{9}$、$\frac{3}{9}$、$\frac{2}{9}$　② $\frac{19}{10}$、1、$\frac{9}{10}$

③ $\frac{13}{3}$、4、$\frac{13}{5}$　④ $\frac{5}{4}$、1、$\frac{5}{6}$

2 ① $\frac{45}{7}\left(6\frac{3}{7}\right)$　② $\frac{30}{10}$(3)

③ $\frac{46}{9}\left(5\frac{1}{9}\right)$　④ $\frac{12}{5}\left(2\frac{2}{5}\right)$

⑤ $\frac{9}{6}\left(1\frac{3}{6}\right)$　⑥ $\frac{4}{12}$

3 式 $1\frac{1}{3}+\frac{2}{3}=2$

答え 2m

4 式 $4\frac{3}{8}-\frac{5}{8}=\frac{30}{8}$

答え $\frac{30}{8}\left(3\frac{6}{8}\right)$kg

5 式 $\frac{7}{6}+1\frac{4}{6}=\frac{17}{6}$

答え $\frac{17}{6}\left(2\frac{5}{6}\right)$dL

てびき

1 ① 分母が同じときは、分子が大きいほうが、大きい分数になります。

② $1=\frac{10}{10}$ と考えてくらべます。

③ 帯分数になおしてくらべます。

$\frac{13}{5}=2\frac{3}{5}$、$\frac{13}{3}=4\frac{1}{3}$

④ 帯分数になおしてくらべます。 $\frac{5}{4}=1\frac{1}{4}$

または、$1=\frac{4}{4}$より、分母が同じときは、分子が小さいほうが、小さい分数になります。

2 ① $\frac{12}{7}+4\frac{5}{7}=\frac{12}{7}+\frac{33}{7}=\frac{45}{7}$

② $2\frac{7}{10}+\frac{3}{10}=\frac{27}{10}+\frac{3}{10}=\frac{30}{10}=3$

③ $1\frac{2}{9}+3\frac{8}{9}=\frac{11}{9}+\frac{35}{9}=\frac{46}{9}$

④ $4\frac{1}{5}-\frac{9}{5}=\frac{21}{5}-\frac{9}{5}=\frac{12}{5}$

⑤ $3\frac{2}{6}-1\frac{5}{6}=\frac{20}{6}-\frac{11}{6}=\frac{9}{6}$

⑮ 変わり方

112・113ページ　きほんのワーク

きほん1 8、8

答え 8

1 ○−△＝4

または、○＝△＋4

きほん2 4、4、4、4、60

答え 60

2 ①

おかしの数と代金

おかしの数(こ)	1	2	3	4	
代金　(円)	60	120	180	240	

② 720円

③ 15こ

きほん3 答え

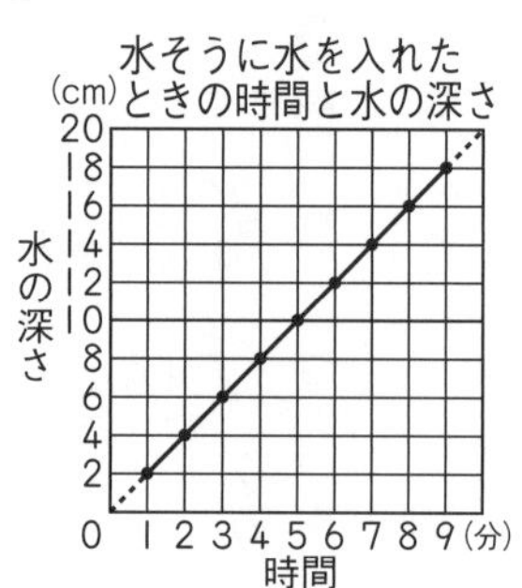

3 ①

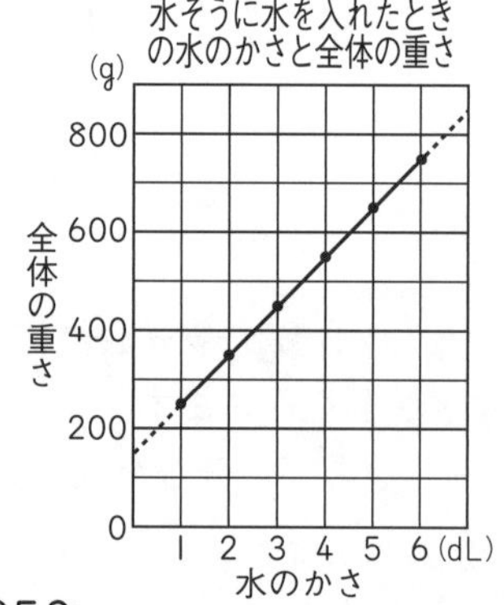

② 950g

てびき

1 2人の年れいの変わり方を表にかくと、次のようになります。

ゆみさんと弟の年れい

ゆみさん(才)	10	11	12	13	
弟　(才)	6	7	8	9	

表をたてに見て、ことばの式をかくと、

ゆみさんの年れい − 弟の年れい ＝4 だから、

○−△＝4 になります。

または、

ゆみさんの年れい ＝ 弟の年れい ＋4 だから、

○＝△＋4

と考えることもできます。

2 ② 代金は、

1このねだん × おかしの数 で求めるから、

60×12＝720 より、720円です。

❸ おかしの数は、
代金 ÷ 1このねだん で求めるから、
900÷60=15 より、15 こです。

3 表より、水のかさが 1dL ふえると、全体の重さは 100g ふえることがわかります。
❷ 表の続きを考えて、
7dL では 750+100=850
8dL では 850+100=950
より、950g になります。

114ページ 練習のワーク

1 ❶ だんの数とまわりの長さ

だんの数　(だん)	1	2	3	4	5
まわりの長さ(cm)	3	6	9	12	15

❷ ○×3=△
❸ 式 25×3=75

答え 75cm

❹ 式 100÷3=33 あまり 1
33+1=34　　答え 34 だん

てびき **1** ❷ 表をたてに見て、ことばの式をかくと、
だんの数 ×3= まわりの長さ だから、
○×3=△になります。
❸ ○にあてはまる数が 25 だから、
まわりの長さは 25×3=75 より、
75cm です。
❹ だんの数が 33 だんでは、
まわりの長さは 33×3=99 より、99cm にしかなりません。
だんの数を 1 大きくして、34 だんのときは、
まわりの長さは 34×3=102 より、
102cm になるので、
まわりの長さがはじめて、1m=100cm をこえるのは、34 だんのときです。

115ページ まとめのテスト

1 ❶ 長方形のたてと横のぼうの数

たてのぼうの数(本)	1	2	3	4	5	6	7
横のぼうの数(本)	4	5	6	7	8	9	10

❷ ○+3=△
または、○=△−3

2 ❶ 長方形のたての長さと面積

たての長さ(cm)	1	2	3	4	5
面積　(cm^2)	4	8	12	16	20

❷ ○×4=△

3 ❶ 正方形の数とひごの数

正方形の数(こ)	1	2	3	4	5
ひごの数　(本)	4	7	10	13	16

❷ 28 本

てびき **1** たてのぼうの数 +3
= 横のぼうの数 です。
2 ❶ たての長さ × 横の長さ = 面積 です。
3 ❶ 右の図のように、正方形を 1 こふやすと、使うひごの数は 3 本ふえます。

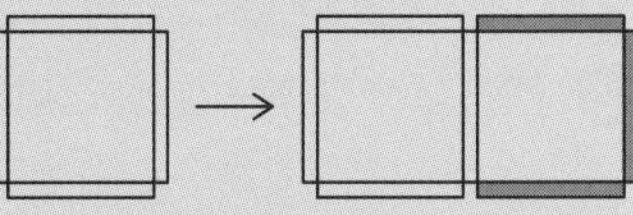

❷ ❶をもとに考えて、表の続きをかいていきます。

正方形の数とひごの数

正方形の数(こ)	1	2	3	4	5	6	7	8	9
ひごの数　(本)	4	7	10	13	16	19	22	25	28

⑯ 直方体と立方体

116・117ページ きほんのワーク

きほん1 直方体、立方体、6、12、8

答え

	面の数	辺の数	頂点の数
直方体	6	12	8
立方体	6	12	8

1 たて 1cm で横 4cm の長方形が 2 つ
たて 1cm で横 5cm の長方形が 2 つ
たて 5cm で横 4cm の長方形が 2 つ

きほん2 てん開図

答え

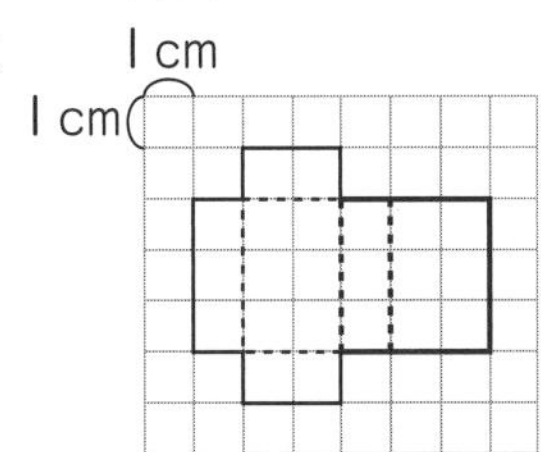

2 ❶ いえない。
❷ いえる。

3 ❶ 3cm
❷ 頂点G
❸ 辺AB

てびき **1** この直方体には、3 種類の長方形の面があって、向かいあう面は、形も大きさも同じになります。

❸ 問題のてん開図を組み立ててできる立方体は、右の図のようになります。このような見取図をかくと、重なる頂点や辺がはっきりします。

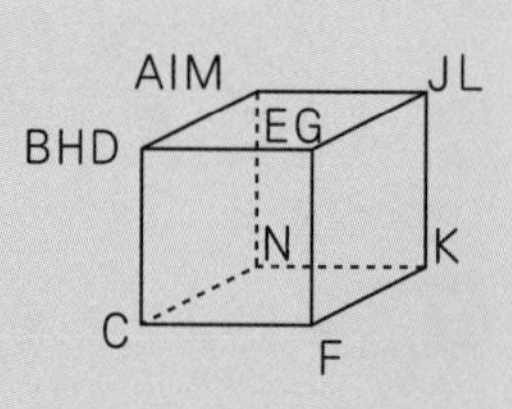

たしかめよう!

❷ 直方体や立方体などを辺にそって切り開いて、平面の上に広げてかいた図を**てん開図**といいます。

118・119ページ きほんのワーク

きほん1 平行、垂直、か、4

答え ❶ か

❷ い、う、え、お

※い、う、え、おは、順番がちがっていてもかまいません。

❶ うの面、おの面

※う、おは順番がちがっていてもかまいません。

きほん2 見取図

答え

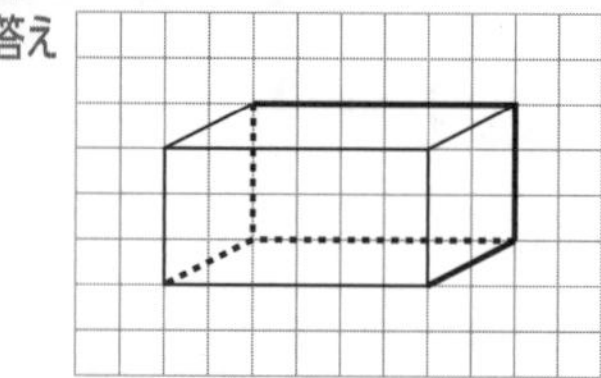

❷

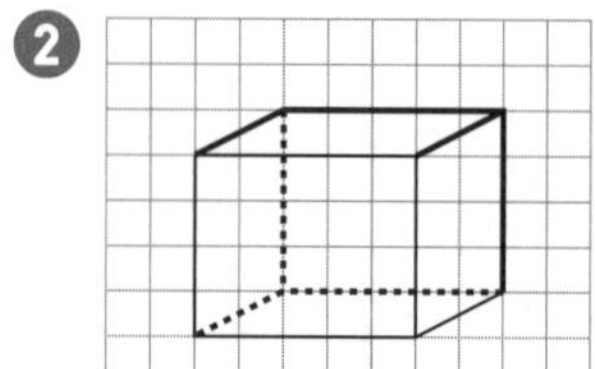

きほん3 3、3　答え 4、3

❸ ❶（横 2，たて 4）

❷（横 6，たて 6）

きほん4 5、2、5、2　答え 5、2

❹ ❶ 5、0、0

❷ 0、2、3

てびき ❶ 辺EFと垂直な面は、おの面とうの面の2つあります。

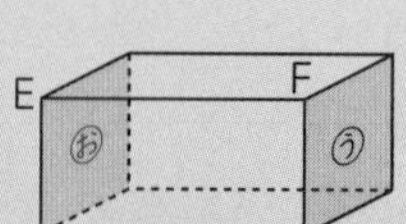

❷ 正面から見た長方形がかいてあるので、次に、それにとなりあう面をかくとよいでしょう。

❸ ❶ 点アをもとにすると、◇は、横に 2、たてに 4 のところにあります。

❷ 点アをもとにすると、△は、横に 6、たてに 6 のところにあります。

❹ ❶ 頂点Aをもとにすると、頂点Bは、横に 5cm、たてに 0cm、高さ 0cm のところにあります。

❷ 頂点Aをもとにすると、頂点Hは、横に 0cm、たてに 2cm、高さ 3cm のところにあります。

たしかめよう!

❷ 直方体や立方体などの全体の形がわかるようにかいた図を**見取図**といいます。

❸ 平面にあるものの位置は、2つの数の組で表すことができます。

❹ 空間にあるものの位置は、平面にあるものの位置に、高さをつけ加えて表すので、3つの数の組で表すことができます。

120ページ 練習のワーク❶

❶ ❶ 直方体　❷ 6、12、8

❸ 1

❷ 平行な面…かの面

垂直な面…いの面、うの面、えの面、おの面

❸ ❶（横 3m，たて 3m，高さ 0m）

❷（横 0m，たて 0m，高さ 5m）

❸（横 3m，たて 3m，高さ 5m）

てびき ❷ てん開図を組み立てたとき、あの面と向かいあう面は平行です。また、あの面ととなりあう面は垂直だから、あの面と平行なかの面以外はすべて垂直です。

❸ ❶ 頂点Aをもとにすると、頂点Cは、横に 3m、たてに 3m、高さ 0m のところにあります。

❷ 頂点Aをもとにすると、頂点Eは、横に 0m、たてに 0m、高さ 5m のところにあります。

❸ 頂点Aをもとにすると、頂点Gは、横に 3m、たてに 3m、高さ 5m のところにあります。

たしかめよう!

❶ **直方体**

長方形や、長方形と正方形だけでかこまれた形

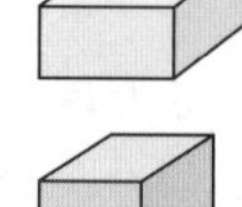

立方体

正方形だけでかこまれた形

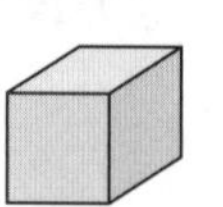

121ページ 練習のワーク❷

❶ ❶

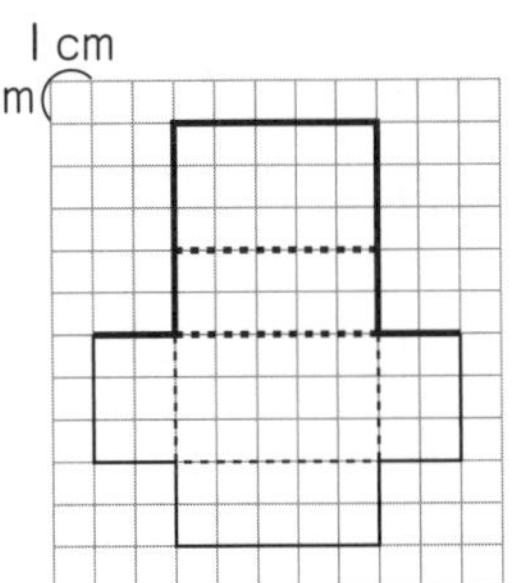

❷（例）

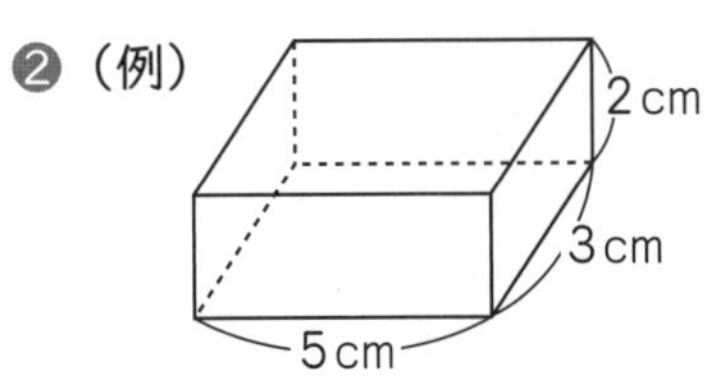

❷ ❶ 辺AE、辺BF、辺CG、辺DH
❷ 辺DC、辺EF、辺HG
❸ 辺AE、辺AD、辺BF、辺BC

てびき ❷ ❷ 辺ABと平行な辺は、右の3つの辺です。

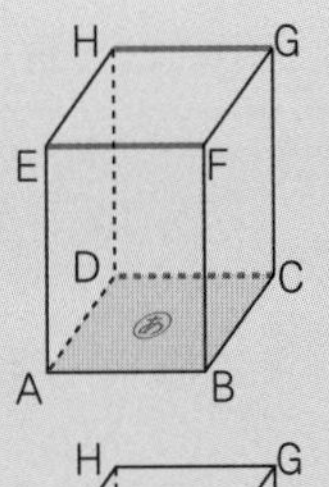

❸ 辺ABと垂直な辺は、右の4つの辺です。

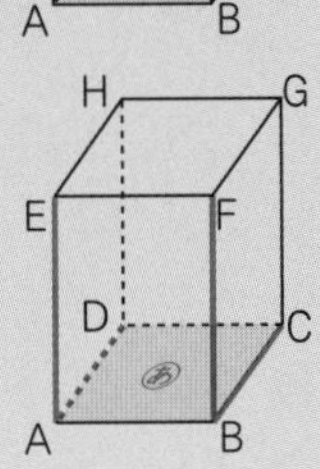

たしかめよう！

❶ てん開図のかき方
1 重なる辺は同じ長さになるようにかきます。
2 切り開いた辺以外は点線でかきます。

見取り図のかき方
1 正面の面をかきます。
2 となりあった面をかき、平行になっている辺は、平行になるようにかきます。
3 見えない辺は点線でかきます。

122ページ まとめのテスト

1

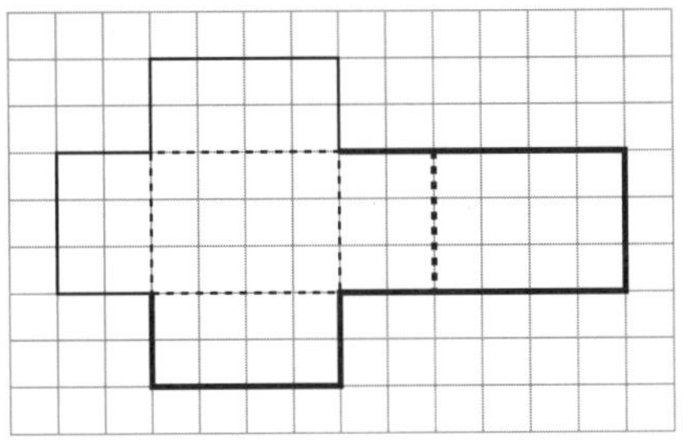

2 ❶ 辺GH
❷ 頂点E
❸（例）

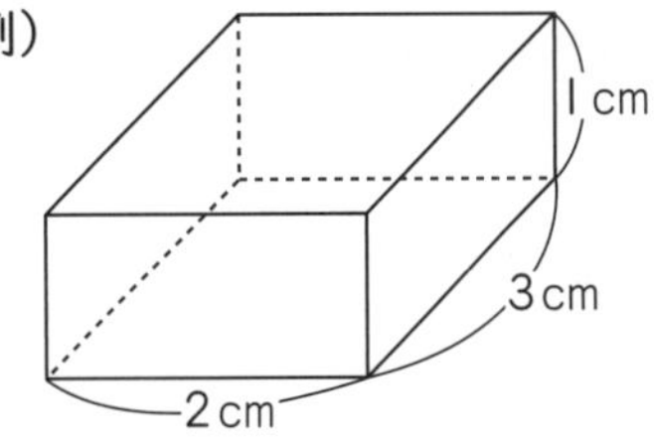

❹ 3cm
❺ ㋔の面
❻ ㋑の面、㋓の面、㋔の面、㋕の面
❼ ㋐の面、㋒の面

3 C(横2，たて1，高さ3)
D(横4，たて4，高さ3)

てびき 1 直方体では、向かいあう面は平行なので、てん開図でつながった位置にくることはありません。また、向かいあう面は、形も大きさも同じになります。これらのことを考えながら、てん開図をかくとよいでしょう。

2 問題のてん開図を組み立てると、右のようになります。

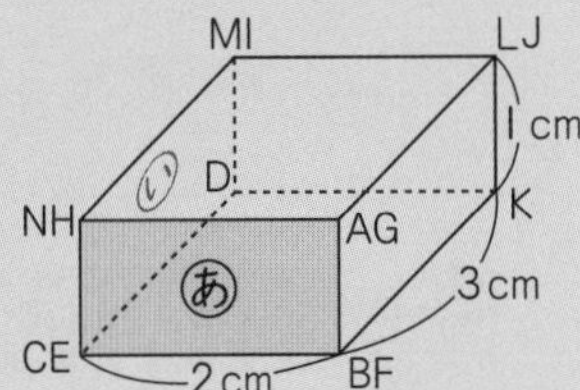

❹ てん開図を組み立てると、辺IHは辺MNと重なるので、長さは3cmです。
❺ ㋑の面と平行な面は、形も大きさも同じです。
❻ ㋐の面と垂直な面は、4つあります。
❼ 辺DEと垂直な面は、2つあります。

3 積み木の辺の数を数えて、頂点の位置を表します。

たしかめよう！

てん開図…直方体や立方体などを辺にそって切り開いて、平面の上に広げてかいた図
見取図…直方体や立方体などの全体の形がわかるようにかいた図

わくわくプログラミング

123ページ 学びのワーク

きほん1 12、12、3、3、3

答え

うさぎの手品のプログラム

- まい数を12まいにする
- 3回くり返す
  - まい数を3まいふやす
- いまのまい数をいう

❶ くまの手品のプログラム

- まい数を2まいにする
- 5回くり返す
  - まい数を3倍にする
- いまのまい数をいう

てびき ❶ くまが、1回手をたたくとカードが2まいになり、2回目からは、手をたたくと3倍ずつふえていきます。6回手をたたくとき、2回目から6回目までの5回分は、3倍にする命令を5回くり返します。
また、3を5回かけると、3×3×3×3×3=243なので、
2×3×3×3×3×3=2×243=486
くまが手品で手を6回たたいたとき、カードのまい数は486まいになります。

1回目 2回目 3回目 4回目 5回目 6回目
2まい →(×3) 6まい →(×3) 18まい →(×3) 54まい →(×3) 162まい →(×3) 486まい

たしかめよう!
コンピューターやロボットを動かす命令の組み合わせのことを、**プログラム**といいます。

わくわくSDGs

124ページ 学びのワーク

きほん1 225、12、18.7…(18.75)、20

答え 20

❶ 全体のごみの量…2015年度から2016年度
家庭から出されたごみの量
…2015年度から2016年度

てびき ❶ 線のかたむきが右下に下がっているところは、ごみの量がへっています。そのうち、線のかたむきがいちばん急なところは全体のごみの量も、家庭から出されたごみの量も、2015年度から2016年度までの間です。

たしかめよう!
❶ 折れ線グラフでは、線のかたむきで、変わり方がわかり、線のかたむきが急なところほど、変わり方が大きいことを表しています。

もうすぐ5年生

125ページ まとめのテスト❶

1 ❶ 2800000000000
❷ 3.104

2 ❶ 611706
❷ 246433
❸ 115000
❹ 48
❺ 4あまり5
❻ 4あまり13

3 一万の位…20000
上から2けた…21000

4 ❶ 3.82
❷ 3.47
❸ 40.8
❹ 16.45
❺ 0.04
❻ 0.024
❼ $\frac{10}{6}\left(1\frac{4}{6}\right)$
❽ $\frac{7}{4}\left(1\frac{3}{4}\right)$
❾ $\frac{32}{8}(4)$
❿ $\frac{3}{3}(1)$
⓫ $\frac{13}{6}\left(2\frac{1}{6}\right)$

⑫ $\frac{4}{5}$

てびき **1** ❶ 100億を10こ集めると、位が1つずつ上がって1000億になり、100億を100こ集めると、位が2つずつ上がって1兆になるので、100億を280こ集めると、2兆8000億になります。

❷ 1 が 3こで 3
0.01 が 10こで 0.1
0.001 が 4こで 0.004
あわせて 3.104

2 ❸ $2300\times50=23\times100\times5\times10$
$=23\times5\times100\times10$
$=23\times5\times1000$
$=115\times1000$
$=115000$

❹ $96\div2=48$（2)96 → 8, 16, 16, 0）

❺ $97\div23=4$ あまり 5（23)97 → 92, 5）

❻ $109\div24=4$ あまり 13（24)109 → 96, 13）

3 一万の位までのがい数にするときは千の位を、上から2けたのがい数にするときは上から3つ目の位を、四捨五入します。

4 小数のたし算・ひき算の筆算は、位をそろえてかいて、整数のときと同じように計算します。上の小数点にそろえて、和や差の小数点をうつことに注意します。

分母が同じ分数のたし算・ひき算では、分母をそのままにして、分子だけを計算します。また、帯分数のはいった計算では、仮分数になおせば計算できます。

❷ $7.00-3.53=3.47$　7を7.00と考える。

❸ 1.7×24：68、34、40.8

❹ 0.47×35：235、141、16.45

❺ $0.96\div24=0.04$（24)0.96 → 96, 0）

❻ $1.80\div75=0.024$（75)1.80 → 150, 300, 300, 0）

❽ $1\frac{2}{4}+\frac{1}{4}=\frac{6}{4}+\frac{1}{4}=\frac{7}{4}$

❾ $3+\frac{3}{8}+\frac{5}{8}=3+\frac{8}{8}=4$

❿ $\frac{8}{3}-\frac{5}{3}=\frac{3}{3}=1$

⓫ $3-\frac{5}{6}=\frac{18}{6}-\frac{5}{6}=\frac{13}{6}$

⓬ $2\frac{2}{5}-\frac{4}{5}-\frac{4}{5}=\frac{12}{5}-\frac{4}{5}-\frac{4}{5}$
$=\frac{8}{5}-\frac{4}{5}=\frac{4}{5}$

126ページ まとめのテスト❷

1 ❶ 125°　❷ 83°
❸ 265°　❹ 270°

2 ❶ 式 $60\times60=3600$　答え 36a
❷ 式 $5.5\times4=22$　答え $22km^2$

3 ❶ 式 $30\times40=1200$　答え $1200cm^2$
❷ 式 $5\times15+15\times35=600$　答え $600m^2$
❸ 式 $12\times4+(12-4)\times4+4\times4=96$
答え $96cm^2$

てびき **1** 分度器を使って、角の大きさをはかります。180°より大きい角は、180°より何度大きいかをはかったり、360°より何度小さいかをはかったりして、あとは計算で求めます。

2 正方形の面積＝1辺×1辺、長方形の面積＝たて×横＝横×たての公式を使って、面積を求めます。

❶ $100m^2=1a$だから、$3600m^2=36a$です。
❷ 単位をkmにそろえます。

3 ❶ 長方形の面積を求める公式を使います。

❷ 横に線を入れて、2つの長方形に分けて求めます。

❸ たてに線を入れて、3つの長方形に分けて求めます。

また、同じ図形を右のように2つならべると、たて12cm、横(12＋4)cmの長方形ができるので、その面積を2でわって求めることもできます。
$12\times(12+4)\div2=96$より、$96cm^2$

127ページ まとめのテスト③

1 ❶ 直線㊉　❷ 直線㋒
❸ 直線㋓

2 ❶ 台形　❷ 長方形
❸ ひし形　❹ 正方形
❺ 平行四辺形

3 ❶ (横 2cm，たて 1cm)
❷ (横 4cm，たて 4cm)

てびき

1 垂直や平行は、三角じょうぎを使って、たしかめることができます。直線㊉は、のばすと、交わって直角ができるので、直線㋐と垂直に交わります。

2 いろいろな四角形の辺、角、対角線のとくちょうは、整理して覚えておきましょう。

3 平面にあるものの位置を、2つの数の組で表すことになれましょう。

たしかめよう!

台形…向かいあう 1 組の辺が平行な四角形。

平行四辺形…向かいあう 2 組の辺がどちらも平行になっている四角形。
向かいあう辺の長さは等しく、向かいあう角の大きさも等しい。
2 本の対角線は、それぞれのまん中の点で交わる。

ひし形…辺の長さがすべて等しい四角形。
向かいあう辺は平行で、向かいあう角の大きさは等しい。
2 本の対角線は、それぞれのまん中の点で垂直に交わる。

長方形…4 つの角が直角である四角形。
向かいあう 2 つの辺の長さは等しい。
向かいあう辺は平行で、向かいあう角の大きさは等しい。
2 本の対角線は長さが等しく、それぞれのまん中の点で交わる。

正方形…4 つの辺の長さが等しく、4 つの角が直角である四角形。
向かいあう辺は平行で、向かいあう角の大きさは等しい。
2 本の対角線は長さが等しく、それぞれのまん中の点で垂直に交わる。

128ページ まとめのテスト④

1 ❶

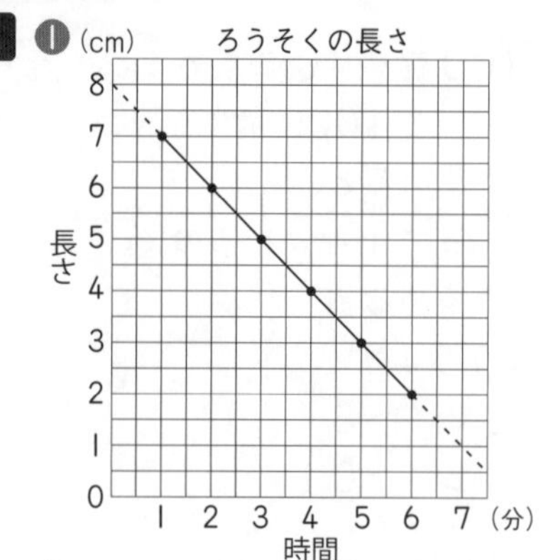

❷ 1cm　❸ 8cm

2 式 1520−800=720
720÷6=120　答え 120円

3 3人

4 式 14×2=28　560÷28=20　答え 20g

てびき

1 ❶ それぞれの時間のときの、ろうそくの長さを表す点をうち、順に直線でつなぎます。横のじくは2目もりで1分、たてのじくは2目もりで1cmになっていることに気をつけましょう。

❷❸ ろうそくは、1分で1cmずつ短くなっているので、ろうそくを7分もやすと、
2−1=1より、1cmになります。
もやす前のろうそくは、1cm長いと考えて、
7+1=8より、8cmです。

2 図に表して、順にもどして考えます。

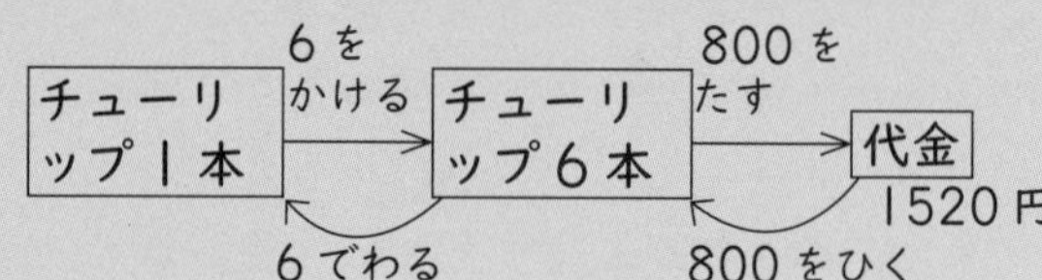

( )を使って、1つの式に表して計算することもできます。(1520−800)÷6=120

3 まず、わかっている人数をかいてから表を完成させると、右のようになります。

パン・おにぎり調べ(人)

	パン	おにぎり	合計
4年	2	3	5
5年	4	3	7
合計	6	6	12

4 かぼちゃの重さがくりの重さの何倍になるかを考えます。

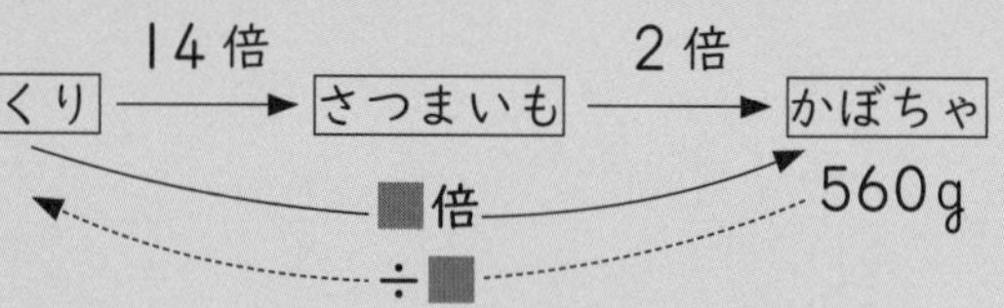

さつまいもの重さを先に求めることもできます。
560÷2=280　280÷14=20

実力判定テスト 答えとてびき

夏休みのテスト①

1 ❶ 300°　❷ 145°

2 ❶ 午後1時、26度
❷ 午後2時から午後3時までの間
❸ 午前9時から午前10時までの間

3 ❶ 18　❷ 17あまり1
❸ 12あまり3　❹ 61
❺ 100あまり5　❻ 50あまり7

4 ❶ 六十一億八千二百五十七万九百四十七
❷ 三十七兆四千三百十一億千五十二万

5 平行四辺形　㋔ 110°　㋕ 70°　㋖ 70°

6 ❶ 3.72　❷ 5.9　❸ 30.98
❹ 3.21　❺ 2.17　❻ 6.65

てびき

1 分度器の中心を、角の頂点に合わせて、角度をはかります。
❶ 180°をこえる角の大きさをはかるときは、180°より何度大きいか、360°より何度小さいかを考えます。

2 ❶ グラフでいちばん高いところにある点を、たてに見ると午後1時で、横に見ると26度であることがわかります。
❷ グラフの線のかたむきが急であるほど、変わり方が大きいことを表しています。
❸ グラフの線が上がりも下がりもしていないのは、午前9時から午前10時までの間です。

3 わり算をしたあとは、答えのたしかめをしてみましょう。
[わる数]×[商]＋[あまり]＝[わられる数]
❷（たしかめ） 4×17＋1＝69
❸（たしかめ） 7×12＋3＝87
❺（たしかめ） 8×100＋5＝805
❻（たしかめ） 9×50＋7＝457

5 ❶ 直線㋐と直線㋑が平行なので、四角形の辺ADと辺BCは平行です。また、直線㋒と直線㋓が平行なので、四角形の辺ABと辺DCは平行です。これより四角形は、向かいあう2組の辺がどちらも平行なので、平行四辺形です。

6 答えの小数点は、上の小数点にそろえます。

❶ 1.42 ＋ 2.3 ＝ 3.72　❷ 2.67 ＋ 3.23 ＝ 5.90　❸ 24.6 ＋ 6.38 ＝ 30.98

❹ 5.37 － 2.16 ＝ 3.21　❺ 3.95 － 1.78 ＝ 2.17　❻ 7 － 0.35 ＝ 6.65

夏休みのテスト②

1 しょうりゃく

2 ❶ 1月、5度
❷ 5月から6月までの間

3 ❶ 19あまり2　❷ 240
❸ 254　❹ 90あまり4

4 ❶ 7000000000000
❷ 1400000000000

5 ❶ 3こ　❷ 1こ　❸ 8こ

6 ❶ 7.5　❷ 4　❸ 24.12
❹ 11.9　❺ 0.58　❻ 3.93

てびき

1 ❶ まず、じょうぎを使って長さ5cmの辺をかいてから、40°と50°の角をかきます。
❷ じょうぎを使って長さ4cmの辺をかいてから、90°と35°の角をかきます。

2 ❶ いちばん低いところにある点を、たてに見て1月、横に見て5度です。
❷ たての目もりが1だけ上がったのは、5月から6月までの間だけです。

3
❶ 78÷4：4, 38, 36, 2 → 19あまり2
❷ 960÷4：8, 16, 16, 0 → 240
❸ 762÷3：6, 16, 15, 12, 12, 0 → 254
❹ 544÷6：54, 4 → 90あまり4

4 ❶ 7000億は数字でかくと700000000000で、10倍すると位が1つ上がるので、終わりに0が1つついて7000000000000になります。
❷ 100億の140倍の数になります。

5 ❶ 四角形ABCD、四角形ABGE、四角形EGCDの3こが長方形です。
❷ 四角形EFGHは、辺の長さがすべて等しいことから、ひし形です。
❸ 四角形ABCE、四角形EBCD、四角形ABGD、四角形AGCD、四角形AGHE、四角形EFGC、四角形EBGH、四角形FGDEの8こです。

6 筆算は、位や小数点をそろえます。

❶ 4.67 ＋ 2.83 ＝ 7.50　❷ 0.51 ＋ 3.49 ＝ 4.00　❸ 23.5 ＋ 0.62 ＝ 24.12

❹ 13.83 － 1.93 ＝ 11.90　❺ 4.23 － 3.65 ＝ 0.58　❻ 4 － 0.07 ＝ 3.93

冬休みのテスト①

1 ❶ 3　❷ 26 あまり 22
❸ 5 あまり 20　❹ 123

2 ❶ 120　❷ 8

3 ❶ 150 円のりんご 4 こを 30 円の箱に入れて買うときの代金　代金 630 円
❷ 150 円のりんごと 200 円のなしを 1 こずつ 30 円の箱に入れたものを 4 箱買うときの代金　代金 1520 円

4 式 64÷8=8　答え 8m

5 式 36×50=1800　答え 1800m²、18a

6 ❶ 350000　❷ 50

7 ❶ 25.8　❷ 25.12　❸ 14.82
❹ 2501.6　❺ 1.85　❻ 2.6
❼ 0.83　❽ 0.75

てびき

2 ❶ わられる数とわる数を、それぞれ 10 でわっても商は同じになるので、
6000÷10=600、50÷10=5 より
6000÷50=600÷5=120
❷ わられる数とわる数を、それぞれ 1 万でわっても商は同じになるので、
48 万÷1 万=48、6 万÷1 万=6 より
48 万÷6 万=48÷6=8

3 ❶ 150×4 は 150 円のりんご 4 この代金、30 は箱の代金です。
❷ 150+200+30 は、
(りんご 1 こ+なし 1 こ+箱 1 こ)の代金です。

4 電柱の高さを□m として、かけ算の式に表してみると、
□×8=64
□=64÷8=8(m)

5 100m²=1a なので、1800m²=18a

6 積や商は、四捨五入して上から 1 けたのがい数にしてから計算すると、かんたんに見積もることができます。
❶ 500×700=350000
❷ 20000÷400=50

7

❷
```
  3.14
×    8
 25.12
```

❸
```
  0.57
×   26
   342
  114
 14.82
```

❹
```
    62.54
×      40
  2501.60
```

❻
```
       2.6
32)83.2
   64
   192
   192
     0
```

❼
```
     0.83
6)4.98
  48
    18
    18
     0
```

❽
```
     0.75
12)9
   84
    60
    60
     0
```

冬休みのテスト②

1 ❶ 14 あまり 6　❷ 14 あまり 21
❸ 10 あまり 12　❹ 7

2 ❶ 33　❷ 86　❸ 3100　❹ 5712

3 スーパー㋑

4 ❶ 式 4×14+4×4=72　答え 72cm²
❷ 式 20×10+(12−5)×(30−10×2)+12×10=390　答え 390cm²

5 約 30kg

6 式 17.5÷3=5 あまり 2.5
答え 5 ふくろできて、2.5kg あまる。

2 ❶ ×や÷は、+や−より先に計算します。42−63÷7=42−9=33
❷ (　)の中から先に計算します。
14×8−(54−28)=14×8−26
=112−26=86
❸ (□×○)×△=□×(○×△)を使って、100 のまとまりをつくって計算します。
124×25=(31×4)×25
=31×(4×25)
=31×100
=3100
❹ 102 を 100+2 と考えて、計算のきまりを使います。
102×56=(100+2)×56
=100×56+2×56
=5600+112
=5712

3 いまのねだんが、もとのねだんの何倍になっているかを求めてくらべます。
スーパー㋐…240÷120=2(倍)
スーパー㋑…180÷60=3(倍)
スーパー㋑のほうがねだんが高くなったといえます。このように、もとにする大きさの何倍にあたるかを表した数を割合といいます。

4 ❶ 横の線をひいて 2 つに分けると、たての長さが 4cm で、横の長さが 14cm の長方形と 1 辺が 4cm の正方形になります。
❷ たての線をひいて 3 つに分けると、たての長さがそれぞれ 20cm、12−5=7(cm)、12cm で、横の長さが 10cm の長方形になります。

5 四捨五入して上から 1 けたのがい数にすると、おにぎり 1 この重さが 100g、おにぎりのこ数が 300 こになるので、重さの見積もりは、
100×300=30000(g)　30000g=30kg
で、約 30kg になります。

学年末のテスト①

1 ❶ 十億の位　❷ １億

2

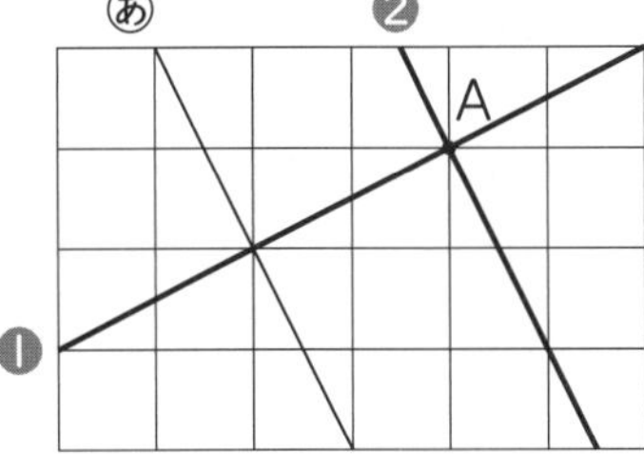

3 式 117÷65＝1.8　答え 1.8 倍

4 ❶ 7.13　❷ 5.57　❸ 18.41

❹ 4.7　❺ $\frac{27}{5}\left(5\frac{2}{5}\right)$　❻ $\frac{38}{15}\left(2\frac{8}{15}\right)$

5 ❶ あ 28　い 18　う 24

え 38　お 32　か 84

❷ 両方ともある人が 14 人多い。

6 ❶

なしを買う数と代金

買う数(こ)	1	2	3	4	5
代金　(円)	120	240	360	480	600

❷ 120×○＝△　❸ 1440 円

7 ❶ かの面　❷ 辺AD、辺AE

てびき

3 もとにする大きさの何倍かを求めるときは、わり算を使います。

4 ❺ $3\frac{4}{5}+1\frac{3}{5}=\frac{19}{5}+\frac{8}{5}=\frac{27}{5}$

帯分数を、整数部分と分数部分に分けて計算することもできます。

$$3\frac{4}{5}+1\frac{3}{5}=3+1+\frac{4}{5}+\frac{3}{5}=4\frac{7}{5}=5\frac{2}{5}$$

❻ $3-\frac{7}{15}=\frac{45}{15}-\frac{7}{15}=\frac{38}{15}$

$3-\frac{7}{15}=2\frac{15}{15}-\frac{7}{15}=2\frac{8}{15}$

5 ❶ かには、全体の人数の 84 が入ります。

え…84−46＝38(人)
お…84−52＝32(人)
い…32−14＝18(人)
あ…46−18＝28(人)
う…38−14＝24(人)

❷ 両方ともある人はあの 28 人で、両方ともない人は 14 人です。28−14＝14(人)で、両方ともある人が 14 人多くなります。

7 ❶ 直方体や立方体では、向かいあう面は平行です。また、あの面と垂直な面は、いの面、うの面、えの面、おの面の 4 つです。

❷ 頂点B を通って辺AB に垂直な辺も、辺BC と辺BF の 2 つあります。

学年末のテスト②

1 ❶ 75°　❷ 135°

2 式 20×10＋(20−10)×20＝400　答え 400 m^2

3 ❶ 600　❷ 100

4 あ 9　い 7　う 16　え 7　お 10

5 ❶ 2　❷ $\frac{21}{4}\left(5\frac{1}{4}\right)$

❸ $\frac{4}{8}$　❹ $\frac{10}{7}\left(1\frac{3}{7}\right)$

6 ❶

正三角形の１辺の長さとまわりの長さ

1 辺の長さ　(cm)	1	2	3	4	5
まわりの長さ(cm)	3	6	9	12	15

❷ ○×3＝△　❸ 36cm　❹ 48cm

7 (例)

てびき

1 2 つの三角じょうぎの角度(90°、60°、30°)と(90°、45°、45°)を覚えましょう。

❶ あの角度は、30°＋45°＝75°

❷ いの角度は、180°−45°＝135°

2 たての線をひいて 2 つに分けて求めます。また、横の線をひいて 2 つに分けても求めることができて、式は下のようになります。

10×10＋(20−10)×30＝400(m^2)

3 百の位までのがい数にするときは、四捨五入するのは十の位の数字になります。

❶ 500＋100＝600

❷ 900−300−500＝100

4 う…26−10＝16(人)
え…10−3＝7(人)
お…26−16＝10(人)
あ…16−7＝9(人)
い…10−3＝7(人)

5 帯分数のはいった計算は、2 とおりのやり方で計算できます。

❷ $1\frac{3}{4}+3\frac{2}{4}=\frac{7}{4}+\frac{14}{4}=\frac{21}{4}$

$1\frac{3}{4}+3\frac{2}{4}=1+3+\frac{3}{4}+\frac{2}{4}=4\frac{5}{4}=5\frac{1}{4}$

❹ $2\frac{1}{7}-\frac{5}{7}=\frac{15}{7}-\frac{5}{7}=\frac{10}{7}$

$2\frac{1}{7}-\frac{5}{7}=1\frac{8}{7}-\frac{5}{7}=1\frac{3}{7}$

6 ❸ ❷の式で、○が 12 のときの△を求めます。

❹ ❷の式で、△が 144 のときの○を求めます。

7 切り開いた辺以外は、点線でかきましょう。

まるごと 文章題テスト①

1 20549

2 式 137÷6＝22 あまり 5
22＋1＝23　　答え 23 きゃく

3 ❶ 式 5.4＋2.28＝7.68　　答え 7.68 L
❷ 式 5.4－2.28＝3.12　　答え 3.12 L

4 式 481÷13＝37　　答え 37 まい

5 式 3×4＝12　24÷12＝2　　答え 2 まい

6 式 128÷16＝8　　答え 8m

7 ❶ 式 47.7÷9＝5.3　　答え 5.3g
❷ 式 5.3×16＝84.8　　答え 84.8g

8 式 $2\frac{5}{7}+\frac{3}{7}=\frac{22}{7}$　　答え $\frac{22}{7}\left(3\frac{1}{7}\right)$L

てびき

1 0がいちばん左にこないことに気をつけます。左の位の数字が小さいほうが小さい数になります。
（いちばん小さい数）20459
（2 番目に小さい数）20495
（3 番目に小さい数）20549

2 わり算の計算から、6 人すわる長いすが 22 きゃく、あまった 5 人がすわる長いすが 1 きゃく、あわせて 23 きゃくいることがわかります。

4 13 人で同じ数ずつ分けるので、481÷13 を計算すると、1 人分のまい数が求められます。

```
    37
13)481
   39
    91
    91
     0
```

5 あきらさんのお兄さんのまい数が、あきらさんの妹のまい数の、3×4＝12(倍)になります。

6 たての長さを□m とすると、
(たて)×(横)＝(長方形の面積)だから、
□×16＝128
□は 128÷16 で求めます。

7 ❷ ❶で求めた(コイン 1 まいの重さ 5.3g)の 16 倍だから、5.3×16 で求めます。

(❶の筆算)

```
   5.3
9)47.7
  45
   27
   27
    0
```

(❷の筆算)

```
  5.3
× 16
 318
 53
 84.8
```

8 $2\frac{5}{7}+\frac{3}{7}=\frac{19}{7}+\frac{3}{7}=\frac{22}{7}$(L)

帯分数を、整数部分と分数部分に分けて計算することもできます。

$2\frac{5}{7}+\frac{3}{7}=2+\frac{5}{7}+\frac{3}{7}=2\frac{8}{7}=3\frac{1}{7}$(L)

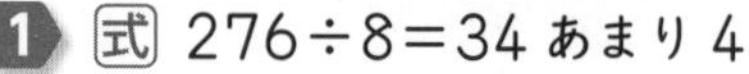

まるごと 文章題テスト②

1 式 276÷8＝34 あまり 4
答え 34 本できて、4cm あまる。

2 式 0.64＋3.52＝4.16　　答え 4.16kg

3 式 735÷36＝20 あまり 15
答え 20 まいになって、15 まいあまる。

4 式…(670＋260)÷3＝310　　答え…310 円

5 黒いゴムひも

6 式 30÷24＝1.25　　答え 1.25 倍

7 式 300×300＝90000　　答え 900a、9ha

8 約 6000 円

9 式 5.2÷24＝0.216…（2）　　答え 約 0.22 L

10 式 $4-\frac{2}{3}=\frac{10}{3}$　　答え $\frac{10}{3}\left(3\frac{1}{3}\right)$km

てびき

4 代金の合計は(670＋260)円。
この代金を 3 等分すると、1 人分になるから、式は、(670＋260)÷3 となります。

5 もとの長さの何倍になっているかで、どちらがよくのびるかをくらべます。
白いゴムひも…120÷40＝3(倍)
黒いゴムひも…100÷20＝5(倍)

6 もとにする体重 24kg(弟の体重)を 1 とすると、30kg(ゆみさんの体重)がいくつにあたるかを求めます。30÷24＝1.25(倍)
1.25 倍というのは、24kg を 1 としたとき、30kg が 1.25 にあたる大きさになることを表します。

7 1 辺が 300m の正方形の面積は、
300×300＝90000(m^2)
10000m^2＝100a＝1ha なので、
90000m^2＝900a、90000m^2＝9ha

8 上から 1 けたのがい数にするには、上から 2 つめの位を四捨五入します。
アイスクリーム 1 こ…200 円
アイスクリームのこ数…30 こ
として代金を見積もると、200×30＝6000
約 6000 円になります。

9 上から 2 けたのがい数にするので、上から 3 けた目を四捨五入します。一の位が 0 なので、$\frac{1}{1000}$ の位の数字を四捨五入します。

10 2 つの計算のやり方があります。
(1) $4-\frac{2}{3}=\frac{12}{3}-\frac{2}{3}=\frac{10}{3}$(km)
(2) $4-\frac{2}{3}=3\frac{3}{3}-\frac{2}{3}=3\frac{1}{3}$(km)
どちらの計算もできるようにしましょう。

3 2 1 0 9 8 7 6 5 4
＊ ＊ D C B A